中国自然资源统计年鉴

CHINA NATURAL RESOURCES STATISTICAL YEARBOOK

2019

中华人民共和国自然资源部　编

Compiled by the Ministry of Natural Resources P.R.C.

地质出版社

Geological Publishing House

·北　京·

Beijing

图书在版编目（CIP）数据

中国自然资源统计年鉴. 2019 = China Natural Resources Statistical Yearbook 2019 : 中英 / 中华人民共和国自然资源部编. — 北京 : 地质出版社, 2023.2

ISBN 978-7-116-12526-1

Ⅰ. ①中… Ⅱ. ①中… Ⅲ. ①自然资源—统计资料—中国—2019—年鉴—汉、英 Ⅳ. ①P966.2-54

中国版本图书馆CIP数据核字（2021）第029368号

ZHONGGUO ZIRAN ZIYUAN TONGJI NIANJIAN 2019

责任编辑：蔡　莹
责任校对：田建茹
出版发行：地质出版社
社址邮编：北京市海淀区学院路31号，100083
电　　话：（010）66554649（邮购部）；（010）66554604（编辑室）
网　　址：http://www.gph.com.cn
印　　刷：北京地大彩印有限公司
开　　本：880 mm × 1230 mm 1/16
印　　张：18.25
字　　数：500千字
版　　次：2023年2月北京第1版
印　　次：2023年2月北京第1次印刷
定　　价：198.00元
书　　号：ISBN 978-7-116-12526-1

《中国自然资源统计年鉴2019》编委会

《中国自然资源统计年鉴2019》编辑部

China Natural Resources Statistical Yearbook 2019
Editorial Board

China Natural Resources Statistical Yearbook 2019
Editorial Staff

编者说明

一、《中国自然资源统计年鉴2019》是一部全面反映中华人民共和国自然资源状况和自然资源管理情况的资料性年鉴。本书收录了全国和各省（自治区、直辖市）2018年自然资源领域主要的统计数据，以及2016—2018年全国主要统计数据。

二、本年鉴资料内容包括自然资源概况、自然资源开发利用情况、国土空间规划和用途管制情况、自然资源保护与自然灾害情况、自然资源依法行政情况、自然资源科技人才情况共六部分。各章附有主要统计指标解释，对主要自然资源综合统计指标的含义、统计范围、统计口径、计算方法等做了简要说明。

三、本年鉴数据主要来源于自然资源部各司局、中国地质调查局及自然资源部其他直属单位、各省（自治区、直辖市）自然资源主管部门，以及矿山企业、测绘企业、地勘单位等调查统计对象。部分数据来源于国家林业和草原局。部分数据摘自《中国统计年鉴》。

四、本年鉴的全国统计数据均未包括香港、澳门特别行政区和台湾省数据。

五、本年鉴各表中，一些数据的合计数或相对数，因受进位的影响，不一定等于分项的累加。

六、本年鉴各表中，对表中部分指标的注解在该表下方。凡带续表的，对部分指标的注解一律在最后一张续表的下方。

七、本年鉴表中的符号使用说明：空格表示该项统计指标数据为“0”，“#”表示其中主要项。

PREFACE

Ⅰ. The *China Natural Resources Statistical Yearbook* 2019 is an informative yearbook comprehensively reflecting the status of natural resources and natural resources administration. It collects the main statistical data in the field of natural resources of the whole country and all the provinces (autonomous regions, and municipalities directly under the central government) in 2018, as well as the main statistical data of land and resources over three years since 2016.

Ⅱ. The yearbook contains six chapters: general situation of natural resources, development and utilization of natural resources, planning and use control of land space, natural resources protection and natural disasters, legal administration of natural resources, natural resources scientific and technological talented personnel. In addition, explanatory notes on main statistical indicators follow each chapter, which give brief descriptions of the connotation, statistical scope, statistical approaches, and calculation methods of the main natural resources statistical indicators.

Ⅲ. The principal sources of the yearbook are comprehensive statistical reports on the departments and bureaus of the Ministry of Natural Resources, the departments and bureaus of China Geological Survey, other units directly under the Ministry of Natural Resources, the administrative departments of natural resources of all provinces (autonomous regions, and municipalities directly under the central government), as well as mining enterprises, surveying and mapping enterprises, geological exploration units and other survey and statistics objects. Part of the data comes from National Forestry and Grassland Administration. Individual data are extracted from *China Statistical Yearbook*.

Ⅳ. The national statistical data involved in the yearbook do not include those of the Hong Kong Special Administrative Region, Macao Special Administrative Region, and Taiwan Province.

Ⅴ. Some aggregations or rates/ratios may not add up to the sum of the series because of rounding.

Ⅵ. The notes concerning individual indicators are placed at the lower part. If the table is a continued one, the notes are placed in the last page.

Ⅶ. Notations used in the yearbook: blank indicates that the statistical indicator is 0, "#" indicates the main items.

目 录

CONTENTS

一、自然资源概况

Chapter 1 General Situation of Natural Resources

土地资源状况（2017年）
Land Resources Conditions (2017)

项　目	Item	面积/万公顷 Area/10^4 hm^2
农用地	Agricultural Land	64486.36
耕 地	Cultivated Land	13488.12
园 地	Garden Land	1421.42
林 地	Forest Land	25280.19
牧草地	Pasture Land	21932.03
其他农用地	Other Agricultural Land	2364.60
建设用地	Construction Land	3957.41
城镇村及工矿用地	Land for Residential, Industrial/Mining Sites	3213.10
交通运输用地	Land for Transport	383.35
水利设施用地	Land for Water Conservancy Facilities	360.95

注：2017年土地变更调查的统一时点为12月31日。
Notes: The statistical time of The Land-use Alteration Survey in 2017 is changed to Dec.31st.

土地利用
Land Use

单位：万亩[①]

地区	Region	农用地 Agricultural Land				
		小计 Subtotal	耕地 Cultivated Land	园地 Garden Land	林地 Forest Land	牧草地 Pasture Land
总 计	**Total**	**967295.45**	**202321.83**	**21321.35**	**379202.83**	**328980.45**
北 京	Beijing	1720.08	320.60	199.20	1116.71	0.28
天 津	Tianjin	1038.21	655.13	44.42	82.10	
河 北	Hebei	19596.57	9778.31	1248.38	6894.53	601.53
山 西	Shanxi	15039.37	6084.48	608.65	7281.83	50.62
内蒙古	Inner Mongolia	124320.96	13906.17	84.61	34832.90	74260.54
辽 宁	Liaoning	17299.69	7457.38	701.66	8421.92	4.82
吉 林	Jilin	24888.91	10480.11	98.66	13277.96	354.07
黑龙江	Heilongjiang	59869.03	23768.54	66.84	32730.18	1642.29
上 海	Shanghai	470.12	287.40	24.70	69.00	
江 苏	Jiangsu	9705.61	6860.01	445.85	384.27	0.13
浙 江	Zhejiang	12883.39	2965.56	861.41	8456.72	0.51
安 徽	Anhui	16682.88	8800.15	519.70	5603.26	0.69
福 建	Fujian	16293.55	2005.36	1149.75	12491.41	0.42
江 西	Jiangxi	21617.24	4628.99	481.09	15466.45	0.99
山 东	Shandong	17229.09	11384.68	1071.50	2216.35	8.63
河 南	Henan	18983.49	12168.42	319.91	5168.70	0.48
湖 北	Hubei	23594.40	7853.86	720.31	12884.86	3.04
湖 南	Hunan	27249.91	6226.53	979.61	18299.00	20.33
广 东	Guangdong	22374.72	3899.48	1891.04	15026.78	4.66
广 西	Guangxi	29290.16	6581.18	1620.79	19949.10	7.78
海 南	Hainan	4451.04	1083.60	1375.50	1798.81	28.81
重 庆	Chongqing	10585.27	3554.77	406.32	5802.68	68.22
四 川	Sichuan	63199.75	10087.75	1090.41	33221.76	16434.86
贵 州	Guizhou	22088.82	6778.15	243.13	13389.09	108.37
云 南	Yunnan	49391.79	9319.97	2442.37	34509.31	220.46
西 藏	Tibet	130845.35	665.94	2.32	24036.29	106024.47
陕 西	Shaanxi	27843.97	5974.33	1224.55	16750.22	3254.07
甘 肃	Gansu	27821.84	8065.43	383.68	9144.49	8877.84
青 海	Qinghai	67631.95	885.21	9.04	5309.41	61191.92
宁 夏	Ningxia	5710.30	1934.92	74.99	1149.34	2237.50
新 疆	Xinjiang	77578.00	7859.43	930.98	13437.40	53572.14

注：① 1亩≈0.0667公顷。
Note：① 1mu≈0.0667hm^2。

状况（2017年）

Status (2017)

Unit：10^4mu①

其他农用地 Other Agricultural Land	建设用地 Construction Land			
	小计 Subtotal	城镇村及工矿用地 Land for Residential, Industrial/Mining Sites	交通用地 Land for Transport	水利设施用地 Land for Water Conservancy Facilities
35468.99	**59361.11**	**48196.51**	**5750.28**	**5414.32**
83.30	540.31	460.24	49.23	30.85
256.56	626.01	499.93	45.52	80.57
1073.84	3362.47	2906.97	292.19	163.31
1013.80	1560.06	1341.18	162.28	56.60
1236.73	2510.06	2054.59	350.92	104.54
713.91	2466.28	2014.30	245.40	206.58
678.11	1658.86	1306.29	144.85	207.72
1661.17	2455.35	1849.97	237.33	368.05
89.00	463.24	412.42	46.04	4.78
2015.34	3466.46	2871.92	349.14	245.40
599.19	1977.35	1536.15	227.49	213.72
1759.08	3022.38	2490.79	224.10	307.48
646.61	1266.28	961.30	196.26	108.72
1039.73	1959.26	1482.04	173.66	303.55
2547.93	4325.62	3638.67	336.20	350.74
1325.99	3966.38	3401.63	284.23	280.52
2132.32	2605.85	1998.37	197.57	409.91
1724.45	2479.92	2028.65	222.51	228.76
1552.77	3108.52	2522.20	293.71	292.61
1131.31	1879.16	1393.72	213.70	271.74
164.32	522.42	393.87	41.38	87.17
753.27	1026.84	870.39	98.29	58.16
2364.98	2805.04	2371.99	235.84	197.22
1570.08	1092.29	869.18	160.44	62.67
2899.68	1657.77	1299.21	180.93	177.62
116.34	235.78	160.08	63.24	12.46
640.81	1452.02	1233.37	163.91	54.74
1350.40	1383.45	1191.35	133.20	58.90
236.37	538.48	363.35	80.02	95.11
313.54	485.55	410.53	60.99	14.03
1778.05	2461.65	1861.85	239.71	360.09

全国主要矿产资源基础储量（2018年）

National Basic Reserves of Major Minerals（2018）

矿　产	Mineral	计量单位	Unit of Measurement	基础储量 Basic Reserves
煤 炭	Coal	亿吨	10^8t	2587.46
石 油	Oil	亿吨	10^8t	35.73
天然气	Natural Gas	亿立方米	10^8m^3	57936.04
煤层气	Coalbed Gas	亿立方米	10^8m^3	3046.30
页岩气	Shale Gas	亿立方米	10^8m^3	2160.20
铁 矿	Iron	矿石亿吨	10^8t of Ore	196.11
锰 矿	Manganese	矿石万吨	10^4t of Ore	30259.84
铬铁矿	Chromite	矿石万吨	10^4t of Ore	397.38
钒 矿	Vanadium	V_2O_5万吨	V_2O_5 10^4t	792.50
钛 矿	Titanium	折TiO_2万吨	Converted Into 10^4t of TiO_2	21825.48
铜 矿	Copper	铜万吨	Copper 10^4t	3495.59
铅 矿	Lead	铅万吨	Lead 10^4t	1923.12
锌 矿	Zinc	锌万吨	Zinc 10^4t	4642.29
铝土矿	Bauxite	矿石万吨	10^4t of ore	99981.05
镍 矿	Nickel	镍万吨	Nickel 10^4t	443.92
钴 矿	Cobalt	钴万吨	Cobalt 10^4t	7.73
钨 矿	Tungsten	WO_3万吨	WO_3 10^4t	213.62
锡 矿	Tin	锡万吨	Tin 10^4t	104.86
钼 矿	Molybdenum	钼万吨	Molybdenum 10^4t	853.92
锑 矿	Antimony	锑万吨	Antimony 10^4t	55.64
金 矿	Gold	金吨	Gold t	2179.36
银 矿	Silver	银吨	Silver t	54716.98
铂族金属	Platinum Family	金属千克	Metals kg	20695.36
锶 矿	Strontium	天青石万吨	Celestite 10^4t	2023.96
锂 矿	Lithium	折氧化锂万吨	Converted Into 10^4t of Lithium Hydroxide	468.10

全国主要矿产资源基础储量（2018年）续表

National Basic Reserves of Major Minerals（2018）Continued

矿 产	Mineral	计量单位	Unit of Measurement	基础储量 Basic Reserves
菱镁矿	Magnesite	矿石万吨	10^4t of ore	96057.93
普通萤石	Common Fluorite	折氟化钙万吨	Converted Into 10^4t of Calcium Fluoride	4651.24
耐火黏土	Refractory Clay	矿石万吨	10^4t of Ore	60343.48
硫铁矿	Pyrite	矿石万吨	10^4t of Ore	126401.31
磷 矿	Phosphate Rock	矿石亿吨	10^8t of Ore	32.15
钾 盐	Potassium	KCl万吨	KCl 10^4t	51078.57
硼	Boron	B_2O_3万吨	B_2O_3 10^4t	3895.09
盐 矿	Sodium Salt	折氯化钠亿吨	Converted into 10^8t of NaCl	846.39
芒 硝	Glauber's Salt	折硫酸钠亿吨	Converted into 10^8t of Na_2SO_4	55.17
重晶石	Barite	矿石万吨	10^4t of ore	3535.16
水泥用灰岩	Limestone for Cement	矿石亿吨	10^8t of ore	436.55
石 膏	Gypsum	矿石亿吨	10^8t of ore	72.74
高岭土	Kaolin	矿石万吨	10^4t of ore	72577.14
膨润土	Bentonite	矿石万吨	10^4t of ore	67202.96
硅藻土	Diatomite	矿石万吨	10^4t of ore	20484.00
饰面用花岗岩	Decorative Granite	矿石万立方米	10^4m^3 of Ore	105151.34
饰面用大理岩	Decorative Marble	矿石万立方米	10^4m^3 of Ore	39543.36
金刚石	Diamond Minerals	矿物千克	kg of ore	2036.14
晶质石墨矿物	Crystalline Graphite Minerals	矿物万吨	10^4t of ore	7715.56
石 棉	Asbestos Minerals	矿物万吨	10^4t of ore	3842.34
滑 石	Talc	矿石万吨	10^4t of ore	8171.15
硅灰石	Wollastonite	矿石万吨	10^4t of ore	6035.50

注：油气矿产（石油、天然气、煤层气、页岩气）为剩余技术可采储量，分类标准参见《石油天然气资源/储量分类》（GB/T 19492—2004）。

Note：Data on oil and gas mineral reserves （petroleum, natural gas, coal seam gas, shale gas）are the remaining recoverable reserves. The classification is referred to Classification of oil and gas resources/reseves（GB/T 19492-2004）.

森林资源

General Situation of Forest

地 区	Region	森林覆盖率/% Forest Coverage Rate/%
总 计	**Total**	**22.96**
北 京	Beijing	43.77
天 津	Tianjin	12.07
河 北	Hebei	26.78
山 西	Shanxi	20.50
内蒙古	Inner Mongolia	22.10
辽 宁	Liaoning	39.24
吉 林	Jilin	41.49
黑龙江	Heilongjiang	43.78
上 海	Shanghai	14.04
江 苏	Jiangsu	15.20
浙 江	Zhejiang	59.43
安 徽	Anhui	28.65
福 建	Fujian	66.80
江 西	Jiangxi	61.16
山 东	Shandong	17.51
河 南	Henan	24.14
湖 北	Hubei	39.61
湖 南	Hunan	49.69
广 东	Guangdong	53.52
广 西	Guangxi	60.17
海 南	Hainan	57.36
重 庆	Chongqing	43.11
四 川	Sichuan	38.03
贵 州	Guizhou	43.77
云 南	Yunnan	55.04
西 藏	Tibet	12.14
陕 西	Shaanxi	43.06
甘 肃	Gansu	11.33
青 海	Qinghai	5.82
宁 夏	Ningxia	12.63
新 疆	Xinjiang	4.87

注：森林资源数据来源为第九次全国森林资源清查（2014—2018年）结果。

Note：The data source of forest resources is the results of the Ninth National Forest Resources Inventory（2014—2018）.

概况（2018年）
Resources（2018）

森林蓄积量/亿立方米 Forest Stock / 10^8m^3
175.60
0.24
0.05
1.37
1.29
15.27
2.97
10.13
18.47
0.04
0.70
2.81
2.22
7.29
5.07
0.92
2.07
3.65
4.07
4.68
6.78
1.53
2.07
18.61
3.92
19.73
22.83
4.79
2.52
0.49
0.08
3.92

水资源情况（2018年）

Water Resources（2018）

指　标	Indicators	计量单位	Unit of Measurement	数量 Quantity
水资源总量	Total Water Resources	亿立方米	10^8m^3	27462.50
地表水资源量	Surface Water Resources	亿立方米	10^8m^3	26323.20
地下水资源量	Groundwater Resources	亿立方米	10^8m^3	8246.50
地表水与地下水资源重复量	Overlapped Measurement Between Surface Water and Groundwater	亿立方米	10^8m^3	7107.20
长　江	Changjiang River	平方千米	km^2	1782715
黄　河	Huanghe River	平方千米	km^2	752773
松花江	Songhuajiang River	平方千米	km^2	561222
辽　河	Liaohe River	平方千米	km^2	221097
珠　江	Zhujiang River	平方千米	km^2	442527
海　河	Haihe River	平方千米	km^2	265511
淮　河	Huaihe River	平方千米	km^2	268957

注：以上数据摘自《中国统计年鉴（2019）》。

Note: The above data are extracted from *China Statistical Yearbook*（2019）.

全国自然保护区情况（2018年）

National Nature Reserves（2018）

地区	Region	国家级自然保护区 National Nature Reserve	
		个数/个 Parks/number	面积/万公顷 Area/10^4hm^2
总计	**Total**	**474**	**9811.41**
北京	Beijing	2	2.80
天津	Tianjin	3	3.79
河北	Hebei	14	26.11
山西	Shanxi	8	14.11
内蒙古	Inner Mongolia	29	444.77
辽宁	Liaoning	19	89.12
吉林	Jilin	24	118.47
黑龙江	Heilongjiang	49	389.29
上海	Shanghai	2	6.62
江苏	Jiangsu	3	30.03
浙江	Zhejiang	11	14.87
安徽	Anhui	8	14.71
福建	Fujian	17	22.66
江西	Jiangxi	16	25.47
山东	Shandong	7	21.95
河南	Henan	13	44.76
湖北	Hubei	22	54.72
湖南	Hunan	23	60.79
广东	Guangdong	15	33.66
广西	Guangxi	23	39.05
海南	Hainan	10	15.74
重庆	Chongqing	7	25.37
四川	Sichuan	32	305.84
贵州	Guizhou	11	29.12
云南	Yunnan	21	151.03
西藏	Tibet	11	3720.45
陕西	Shaanxi	26	63.26
甘肃	Gansu	21	692.83
青海	Qinghai	7	2073.80
宁夏	Ningxia	9	46.02
新疆	Xinjiang	15	1230.21

不动产登记
Real Estate

地区	Region	不动产登记业务总量/件 Total Amount of Real Estate Registration/piece							
			首次登记 First Registration	转移登记 Transfer Registration	变更登记 Modification Registration	注销登记 Cancellation of Registration	更正登记 Registration of Correction	异议登记 Objection Registration	预告登记 Advance Notice Registration
全国	**Total**	**80561425**	**28723270**	**24020780**	**3816284**	**738227**	**555082**	**2300**	**15901758**
北京	Beijing	818461	287187	461567	31541	4498	5587	467	379
天津	Tianjin	1310449	717463	374638	41671	9454		136	132754
河北	Hebei	2794404	987920	1230526	50841	36482	44846	99	266173
山西	Shanxi	744242	383051	98380	92246	2831	2075	2	111576
内蒙古	Inner Mongolia	1521173	509044	376067	39253	31802	12092	30	174561
辽宁	Liaoning	3395984	807780	810125	607957	921	10187	14	486276
吉林	Jilin	1556652	509885	664864	75132	3343	9281	27	207870
黑龙江	Heilongjiang	2133120	964245	861523	90788	1220	17626	96	81987
上海	Shanghai	982723	270261	491757	76821	4269	12098	87	88309
江苏	Jiangsu	7517286	2887046	2446089	166605	53073	23347	141	890851
浙江	Zhejiang	4887261	2363853	1488647	198254	41063	13522	60	564105
安徽	Anhui	3983865	1596083	1160688	136359	7686	14618	56	874852
福建	Fujian	2191625	682771	793726	58952	311	6422	37	583520
江西	Jiangxi	2263933	1020572	776853	69983	13155	16678	22	317496
山东	Shandong	5732884	2152221	1738830	229545	26589	21648	79	1336098
河南	Henan	4664152	1831613	986961	155501	973	44538	68	1428695
湖北	Hubei	3092527	581053	778728	312927	35187	9670	193	763729
湖南	Hunan	4476254	1140567	770487	90943	18	108080	26	1471894
广东	Guangdong	7693379	2631797	2120141	666925	158574	54308	287	1654680
广西	Guangxi	2817454	1164124	603638	101697	6910	26768	45	828993
海南	Hainan	633390	185721	218057	27463	10457	4130	21	126671
重庆	Chongqing	3059034	455785	1143404	102306	898	6023	169	989934
四川	Sichuan	6360299	2806620	1792128	156187	251802	38281	46	1060805
贵州	Guizhou	1425847	259216	383139	71521	3771	2386	20	670381
云南	Yunnan	1144200	501981	433426	38250	14986	16051	9	20752
西藏	Tibet	32399	26095	3942	1134	425	188		
陕西	Shaanxi	868785	259251	273393	25070	2833	8925	10	265998
甘肃	Gansu	826111	209495	189173	18022	4236	5007	20	181625
青海	Qinghai	214134	67731	79391	10962	1038	1227	1	42247
宁夏	Ningxia	481005	148440	159675	27559	3894	1893	17	110402
新疆	Xinjiang	938393	314399	310817	43869	5528	17580	15	168145

情况（2018年）

Registration（2018）

		不动产登记证明量/本 Total Amount of Real Estate Registration Certificate/number				
查封登记 Registration of Seal-Up	其他 Others		抵押权登记证明 Mortgage Registration Certificate	地役权登记证明 Easement Registration Certificate	异议登记证明 Objection Registration Certificate	预告登记证明 Advance Notice Registration Certificate
2443611	**4360113**	**33003012**	**16873631**	**96**	**2242**	**16127043**
27086	149	289039	288193		467	379
34333		357002	224113		135	132754
54637	122880	872669	658794		102	213773
13458	40623	228386	96348		2	132036
43315	335009	459196	289118		30	170048
213512	459212	1139721	657664		13	482044
32158	54092	581286	364840		37	216409
54989	60646	506545	420362	1	95	86087
29205	9916	369500	288321		87	81092
482185	567949	2564785	1732314	81	113	832277
60124	157633	2025428	1277167		60	748201
97652	95871	1687778	838422		56	849300
53509	12377	1234763	628372		37	606354
46198	2976	942293	624053		22	318218
190134	37740	2367618	1044478	14	82	1323044
138662	77141	2279888	877850		59	1401979
94349	516691	1628222	599472		193	1028557
105179	789060	2082432	736507		21	1345904
232637	174030	3700505	2002717		270	1697518
57725	27554	1288464	426699		44	861721
12678	48192	206201	79578		38	126585
87983	272532	1666853	731464		143	935246
156026	98404	2026058	962279		45	1063734
33101	2312	901246	234026		19	667201
17370	101375	258867	237853		9	21005
2	613	868	868			
15158	18147	408828	142268		10	266550
23000	195533	294364	115408		20	178936
1874	9663	92604	31944		1	60659
16050	13075	226650	116579		17	110054
19322	58718	314953	145560		15	169378

不动产登记情况
Real Estate Registration

地 区	Region	不动产权证书量/本				
			集体土地所有权 Collective Ownership of Land	国有建设用地使用权 State-Owned Construction Land Use Right	集体建设用地使用权 Use Right for Construction on Collective Owned Land	宅基地使用权 Use Right for Homestead on Collective Owned Land
全 国	**Total**	**46495055**	**96972**	**1653869**	**64146**	**1643085**
北 京	Beijing	516090	144	2497	87	
天 津	Tianjin	717301	865	5970	51	1147
河 北	Hebei	1935457	296	60914	41228	16839
山 西	Shanxi	574288	6010	63880	1074	16843
内蒙古	Inner Mongolia	989757	31	22068	56	4047
辽 宁	Liaoning	1986697	14	15873	97	1665
吉 林	Jilin	1198548	3	23310	547	7533
黑龙江	Heilongjiang	1583110	461	7345	140	2875
上 海	Shanghai	562173	83	1686		
江 苏	Jiangsu	4457844	5	88236	1705	6059
浙 江	Zhejiang	3830595	12	42635	3913	349523
安 徽	Anhui	2208986	13828	30693	149	2682
福 建	Fujian	1060761	11	30317	628	16387
江 西	Jiangxi	1508958	12868	101416	452	14164
山 东	Shandong	2654560	3318	247405	1130	289100
河 南	Henan	1889864	26534	179459	816	4733
湖 北	Hubei	1957575	16	31990	1253	110818
湖 南	Hunan	1636280	418	42885	110	2469
广 东	Guangdong	4520073	4657	144502	3579	106433
广 西	Guangxi	1360244	19	246814	1190	53842
海 南	Hainan	490883	22374	15707	164	93008
重 庆	Chongqing	1302145		15865		
四 川	Sichuan	3851532	398	68340	1831	455354
贵 州	Guizhou	724754	8	23646	373	5476
云 南	Yunnan	1002238	9	53424	2861	53825
西 藏	Tibet	23007	75	6139	16	46
陕 西	Shaanxi	515950	4	27672	81	16471
甘 肃	Gansu	527455	1425	25245	385	10853
青 海	Qinghai	129653	2981	4885	71	389
宁 夏	Ningxia	252547		8443	38	1
新 疆	Xinjiang	525730	105	14608	121	503

注：海域（含无居民海岛）使用权总数中包含4本证书，位于渤海中部区域，不属于任何沿海省（市）。

Note: The total number of sea area （including uninhabited islands） includes 4，This certificate is located in the central area of Bohai Sea and

（2018） 续表

(2018) Continued

Total Amount of Real Estate Ownership Certificate/number				
海域使用权（含无居民海岛）/建筑物、构筑物所有权 Right to Use Sea Areas（Including Uninhabited Islands）	国有建设用地使用权/房屋所有权 State–Owned Construction Land Use Right/Housing Ownership	集体建设用地使用权/房屋（构筑物）所有权 Use Right for Construction on Farmer–Collective Owned Land/House（Structure）Ownership	宅基地使用权/房屋（构筑物）所有权 Use Right for Homestead on Farmer–Collective Owned Land/House（Structure）Ownership	农用地的使用权（非林地） Use Right for Agricultural Land（Non Forest Land）
4262	**40867778**	**41788**	**2077570**	**45585**
	513339			23
30	674221	101	27699	7217
428	1807021	587	4834	3310
	470042	261	16177	1
	899058	330	56089	8078
562	1930329	1088	35770	1299
	1140947	750	24991	467
	1534533	2733	34313	710
	560404			
491	4335411	2323	23267	347
54	2734711	2976	696600	171
	2063006	249	98284	95
7	1004032	414	8712	253
	1362086	823	14008	3141
2049	2011629	1705	98191	33
	1671061	2811	4014	436
	1754397	1618	56454	1029
	1573118	419	15953	908
79	4180225	11042	69317	239
520	1045981	120	3931	7827
42	350988	13	1326	7261
	1198833		87447	
	2789654	6652	529298	5
	693263	195	1387	406
	875266	1620	14899	334
	7878	89	8764	
	460159	258	11254	51
	411399	434	77551	163
	108132	14	13137	44
	199501	2013	41844	707
	507154	150	2059	1030

does not belong to any coastal province（city）.

主要统计指标解释

森林覆盖率 指森林面积占土地总面积的比例。公式为：（乔木林地面积+竹林地面积+国家特别规定的灌木林地面积）/ 国土面积。

森林蓄积量 指一定森林面积上存在着的林木树干部分的总材积。它是反映一个国家或地区森林资源总规模和水平的基本指标之一，也是反映森林资源的丰富程度、衡量森林生态环境优劣的重要依据。

水资源总量 指当地降水形成的地表和地下产水总量，即地表径流量与降水入渗补给量之和。

地表水资源量 指河流、湖泊以及冰川等地表水体中可以逐年更新的动态水量，即天然河川径流量。

地下水资源量 指地下饱和含水层逐年更新的动态水量，即降水和地表水入渗对地下水的补给量。

地表水与地下水资源重复量 指地表水和地下水相互转化的部分，即天然河川径流量中的地下水排泄量和地下水补给量中来源于地表水的入渗补给量。

自然保护区 指保护典型的自然生态系统、珍稀濒危野生动植物种的天然集中分布区、有特殊意义的自然遗迹的区域。具有较大面积，确保主要保护对象安全，维持和恢复珍稀濒危野生动植物种数量及赖以生存的栖息环境。

不动产登记业务总量 指办理首次登记、转移登记、变更登记、注销登记、更正登记、异议登记、预告登记、查封登记的件数。

不动产登记证明量 指动产登记机构依法向权利人颁发的不动产权证明数量。

首次登记 指办理首次登记的件数。

转移登记 指办理转移登记的件数。

变更登记 指办理变更登记的件数。

注销登记 指办理注销登记的件数。

更正登记 指办理更正登记的件数。

异议登记 指办理异议登记的件数。

预告登记 指办理预告登记的件数。

查封登记 指办理查封登记的件数。

不动产权证书量 指不动产登记机构依法向权利人颁发的不动产权证书数量。

Explanatory Notes on Main Statistical Indicators

Forest Coverage Rate—refers to the total area of land covered by forests. The formula is （arboreal forest area + bamboo forest area + Shrubbery forest land area specially specified by the state）/national land area.

Forest Stock—refers to the total volume of woods or trunks existing in a certain area of forest. It is one of the basic indexes to reflect the total scale and level of forest resources in a country or region, and it is also an important basis to reflect the richness of forest resources and to measure forest ecological environment.

Total Water Resources—refers to total volume of surface water and groundwater which is from the local precipitation and is measured as the summation of run–off for surface water and recharge of groundwater from local precipitation.

Surface Water Resources—refers to total volume of year renewable water flow which exist in rivers, lakes, glaciers and other surface water, and that measured as the natural run–off of rivers.

Groundwater Resources—refers to total volume of yearly renewable water flow which exist in saturation acquifers of groundwater, and are measured as recharge of groundwater from local precipitation and surface water.

Overlapped Measurement Between Surface Water and Groundwater—refers to the part of mutual transfer between surface water and groundwater, i.e. which is the run–off of rivers includes some depletion into groundwater while groundwater includes recharge from surface water.

Natural Reserve—refers to an area where typical natural ecosystems, natural concentrated areas where rare and endangered species of wild animals and plants live, and natural heritages of special significance are protected. It has a large area, ensures safety of the protected, maintains and restores the number of rare and endangered wildlife species and the habitat environment where they live.

Total Amount of Real Estate Registration—refers to the amount of handling first registration, transfer registration, change registration, cancellation registration, correction registration, dissidence registration, advanced–notice registration and seal–up registration.

Total Amount of Real Estate Registration Certificate—refers to the number of real estate ownership proofs issued by the real estate registration authority to the obligee according to law.

First Registration—refers to the number of handling first–time registration.

Transfer Registration—refers to the number of handling transfer registration.

Modification Registration—refers to the number of handling change registration.

Cancellation of Registration—refers to the number of handling cancellation registration.

Registration of Correction—refers to the number of handling correction registration.

Objection Registration—refers to the number of handling dissidence registration.

Advance Notice Registration—refers to the number of handling advanced–notice registration.

Registration of Seal-Up—refers to the number of handling seal–up registration.

Total Amount of Real Estate Ownership Certificate—refers to the number of real estate ownership certificates issued by the real estate registration authority to the obligee according to law.

二、自然资源开发利用情况

Chapter 2 Development and Utilization of Natural Resources

土地资源

Land Resources

国有建设用地供应情况

State-Owned Land for Construction Use Supplied

年份/地区	Year/Region	建设用地供应总量 Total Amount of Construction-Used Land Supplied		划拨 Allocation				
		宗数/宗 Number of Plots	土地面积/公顷 Land Area/hm^2	宗数/宗 Number of Plots	土地面积/公顷 Land Area/hm^2	宗数/宗 Number of Plots	土地面积/公顷 Land Area/hm^2	成交价款/亿元 Transaction Price /10^8 Yuan
	2016	**153984**	**531180.71**	**51771**	**313212.79**	**101930**	**211850.82**	**36461.68**
	2017	**166437**	**620245.92**	**54621**	**386976.62**	**111322**	**230898.62**	**51984.48**
	2018	**213350**	**647680.32**	**79332**	**385375.83**	**133569**	**260199.89**	**58850.47**
北 京	Beijing	410	1031.14	182	358.40	228	672.74	1914.15
天 津	Tianjin	1392	4644.75	730	2543.55	662	2101.21	1078.23
河 北	Hebei	9575	24233.24	2288	6300.65	7282	17915.56	2583.27
山 西	Shanxi	2234	11726.09	658	7309.08	1576	4417.02	747.39
内蒙古	Inner Mongolia	6254	16315.24	1422	8821.73	4831	7481.00	454.75
辽 宁	Liaoning	3809	8366.34	683	3174.66	3125	5187.65	809.34
吉 林	Jilin	5702	16039.46	1797	12458.17	3874	3484.20	415.73
黑龙江	Heilongjiang	3136	12704.32	1412	9746.00	1673	2777.97	245.64
上 海	Shanghai	816	2741.38	567	1699.85	249	1041.53	1736.79
江 苏	Jiangsu	13559	46300.66	5200	21704.79	8331	24558.43	6618.04
浙 江	Zhejiang	16128	38879.58	8740	22390.72	7375	16470.61	7385.44
安 徽	Anhui	10723	41175.05	5765	25115.25	4955	16056.25	2749.86
福 建	Fujian	4563	18150.43	2178	11075.98	2376	7050.58	2179.45
江 西	Jiangxi	8490	30026.22	4305	17227.25	4123	12599.39	2013.17
山 东	Shandong	13915	48527.05	5329	19481.45	8572	28962.84	5342.08
河 南	Henan	14331	47897.30	8276	30335.48	6045	17390.01	3433.03
湖 北	Hubei	11536	30370.56	4285	17256.13	7198	13102.38	2645.45
湖 南	Hunan	13534	21621.90	2211	12599.56	11308	8963.00	1881.82
广 东	Guangdong	24405	27170.48	3274	16811.50	21087	10065.89	4843.32
广 西	Guangxi	8678	28263.00	3217	20133.84	5451	8028.31	1036.14
海 南	Hainan	258	2664.81	173	2366.59	85	298.22	69.88
重 庆	Chongqing	2397	16378.66	1341	10896.93	1055	5481.40	1548.06
四 川	Sichuan	9658	41036.69	4562	29842.99	5090	11168.95	3045.68
贵 州	Guizhou	5196	15652.43	1917	8475.19	3250	6919.48	928.27
云 南	Yunnan	8800	33076.64	3012	26704.87	5782	6331.37	1064.01
西 藏	Tibet	927	1506.19	616	943.74	291	544.14	30.18
陕 西	Shaanxi	3981	19779.89	1518	12299.84	2461	7468.72	1107.65
甘 肃	Gansu	2143	8512.54	818	5441.39	1321	3054.62	236.59
青 海	Qinghai	734	7928.98	251	6528.98	478	1197.18	108.30
宁 夏	Ningxia	1631	4378.82	569	2666.23	1062	1712.59	72.88
新 疆	Xinjiang	4435	20580.48	2036	12665.05	2373	7696.63	525.87

——按供地方式和地区分列
by Land Supply Way and by Region

出让 Granting						租赁 Lease			其他供地方式 Other Land Supply Ways		
协议出让 Granting through Agrement			"招拍挂"出让 Granting through Bidding, Auction and Listing								
宗地数/宗 Number of Plots	面积/公顷 Area/hm²	成交价款/亿元 Transaction Price/10⁸yuan	宗地数/宗 Number of Plots	面积/公顷 Area/hm²	成交价款/亿元 Transaction Price/10⁸yuan	宗数/宗 Number of Plots	土地面积/公顷 Land Area/hm²	租金/亿元 Rent/10⁸yuan	宗数/宗 Number of Plots	土地面积/公顷 Land Area/hm²	收入/亿元 Income/10⁸yuan
33899	**16891.66**	**1348.02**	**68031**	**194959.16**	**35113.66**	**269**	**6091.38**	**30.39**	**1**	**2.30**	**0.49**
42047	**17531.89**	**1477.03**	**69275**	**213366.73**	**50507.45**	**448**	**2088.46**	**125.73**	**46**	**282.22**	**82.20**
58066	**17399.60**	**1966.43**	**75503**	**242800.29**	**56884.04**	**404**	**2014.71**	**25.95**	**45**	**89.90**	**38.66**
151	161.06	78.99	77	511.69	1835.16						
349	176.40	19.93	313	1924.81	1058.30						
1370	1215.82	81.50	5912	16699.75	2501.77	5	17.03	0.10			
194	573.28	17.24	1382	3843.74	730.15						
2695	852.68	18.43	2136	6628.32	436.32	1	12.51	0.02			
1661	630.63	31.10	1464	4557.02	778.24	1	4.04	0.02			
2683	246.98	20.40	1191	3237.22	395.33	31	97.09	0.24			
724	351.96	15.05	949	2426.01	230.59	51	180.35	1.47			
18	76.62	41.00	231	964.91	1695.80						
898	342.44	55.23	7433	24216.00	6562.80	28	37.43	0.16			
1623	820.10	87.28	5752	15650.51	7298.16	12	17.06	0.23	1	1.19	0.12
427	646.66	73.39	4528	15409.59	2676.47	3	3.56	0.03			
295	566.70	117.69	2081	6483.88	2061.76	7	22.71	0.06	2	1.16	0.01
157	221.18	34.43	3966	12378.21	1978.74	50	180.15	19.44	12	19.42	
1297	2928.04	296.68	7275	26034.80	5045.40	14	82.76	0.35			
1198	825.92	119.79	4847	16564.09	3313.25	10	171.82	0.04			
3636	581.95	53.46	3562	12520.43	2591.99	53	12.05	0.31			
8179	390.07	52.30	3129	8572.93	1829.52	15	59.34	0.22			
18737	1774.85	452.26	2350	8291.04	4391.06	43	287.58	1.89	1	5.51	21.39
3503	690.86	32.48	1948	7337.45	1003.66	7	81.28	0.21	3	19.57	12.03
34	1.67	0.03	51	296.55	69.86						
23	38.28	5.58	1032	5443.12	1542.48	1	0.33				
2280	609.84	88.88	2810	10559.11	2956.80				6	24.75	5.11
471	144.69	13.41	2779	6774.78	914.86	29	257.76	0.27			
3158	526.69	30.70	2624	5804.68	1033.32	6	40.40	0.51			
163	453.27	26.67	128	90.87	3.52				20	18.31	
575	613.12	56.71	1886	6855.60	1050.94	2	11.32	0.03			
258	277.97	17.07	1063	2776.64	219.52	4	16.53	0.01			
231	325.31	5.46	247	871.88	102.84	5	202.82	0.08			
643	153.12	4.59	419	1559.47	68.29						
435	181.43	18.74	1938	7515.20	507.13	26	218.80	0.25			

国有建设用地供应情况

State-Owned Land for Construction Use

单位：公顷

年份/地区	Year/Region	供地总量 Total Amount of Land Supplied	工矿仓储用地 Land for Industry,Mining and Warehousing	工业、仓储用地 Land for Industry and Warehou-Warehousing	商业服务业用地 Land for Commercial and Service Uses	住宅用地	普通商品住房 Ordinary Commercial House	中低价位、中小套型 Medium- and Low-Price, Medium- and Small-Sized Ordinary Commercial Houses
	2016	**531180.71**	**123088.56**		**35146.78**	**74539.39**	**59810.38**	**17725.46**
	2017	**620245.92**	**125196.94**		**32094.49**	**87087.28**	**74333.67**	**21914.73**
	2018	**647680.32**	**133000.15**	**130019.44**	**35074.07**	**108929.01**	**90133.61**	**21475.71**
北　京	Beijing	1031.14	96.20	96.20	158.80	473.00	355.41	34.31
天　津	Tianjin	4644.75	1038.28	1038.28	142.68	861.37	697.28	22.24
河　北	Hebei	24233.24	9136.61	9088.11	2171.52	5984.40	5769.28	322.87
山　西	Shanxi	11726.09	2075.34	2057.24	421.48	1623.41	1439.95	98.60
内蒙古	Inner Mongolia	16315.24	4745.76	4556.13	931.01	1737.43	1594.21	310.56
辽　宁	Liaoning	8366.34	2630.93	2315.02	563.86	1706.49	1663.90	679.56
吉　林	Jilin	16039.46	1895.06	1640.03	600.21	1311.99	1175.89	225.77
黑龙江	Heilongjiang	12704.32	2343.06	2036.69	366.39	973.40	709.18	126.15
上　海	Shanghai	2741.38	361.22	361.22	166.21	536.07	445.26	243.24
江　苏	Jiangsu	46300.66	14167.38	14157.42	2838.66	8206.61	5974.83	1883.67
浙　江	Zhejiang	38879.58	9428.29	9426.34	1978.56	7567.30	4479.93	4479.93
安　徽	Anhui	41175.05	8589.03	8351.35	1551.33	7061.29	5210.25	1117.23
福　建	Fujian	18150.43	4143.83	4142.10	680.83	2265.90	2213.02	869.98
江　西	Jiangxi	30026.22	7407.54	7393.27	1660.20	4455.21	3520.82	459.46
山　东	Shandong	48527.05	13104.51	12153.68	3807.31	12299.00	11347.96	3492.96
河　南	Henan	47897.30	7349.46	7341.73	1897.71	10361.56	9050.94	1427.23
湖　北	Hubei	30370.56	7106.74	7104.07	1608.73	5271.91	4555.43	792.53
湖　南	Hunan	21621.90	3591.67	3591.67	1630.29	4557.08	3420.99	236.09
广　东	Guangdong	27170.48	5436.92	5426.32	1399.55	4081.12	3870.21	388.06
广　西	Guangxi	28263.00	4075.19	4025.31	1298.60	3737.25	3219.41	718.69
海　南	Hainan	2664.81	84.11	84.11	42.22	94.78	63.39	7.74
重　庆	Chongqing	16378.66	2254.07	2250.94	580.24	2695.48	2536.48	468.64
四　川	Sichuan	41036.69	3757.04	3747.56	2088.83	6238.70	5284.75	631.93
贵　州	Guizhou	15652.43	2692.13	2669.58	1256.19	4173.99	3147.53	1532.15
云　南	Yunnan	33076.64	2038.99	2034.11	1632.36	3486.78	2731.94	159.65
西　藏	Tibet	1506.19	171.58	149.55	309.39	153.29	111.94	
陕　西	Shaanxi	19779.89	3544.15	3299.59	1206.73	3070.25	2460.66	195.79
甘　肃	Gansu	8512.54	1324.68	1243.11	662.28	1172.25	999.07	118.01
青　海	Qinghai	7928.98	2096.90	2056.05	223.89	325.53	217.13	5.65
宁　夏	Ningxia	4378.82	1009.88	1009.88	264.42	492.25	376.59	39.76
新　疆	Xinjiang	20580.48	5303.60	5172.76	933.59	1953.92	1489.98	387.28

——按用地类型和地区分列

Supplied by Land-Use Type and by Region

Unit: hm^2

Land for Residential Uses				基础设施等其他用地 Infrastructure and Other Types					
经济适用住房 Economically Affordable House	廉租住房 Cheap Rent House	高档住宅 High-Grade Residence	公共租赁住房 Public Rent House		公共管理与公共服务用地 Land for Public Management and Public Services	特殊用地 Land for Special Uses	交通运输用地 Land for Transport	水域及水利设施用地 Land for Water Conservancy Facilities	其他土地 Land for Other Uses
11553.28	**1071.78**	**304.79**	**1799.15**	**298405.98**	**85071.32**	**3106.14**	**156382.07**	**47219.14**	**6627.31**
10158.79	**984.42**	**178.42**	**1431.98**	**375867.21**	**95940.54**	**3366.07**	**166634.40**	**105434.23**	**4491.98**
15218.63	**1394.47**	**375.90**	**1806.40**	**370677.10**	**138251.70**	**4172.73**	**183464.57**	**39321.68**	**5466.42**
111.58		0.21	5.81	303.13	188.67		112.09	2.36	
142.53		21.57		2602.42	417.71	62.63	2122.08		
191.28	5.98	4.65	13.21	6940.72	3488.38	95.48	3213.17	103.56	40.13
167.89	12.05		3.51	7605.86	1235.93	28.33	6243.63	97.98	
111.30	3.01	23.02	5.89	8901.04	3042.23	101.94	5555.75	201.11	
42.54			0.05	3465.05	1262.35	61.88	1745.32	385.99	9.52
132.27	2.69		1.14	12232.20	5031.85	32.86	4646.19	2520.70	0.60
252.03	1.34	0.39	10.46	9021.47	1624.37	75.01	4424.66	2655.55	241.88
71.60			19.21	1677.88	635.27	9.74	836.88	195.98	
1893.62	196.07		142.09	21088.00	9507.91	1077.49	8335.94	1917.79	248.86
3000.03	5.82	1.49	80.03	19905.43	7258.04	122.20	11421.64	1103.41	0.14
1547.27	85.39	85.91	132.47	23973.41	9991.41	114.05	10215.94	3513.44	138.57
3.94	5.70	1.34	41.89	11059.87	3437.80	96.14	6835.50	683.84	6.58
574.07	154.31	46.68	159.33	16503.27	8042.55	183.97	7274.64	798.56	203.55
757.95	174.70	3.21	15.17	19316.23	8255.31	236.17	8450.94	2214.70	159.12
973.28	95.94	1.51	239.88	28288.58	14433.73	84.02	11890.74	1291.99	588.09
540.29	34.52	82.40	59.28	16383.17	3953.86	121.07	10378.95	1925.99	3.31
781.26	132.22	14.73	207.88	11842.86	4188.16	127.75	7002.86	524.09	
83.85	45.99		81.07	16252.89	8114.25	73.40	7203.77	811.35	50.12
507.59	7.99		2.27	19151.96	7307.31	248.17	10509.64	1074.79	12.05
22.09	2.55	6.67	0.09	2443.70	866.36	32.03	1536.12		9.19
113.30	31.07	3.60	11.04	10848.86	3044.54	61.36	6390.12	1352.84	
844.60	38.75	28.01	42.57	28952.13	12567.49	177.32	11253.21	4304.07	650.04
691.45	61.56	32.63	240.81	7530.13	3495.36	189.87	2411.95	340.01	1092.94
650.44	33.92	1.33	69.15	25918.51	6600.88	116.11	10591.24	8610.28	
9.81	2.28		29.25	871.93	375.04	107.71	134.77	83.79	170.63
396.02	161.31	7.84	44.43	11958.75	3021.95	177.09	7997.56	232.78	529.37
148.83			24.35	5353.33	1472.06	52.71	3086.70	150.25	591.61
84.33	17.88		6.19	5282.67	608.82	22.23	3866.77	783.91	0.93
106.29	0.13		9.23	2612.27	859.13	112.13	1480.48	93.06	67.47
265.31	81.27	8.73	108.63	12389.37	3922.98	171.88	6295.31	1347.49	651.71

主要统计指标解释

建设用地供应总量 指报告期市、县人民政府根据年度土地供应计划，依法以出让、划拨、租赁等方式将国有建设用地使用权提供给单位或个人使用的国有建设用地总量。

宗数 指报告期内供应的国有建设用地的宗数。

土地面积 指报告期内市、县人民政府供应给单位或个人使用的国有建设用地总面积。

划拨 指县级以上人民政府依法批准，在土地使用者缴纳补偿、安置费用后将该幅土地交付其使用，或者将国有建设用地使用权无偿交付给土地使用者使用的行为。

协议出让 指国家以协议方式将国有建设用地使用权在一定年限内出让给土地使用者，由土地使用者向国家支付国有建设用地使用权出让金的行为。

招标出让 指市、县人民政府自然资源管理部门发布招标公告或者发出投标邀请书，邀请特定或不特定的法人、自然人和其他组织参加国有建设用地使用权投标，根据投标结果确定土地使用者的行为。

拍卖出让 指市、县人民政府自然资源管理部门发布拍卖公告，由竞买人在指定时间、指定地点进行公开竞价，根据出价结果确定土地使用者的行为。

挂牌出让 指市、县人民政府自然资源管理部门发布挂牌公告，按公告规定期限将拟出让宗地的交易条件在指定的土地交易场所挂牌公布，接受竞买人的报价申请并更新挂牌价格，根据挂牌期限截止时的出价结果（或现场竞价结果）确定土地使用者的行为。

租赁 指国家依法将国有建设用地出租给土地使用者使用，由土地使用者与县级以上人民政府自然资源管理部门签订一定年限的土地租赁合同，并支付租金的行为。

其他供地方式 指除划拨、出让、租赁以外的其他供地方式，如作价出资入股、授权经营等。

成交价款 指市、县人民政府以协议、招标、拍卖、挂牌等方式出让国有建设用地的实际交易合同金额。

租金 指承租方为取得国有建设用地使用权而向国家支付的价款。以报告期实际收入数为准。

用地类型 见“第三次全国国土调查工作分类”中的建设用地类型。其中，住宅用地又划分为：①高档住宅用地；②普通商品住房用地（其中，中低价位、中小套型普通商品房用地类型单列）；③经济适用住房用地；④廉租住房用地。

高档住宅用地 指报告期内出让用于高档住宅建设的建设用地，包括住宅小区建筑容积率低于1.0、单套住房建筑面积超过144平方米的住宅用地以及别墅、高档公寓用地。

普通商品住房用地 指报告期内出让用于普通商品住房建设的建设用地。

中低价位、中小套型普通商品住房用地 指报告期内出让用于中低价位、中小套型普通商品住房建设的建设用地，特指限价普通商品住房用地和单套住房建筑面积在90平方米（含）以下的普通商品住房用地。

经济适用住房用地 指报告期内供应用于经济适用住房建设的建设用地，包括集资建房用地。

廉租住房用地 指报告期内供应用于廉租住房建设的建设用地。

Explanatory Notes on Main Statistical Indicators

Total Amount of Construction-Used Land Supplied—refers to the total amount of state–owned construction–used land whose use right is provided by the people' s government of a city or county to a unit or an individual during the reporting period in the way of grant, allocation or lease according to the annual land supply plan. It also includes state–owned remaining construction–used land used for commercial services, residential areas, and industrial production, mining, and warehousing whose usage and land–use development intensity are changed after its approval.

Number of Plots—refers to the number of plots of state–owned construction–used land supplied during the reporting period.

Land Area—refers to the total area of state–owned land for construction supplied to a unit or an individual by the people' s government of a city or county during the reporting period.

Allocation—refers to the act through which the people' s government at and above the county level assigns a plot of land to the land user after he pays land compensation and resettlement subsidies or assigns state–owned land–use right to the land user without compensation. This act is approved by the people' s government at and above the county level according to law.

Granting through Agrement—refers to the act through which the state assigns the land user the right to the use of state–owned construction–used land for a certain period of time in the way of agreement, and the land user shall pay the state the grant fees for the state–owned construction–used land–use right.

Granting through Bidding—refers to the act through which the land administration department of the people' s government at the city or county level issues a notice of invitation for bid to invite specially or not specially designated legal persons, natural persons and other organizations to participate in the bidding of the state land–use right, and the land user is determined according to the result of the bidding.

Granting through Auction—refers to the act through which the natural resources administration department of the people' s government at the city or county level issues a notice of invitation for auction, and the bidders participate in open competition at the prescribed time and locality and the land user is determined according to the result of the price offer.

Granting through Listing—refers to the act through which the natural resources administration department of the people' s government at the city or county level issues a notice of listing, draws up the transaction terms of granting land plots in the time limit prescribed by the notice, lists them in public in a land transaction house, receives the offer applications of the bidders, and renews the listed prices accordingly, and the land user is determined according to the price offer (or the result of on–the–spot price competition) at the closing time of the listing time limit.

Lease—refers to the act through which the state leases state–owned construction–used land to a land user, and the land user enters into a land leasing contract with the land administration department of the people' s government at and above the county level for a fixed number of years and pays rent.

Other Land Supply Ways—refers to the ways other than allocation, grant, and lease, e.g. investment as a shareholder with state–owned land rights and authorized operations of land.

Transaction Price—refers to the total amount of actual transaction price of state–owned construction–used land granted by the people' s government of a city or county in the ways of agreement, bidding, auction, and listing.

Rent—refers to the amount payable by a lessee to the state for a rental period in order to acquire the granted state-owned construction-used land-use right. The rent shall be based on the actual income obtained during the reporting period.

Land-Use Types—See the types of construction land in "the third national land survey". Among these types, the land for residential uses is subdivided into ①land for high-grade residence; ②land for ordinary commercial houses (of which land for medium- and low-price, medium- and small-sized ordinary commercial houses is listed separately); ③land for economically affordable house; ④land for cheap rent house.

Land for High-Grade Residence—refers to the construction-used land used for high-grade residence construction assigned during the reporting period, including the land for residence with a floor area rate (FAR)<1.0 and the building area of a residence house>144 m^2, as well as villas and high-grade apartments.

Land for Ordinary Commercial Houses—refers to the construction-used land used for ordinary commercial house construction assigned during the reporting period.

Land for Medium-and Low-Price, Medium-and Small-Sized Ordinary Commercial Houses—refers to the construction-used land used for medium- and low-price, medium- and small-sized ordinary commercial house construction assigned during the reporting period. It specially refers to the land for price-limited ordinary commercial houses and ordinary commercial houses with their building area <90 m^2 (including 90 m^2).

Land for Economically Affordable House—refers to the construction-used land used for economically affordable house construction. It includes the land used for building houses by personal fund raising.

Land for Cheap Rent House—refers to the construction-used land used for cheap rent house construction.

矿产资源

Mineral Resources

矿产资源勘查许可证发证及探矿权
Exploration Licenses Issued and Exploration

年份/地区	Year/Region	勘查许可证发证 Exploration Licenses Issued						
		许可证数/个 Number of Licenses/number			登记面积/平方千米 Registered Area/km²			探矿权使用费/万元 Charge for Exploration Right Use/10⁴ yuan
		有效 Valid	新立 Newly Issued	注销 Cancelled	有效 Valid	新立 Newly Issued	注销 Cancelled	
	2016	**26547**	**1179**	**2107**	**3998659.03**	**37936.76**	**42181.28**	**18081.76**
	2017	**22180**	**754**	**2700**	**3670474.87**	**21211.44**	**55934.53**	**14243.38**
	2018	**16628**	**354**	**3259**	**3344353.21**	**7062.19**	**58055.60**	**9854.26**
自然资源部	MNR	1489	9	38	3115476.13	5.34	45.22	974.55
北　京	Beijing	10	1	1	53.05	20.19	0.66	0.57
天　津	Tianjin	82	4	17	146.50	9.13	30.00	2.05
河　北	Hebei	358	2	48	1945.92	3.99	143.99	68.28
山　西	Shanxi	116	1	313	2388.76	9.37	4065.22	73.07
内蒙古	Inner Mongolia	2395	32	285	46674.06	1230.15	7823.05	1662.60
辽　宁	Liaoning	458	47	92	3038.97	291.57	1838.53	82.55
吉　林	Jilin	403	6	54	3765.56	43.11	1360.64	114.77
黑龙江	Heilongjiang	472	26	121	21455.22	748.73	5282.18	893.05
上　海	Shanghai							
江　苏	Jiangsu	109	9	48	404.37	19.67	183.11	12.42
浙　江	Zhejiang	336	9	26	2502.02	71.90	310.84	93.66
安　徽	Anhui	695	7	419	5720.26	90.82	5099.20	235.57
福　建	Fujian	262		33	901.33		218.74	41.24
江　西	Jiangxi	1580	32	147	5180.75	343.90	850.78	202.34
山　东	Shandong	527		29	3685.92		367.61	144.77
河　南	Henan	355	28	346	2575.77	267.53	2727.30	88.35
湖　北	Hubei	126	3	12	913.50	2.15	73.68	29.35
湖　南	Hunan	175		71	1558.09		939.26	52.93
广　东	Guangdong	238		24	2221.98		327.06	89.50
广　西	Guangxi	464	3	41	7420.82	10.51	1006.97	350.68
海　南	Hainan	26		20	75.20		445.97	3.76
重　庆	Chongqing	68	12	29	754.74	180.96	314.78	20.30
四　川	Sichuan	861	3	79	11546.39	13.42	1221.97	555.58
贵　州	Guizhou	493	20	10	6008.98	123.71	64.53	261.52
云　南	Yunnan	663		53	7477.88		943.39	354.35
西　藏	Tibet	414		80	14824.66		2750.20	720.86
陕　西	Shaanxi	506	12	60	11842.04	464.35	1127.26	474.01
甘　肃	Gansu	343		134	2913.40		1368.13	133.28
青　海	Qinghai	557	17	32	17448.56	1126.63	1262.08	497.27
宁　夏	Ningxia	56	5	22	1037.95	17.14	713.69	49.70
新　疆	Xinjiang	1991	66	575	42394.43	1967.92	15149.56	1571.33

出让、转让情况——按地区分列

Rights Granted and Transferred by Region

探矿权出让 Exploration Rights Granted							探矿权转让 Exploration Rights Transferred	
小计 Total		申请在先 First Application	协议出让 Granting through Agreement		"招拍挂"出让 Granting through Bidding, Auction, and Listing		宗数/个 Number of Cases/ number	转让金额/万元 Amount of Transfer/10^4 yuan
宗数/个 Number of Cases/number	出让收益/万元 Transfer Income/ 10^4 yuan	宗数/个 Number of Cases/ number	宗数/个 Number of Cases/number	出让收益/万元 Transfer Income/ 10^4 yuan	宗数/个 Number of Cases/ number	出让收益/万元 Transfer Income/ 10^4 yuan		
1179	**1098633.32**	**720**	**101**	**1019683.67**	**358**	**78949.65**	**181**	**43152.22**
754	**200569.50**	**474**	**63**	**94125.12**	**217**	**106444.38**	**157**	**62673.91**
354	**463669.87**	**198**	**58**	**18552.08**	**98**	**445117.79**	**100**	**56165.08**
9	402838.00	1			8	402838.00	2	22418.80
1	12.41				1	12.41		
4	426.00				4	426.00		
2	56.00				2	56.00	1	
1		1						
32	13555.27	20			12	13555.27	17	2965.14
47		18	29				4	320.00
6	490.04	1	3	423.04	2	67.00	1	89.06
26	2493.03	19	1		6	2493.03	5	98.90
9	10.00	8			1	10.00		
9	4455.46	2	5	4284.36	2	171.10	5	342.00
7	1614.80	4			3	1614.80	3	510.00
							1	
32		32					1	
							3	
28	17775.16	11	12	13841.16	5	3934.00	15	1659.25
3		3						
							1	
3	90.00	2			1	90.00	6	
12		10	2					
3	340.00				3	340.00	1	60.00
20	1054.95	11			9	1054.95	8	1262.62
							8	6162.18
							2	25.00
12	683.51	2	5	3.51	5	680.00	2	17062.13
							5	1985.00
17	7220.05	10	1	0.01	6	7220.04	5	300.00
5	6671.65	1			4	6671.65	1	105.00
66	3883.54	42			24	3883.54	3	800.00

矿产资源勘查许可证发证及探矿权出让、
Exploration Licenses Issued and Exploration Rights

矿种	Mineral	勘查许可证发证 Exploration Licenses Issued						
		许可证数/个 Number of Licenses/number			登记面积/平方千米 Registered Area/km²			探矿权使用费/万元 Exploration Right Royalty/10⁴ yuan
		有效 Valid	新立 Newly Issued	注销 Cancellation	有效 Valid	新立 Newly Issued	注销 Cancellation	
总 计	**Total**	**16628**	**354**	**3259**	**3344353.21**	**7062.19**	**58055.60**	**9854.26**
煤炭	Coal	1090	27	153	53314.08	578.07	8003.90	2460.65
石油、天然气、页岩气、煤层气	Oil & Natural Gas & Shale Gas & Coal Bed Methane	924	8	41	3094640.87			
油页岩	Oil Shale	86	3	12	7967.56	84.69	941.72	199.07
石煤	Stone Coal	4		2	43.93		13.88	2.20
油砂	Oil Sand	8			175.16			6.65
天然沥青	Native Bitumen	5			24.41			1.22
地热	Geothermal	638	58	106	6646.79	773.82	1374.89	160.95
铁矿	Iron	1291	14	528	11680.80	94.35	5962.60	484.59
锰矿	Manganese	223	3	42	2536.24	163.03	284.24	97.80
铬铁矿	Chromite	15		9	239.95		139.13	11.80
钛矿	Titanium	26		7	375.27		193.63	17.77
钒矿	Vanadium	94		4	700.27		14.48	33.44
金红石	Rutile	6		5	40.77		90.50	1.17
铜矿	Copper	2583	26	578	40272.85	862.78	9172.96	1639.20
铅矿	Lead	1625	15	305	22115.03	405.04	3994.73	950.18
锌矿	Zinc	202	5	25	1833.77	36.49	217.35	70.83
铝土矿	Bauxite	177	1	69	4504.78	6.21	1699.79	195.81
镁矿	Magnesium	2		2	1.35		51.42	0.07
镍矿	Nickel	63		25	970.86		871.42	40.58
钴矿	Cobalt	11	2	1	147.50	37.18	4.43	5.66
钨矿	Tungsten	59	2	7	329.28	37.26	54.52	13.57
锡矿	Tin	78		13	459.72		107.03	20.13
铋矿	Bismuth	5		1	16.72		13.09	0.65
钼矿	Molybdenum	286	1	85	2673.86	3.86	1004.32	114.99
汞矿	Mercury	2			8.00			0.40
锑矿	Antimony	72		9	713.70		48.24	26.09
多金属矿	Polymetallic Ore	858	19	114	15724.44	852.33	3022.64	627.80
铂矿	Platinum	14		3	147.29		43.76	7.36
砂金	Placer Gold	15		4	144.75		141.56	7.24
金矿	Gold	3518	59	628	45682.86	1391.77	10531.56	1707.19
银矿	Silver	472	10	55	7151.83	199.44	919.90	246.75
铌钽矿	Niobium-Tantalum	47		7	543.98		134.75	18.58
铌矿	Niobium	7	1		73.56	5.54		2.43
钽矿	Tantalum	4		1	15.18		14.1	0.76
铍矿	Beryllium	15			140.8			5.74
锂矿	Lithium	26	1	2	786.13	21.24	34.53	32.50
锆矿	Zirconium	3		1	5.72		17.60	0.29
锶矿（天青石）	Strontium	5		2	16.37		23.27	0.66
铷矿	Rubidium	8	1		110.47	21.78		4.35
铯矿	Cesium	1			7.06			0.35
钇矿	Yttrium	1			5.12			0.26

转让情况——按矿种分列（2018年）
Granted and Transferred by Mineral （2018）

探矿权出让 Exploration Rights Granted							探矿权转让 Exploration Rights Transferred	
		申请在先 First Application	协议出让 Granting through Agreement		“招拍挂”出让 Granting through Bidding, Auction, and Listing		宗数/个 Number of Cases/ number	转让金额/万元 Amount of Transfer/10^4 yuan
宗数/个 Number of Cases/ number	出让收益/万元 Transfer Income/ 10^4 yuan	宗数/个 Number of Cases/ number	宗数/个 Number of Cases/ number	出让收益/万元 Transfer Income/ 10^4 yuan	宗数/个 Number of Cases/ numbere	出让收益/万元 Transfer Income/ 10^4 yuan		
354	**463669.87**	**198**	**58**	**18552.08**	**98**	**445117.79**	**100**	**56165.08**
27	2311.86	3	4		20	2311.86	8	39492.44
8	402838.00				8	402838.00		
3		3						
58	4267.25	32	1		25	4267.25		
14		3	11				7	1285.33
3		2	1					
							1	
26	246.00	22			4	246.00	10	986.93
15	235.27	9	2		4	235.27	13	978.70
5	42.51	2	3	42.51			4	6015.73
1	13841.16		1	13841.16			2	1719.98
							3	283.00
2		2						
2		2						
1			1				6	155.01
19	364.00	18			1	364.00	8	300.01
59	2801.18	44	11	80.98	4	2720.20	22	2180.30
10	10045.00	5	3		2	10045.00	2	46.88
1		1						
1		1						
1		1					1	9.47

矿产资源勘查许可证发证及探矿权出让、

Exploration Licenses Issued and Exploration Rights

矿 种	Mineral	勘查许可证发证 Exploration Licenses Issued						
		许可证数/个 Number of Licenses/number			登记面积/平方千米 Registered Area/km²			探矿权使用费/万元 Exploration Right Royalty/10⁴ yuan
		有效 Valid	新立 Newly Issued	注销 Cancellation	有效 Valid	新立 Newly Issued	注销 Cancellation	
锗矿	Germanium			1			6.84	
镓矿	Gallite	1	1		9.96	9.96		0.10
铊矿	Thallium	1			6.56			0.33
蓝晶石	Kyanite	5		1	31.19		6.28	1.06
红柱石	Andalusite	5		1	47.19		4.72	2.16
菱镁矿	Magnesite	5	4	2	5.41	4.54	15.82	0.09
萤石（普通）	Common Fluorite	364	8	35	1816.43	155.85	341.54	58.20
熔剂用石灰岩	Limestone for Flux	17	1	4	56.68	0.27	19.34	1.69
冶金用白云岩	Metallurgical Dolomite	18		5	90.86		22.30	3.03
冶金用石英岩	Metallurgical Quartzite	8	1		31.83	4.84		0.98
铸型用砂岩	Cast Sandstone	1			0.77			0.02
冶金用脉石英	Metallurgical Vein Quartz	4		1	12.19		28.45	0.61
耐火黏土	Refractory Clay	4	1	3	16.70	1.74	27.43	0.51
其他黏土	Other Clay	2			2.10			0.02
耐火用橄榄岩	Refractory Peridotite			1			2.00	
硫铁矿	Pyrite	53		15	469.73		150.00	21.27
钠硝石	Nitratine	44		3	1957.07		136.05	97.85
芒硝（含钙芒硝）	Mirabilite（Including Glauberite）	9		4	305.54		54.70	14.71
重晶石	Barite	24	1	3	122.48	13.52	10.68	4.29
毒重石	Witherite	2	2		5.92	5.92		0.06
电石用灰岩	Limestone for Calcium Carbide	4		1	6.38		3.33	0.21
制碱用灰岩	Limestone for Soda Production	2			2.51			0.13
化肥用石灰岩	Limestone for Fertilizer	1			2.09			0.10
化肥用白云岩	Dolomite for Fertilizer	1	1		0.07	0.07		
化肥用石英岩	Quartzite for Fertilizer	1			1.89			0.04
含钾岩石	K–Bearing Rock	10		3	53.73		12.48	2.40
化肥用蛇纹岩	Serpentine for Fertilizer	2			29.98			1.28
泥炭	Peat	3		1	71.85		65.66	1.46
矿盐	Mineral Salt	3		1	58.87		33.55	1.36
岩盐	Halite	38		5	921.68		97.60	19.56
湖盐	Lake Salt			1			11.51	
天然卤水	Natural Brine	2		1	72.07			2.40
钾盐	Potash	20	2	76	3826.67	606.11	4633.88	81.55
砷	Arsenic	1			41.63			0.83
磷矿	Phosphate Rock	101	1	9	915.12	0.81	49.58	40.90
金刚石	Diamond	15	1	1	397.89	4.23	52.19	9.01
石墨	Graphite	141	9	16	2418.98	173.68	280.71	53.03
刚玉	Corundum	1			4.12			0.21
硅灰石	Wollastonite	14	2	3	246.14	20.66	8.91	5.95
滑石	Talc	21	4	5	124.46	7.14	40.01	4.39
石棉（温石棉）	Asbestos			1			3.93	
云母	Mica	11		2	42.82		11.44	1.27
长石	Feldspar	60	1	1	273.92	6.68	6.12	5.92

转让情况——按矿种分列（2018年）续表1

Granted and Transferred by Mineral （2018） Continued 1

探矿权出让 Exploration Rights Granted							探矿权转让 Exploration Rights Transferred	
		申请在先 First Application	协议出让 Granting through Agreement		“招拍挂”出让 Granting through Bidding, Auction, and Listing			
宗数/个 Number of Cases/ number	出让收益/万元 Transfer Income/ 10⁴ yuan	宗数/个 Number of Cases/ number	宗数/个 Number of Cases/ number	出让收益/万元 Transfer Income/ 10⁴ yuan	宗数/个 Number of Cases/ numbere	出让收益/万元 Transfer Income/ 10⁴ yuan	宗数/个 Number of Cases/ number	转让金额/万元 Amount of Transfer/10⁴ yuan
1		1						
4		1	3					
8		8					5	2142.00
1			1					
1	320.00				1	320.00	1	15.00
1		1						
							2	374.36
1	508.00				1	508.00		
2		2						
1		1						
2	5046.01		1	0.01	1	5046.00		
1	1.65				1	1.65		
1		1						
9	535.53	7			2	535.53	3	19.94
2		2						
4		1	3					
1	948.00				1	948.00		

矿产资源勘查许可证发证及探矿权出让、

Exploration Licenses Issued and Exploration Rights

矿种	Mineral	勘查许可证发证 Exploration Licenses Issued						
		许可证数/个 Number of Licenses/number			登记面积/平方千米 Registered Area/km²			探矿权使用费/万元 Exploration Right Royalty/10⁴ yuan
		有效 Valid	新立 Newly Issued	注销 Cancellation	有效 Valid	新立 Newly Issued	注销 Cancellation	
电气石	Tourmaline	2		1	43.72		4.30	0.52
石榴子石	Garnet	6		2	12.92		14.61	0.59
叶蜡石	Pyrophyllite	17	1	2	90.07	1.67	30.74	1.73
透辉石	Diopside	3			4.19			0.09
蛭石	Vermiculite			1			0.78	
沸石	Zeolite	3		1	30.49		12.17	0.87
透闪石	Tremolite	2			2.27			0.06
石膏	Gypsum	45	3	7	415.47	23.66	43.14	17.41
方解石	Calcite	35	1		159.07	10.71		4.64
宝石	Gem	5			35.61			0.57
玉石	Jade	24	1	4	162.52	0.39	38.94	6.24
玛瑙	Agate	5		1	234.56		6.39	2.95
石灰岩	Limestone	73	9	7	561.70	151.82	47.74	15.78
水泥用石灰岩	Limestone for Cement	95	3	32	431.05	8.52	237.08	13.01
建筑石料用灰岩	Limestone for Construction Stone	4			22.45			0.35
饰面用石灰岩	Decorative Limestone	9		1	61.91		3.30	0.75
制灰用石灰岩	Limestone for Ash	4	1		1.45	0.98		0.02
含钾岩石1	K-Bearing Rock 1	9		6	97.43		48.05	3.31
泥灰岩	Marlstone	4			24.14			0.42
白云岩	Dolostone	18	2	14	110.27	0.14	266.38	2.97
玻璃用白云岩	Dolostone for Glass	1			2.42			0.12
石英岩	Quartzite	30	2	3	227.92	5.61	10.50	7.39
冶金用石英岩	Metallurgical Quartzite	2		1	0.93		5.46	0.04
玻璃用石英岩	Quartzite for Glass	14		1	55.73		2.54	2.25
砂岩	Sandstone	3	2		13.69	13.59		0.14
玻璃用砂岩	Sandstone for Glass	6			43.62			1.36
水泥配料用砂岩	Sandstone for Cement Batching	8		2	22.09		4.53	0.28
陶瓷用砂岩	Sandstone for Ceramics	4			3.49			0.17
天然石英砂	Natural Silicious Sand	7	4	1	39.07	12.03	23.56	0.84
玻璃用砂	Sand for Glass	3			10.74			0.54
水泥配料用砂	Sand for Cement Batching	3			5.68			0.13
脉石英	Vein Quartz	32	1	4	131.83	5.55	13.25	3.40
玻璃用脉石英	Vein Quartz for Glass	9			11.03			0.40
粉石英	Powdery Quartz	1			0.41			
硅藻土	Diatomite	12	1		97.83	1.81		2.13
页岩	Shale	1		1	0.55		39.15	0.01
陶粒页岩	Ceramsite Shale	2			4.32			0.08
水泥配料用页岩	Shale for Cement Batching	2	1		0.93	0.18		0.01
高岭土	Kaolin	71	2	10	296.95	19.59	143.73	8.98
陶瓷土	Ceramic Clay	55	2	7	160.34	21.76	32.99	3.61
凹凸棒石黏土	Attapulgite Clay	4		2	15.78		1.87	0.79
伊利石黏土	Illite Clay	3			14.21			0.61

转让情况——按矿种分列（2018年）续表2

Granted and Transferred by Mineral （2018） Continued 2

探矿权出让 Exploration Rights Granted							探矿权转让 Exploration Rights Transferred	
		申请在先 First Application	协议出让 Granting through Agreement		"招拍挂"出让 Granting through Bidding, Auction, and Listing		宗数/个 Number of Cases/ number	转让金额/万元 Amount of Transfer/10^4 yuan
宗数/个 Number of Cases/ number	出让收益/万元 Transfer Income/ 10^4 yuan	宗数/个 Number of Cases/ number	宗数/个 Number of Cases/ number	出让收益/万元 Transfer Income/ 10^4 yuan	宗数/个 Number of Cases/ numbere	出让收益/万元 Transfer Income/ 10^4 yuan		
1	45.36		1	45.36				
3	3950.00	1	1		1	3950.00		
1		1						
1			1					
9	7900.00	3	3	4200.00	3	3700.00	1	105.00
3	2401.65		1		2	2401.65		
1		1						
2			2					
2	109.30				2	109.30		
2		2						
4	2907.00				4	2907.00		
1	29.00				1	29.00		
1		1						
1			1					
2		2						
2		2						

矿产资源勘查许可证发证及探矿权出让、

Exploration Licenses Issued and Exploration Rights

矿 种	Mineral	勘查许可证发证 Exploration Licenses Issued						
		许可证数/个 Number of Licenses/number			登记面积/平方千米 Registered Area/km²			探矿权使用费/万元 Exploration Right Royalty/10⁴ yuan
		有效 Valid	新立 Newly Issued	注销 Cancellation	有效 Valid	新立 Newly Issued	注销 Cancellation	
累托石黏土	Rectorite Clay	1			0.91			0.05
膨润土	Bentonite	25	2	8	245.96	54.20	201.97	6.10
陶粒用黏土	Clay for Ceramsite	10		1	106.92		9.16	2.36
水泥用黏土	Clay for Cement	2			0.90			0.01
水泥配料用红土	Red Clay for Cement Batching	1			0.11			
水泥配料用泥岩	Mudstone for Cement Batching	1			2.02			0.04
橄榄岩	Peridotite	1			0.63			0.03
蛇纹岩	Serpentinite	9			78.66			3.15
饰面用蛇纹岩	Decorative Serpentine	1			1.18			0.01
玄武岩	Basalt	1		1	11.44		8.51	0.57
铸石用玄武岩	Basalt for Casting	1			3.75			0.19
辉绿岩	Diabase	1			0.65			0.03
饰面用辉绿岩	Decorative Diabase	4	1	4	19.22	5.67	6.09	0.56
饰面用安山岩	Decorative Andesite	1			1.62			0.03
闪长岩	Diorite	1			0.49			
建筑用闪长岩	Diorite for Construction	1	1	1	0.40	0.40	24.87	
花岗岩	Granite	29		6	184.26		60.85	6.24
建筑用花岗岩	Granite for Construction	2			6.74			0.18
饰面用花岗岩	Decorative Granite	79	3	17	368.45	53.99	238.12	9.29
麦饭石	Medical Stone	3			18.48			0.29
珍珠岩	Perlite	11		1	271.80		1.90	12.19
浮石	Pumice Stone	2			21.22			1.03
霞石正长岩	Nepheline Syenite	1		1	3.74		44.67	0.19
凝灰岩	Tuff	1		1	0.75		2.25	0.01
水泥用凝灰岩	Tuff for Cement	2			2.51			0.03
建筑用石料（凝灰岩）	Stone (Tuff) for Construction			1			3.61	
火山渣	Scoria	2			8.40			0.34
大理岩	Marble	22		1	104.69		3.69	4.92
饰面用石料（大理石）	Decorative Marble	19		4	45.91		24.52	0.91
建筑用大理岩	Marble for Construction	1			2.69			0.13
水泥用大理石	Marble for Cement	15	1	3	35.75	2.85	22.60	1.29
玻璃用大理石	Marble for Glass	1			2.91			0.06
板岩	Slate	2		1	9.96		36.77	0.13
饰面用板岩	Decorative Slate	5			11.09			0.35
水泥配料用板岩	Slate for Cement Batching	1			0.56			0.01
片麻岩	Gneiss	2			9.53			0.18
角闪岩	Amphibolite	1			14.24			0.71
硼矿	Boron	15		5	272.63		78.55	9.50
矿泉水	Mineral Water	96	13	21	378.66	73.41	171.58	6.02
地下水	Groundwater	17	1	19	789.38	2.76	805.70	19.02
其他	Others	14			162.59			5.84

转让情况——按矿种分列（2018年）续表3
Granted and Transferred by Mineral （2018） Continued 3

探矿权出让 Exploration Rights Granted							探矿权转让 Exploration Rights Transferred	
		申请在先 First Application	协议出让 Granting through Agreement		“招拍挂”出让 Granting through Bidding, Auction, and Listing		宗数/个 Number of Cases/ number	转让金额/万元 Amount of Transfer/10^4 yuan
宗数/个 Number of Cases/ number	出让收益/万元 Transfer Income/ 10^4 yuan	宗数/个 Number of Cases/ number	宗数/个 Number of Cases/ number	出让收益/万元 Transfer Income/ 10^4 yuan	宗数/个 Number of Cases/ numbere	出让收益/万元 Transfer Income/ 10^4 yuan		
2	36.00	1			1	36.00		
1		1						
1	14.18		1	14.18				
3	327.88	2	1	327.88				
1		1						
13	1598.08	4			9	1598.08	1	55.00
1		1						

矿产资源勘查许可证发证及探矿权出让、

Exploration Licenses Issued and Exploration Rights

经济类型	Economic Type	勘查许可证发证 Exploration Licenses Issued						
		许可证数/个 Number of Licenses/number			登记面积/平方千米 Registered Area/km²			探矿权使用费/万元 Exploration Right Royalty/10⁴ yuan
		有效 Valid	新立 Newly Issued	注销 Cancellation	有效 Valid	新立 Newly Issued	注销 Cancellation	
总 计	**Total**	**16628**	**354**	**3259**	**3344353.21**	**7062.19**	**58055.60**	**9854.26**
国有企业	State-Owned Enterprises	4818	176	1419	3187809.38	4804.45	34175.65	3407.93
集体企业	Collective-Owned Enterprises	74	3	32	568.21	18.51	222.32	24.22
股份合作企业	Cooperative Stock Enterprises	99		27	1135.00		243.73	52.18
联营企业	Joint Ownership Enterprises	715	32	110	13919.77	521.95	1770.24	305.43
有限责任公司	Limited Liability Corporations	9759	129	1371	127618.14	1566.25	18402.37	5475.73
股份有限公司	Share Holding Company Limited	504	3	66	7041.28	8.42	1002.59	326.60
私营企业	Private Enterprises	539	7	197	4520.89	132.05	1514.16	205.07
其他企业	Other Enterprises	75	4	22	1219.95	10.56	247.54	32.13
合资经营企业（港、澳、台资）	Enterprises of Joint Investment (with Investors from Hongkong, Macao or Taiwan)	2			3.03			0.15
合作经营企业（港、澳、台资）	Cooperative Enterprises (with Investors from Hong Kong, Macao or Taiwan)	1			2.09			0.10
港、澳、台商独资经营企业	Enterprises with Funds Solely from Hong Kong, Macao or Taiwan	5		4	166.24		20.82	8.31
港、澳、台商投资股份有限公司	Share Holding Company Limited with Funds from Hong Kong, Macao or Taiwan	4			26.12			0.85
中外合资经营企业	Chinese and Foreign Equity Joint Ventures	13		3	98.45		18.27	4.87
中外合作经营企业	Chinese and Foreign Cooperative Joint Ventures	19		6	221.97		433.15	10.56
外资企业	Foreign-Funded Enterprises	1		2	2.69		4.76	0.13
外商投资股份有限公司	Foreign-Funded Share Holding Company Limited							

转让情况——按企业经济类型分列（2018年）

Granted and Transferred by Enterprise Economic Type (2018)

探矿权出让 Exploration Rights Granted							探矿权转让 Exploration Rights Transferred	
		申请在先 First Application	协议出让 Granting through Agreement		"招拍挂"出让 Granting through Bidding, Auction, and Listing		宗数/个 Number of Cases/ number	转让金额/万元 Amount of Transfer/10^4 yuan
宗数/个 Number of Cases/ number	出让收益/万元 Transfer Income/ 10^4 yuan	宗数/个 Number of Cases/number	宗数/个 Number of Cases/ number	出让收益/万元 Transfer Income/ 10^4 yuan	宗数/个 Number of Cases/number	出让收益/万元 Transfer Income/ 10^4 yuan		
354	**463669.87**	**198**	**58**	**18552.08**	**98**	**445117.79**	**100**	**56165.08**
176	2760.71	158	8	0.01	10	2760.70	12	20650.67
3		3					1	
32	659.10	28			4	659.10		
129	453335.85	5	49	18552.07	75	434783.78	77	28416.13
3	7.00	1	1		1	7.00	9	6248.28
7	6892.03				7	6892.03		
4	15.18	3			1	15.18	1	850.00

矿产资源采矿许可证发证及

Mining Licenses Issued and Mining

年份/地区	Year/Region	采矿许可证发证 Mining Licenses Issued								
		许可证数/个 Number of Licenses/number			登记面积/平方千米 Registered Area/km^2			生产规模/(万吨·年$^{-1}$) Scale of Production/ ($10^4 t \cdot yr^{-1}$)		采矿权使用费/万元 Mining Right Royalty/10^4 yuan
		有效 Valid	新立 Newly Issued	注销 Cancellation	有效 Valid	新立 Newly Issued	注销 Cancellation	有效 Valid	新立 Newly Issued	
	2016	**66352**	**1845**	**5643**	**254862.44**	**6250.25**	**1970.71**	**1496898.56**	**59422.44**	**12434.65**
	2017	**57421**	**1577**	**14105**	**256157.38**	**7885.08**	**3328.52**	**1514574.87**	**83322.70**	**11596.65**
	2018	**48991**	**1251**	**9615**	**257926.03**	**6151.71**	**4105.43**	**1518076.63**	**78274.63**	**24987.20**
自然资源部	MNR	1424	15	17	192634.20	4708.41	275.67	212729.44	1000.00	16788.20
北　京	Beijing	155		18	189.65		7.49	3893.30		23.40
天　津	Tianjin	349	12	6	7.12			5312.01	222.00	18.00
河　北	Hebei	2045	2	93	2167.13	0.52	62.83	55242.21	4.71	274.80
山　西	Shanxi	2883	31	1167	8766.90	162.48	390.77	108450.29	1323.90	975.95
内蒙古	Inner Mongolia	3138	39	333	4995.03	41.53	98.60	75073.15	1040.35	600.50
辽　宁	Liaoning	1365	13	212	997.39	13.84	195.16	42784.49	775.50	145.30
吉　林	Jilin	1044	22	46	767.23	2.88	0.51	28348.56	643.93	115.30
黑龙江	Heilongjiang	1535	93	258	1955.51	18.47	17.15	30330.54	1462.56	253.20
上　海	Shanghai	7			7.09			38.00		0.75
江　苏	Jiangsu	248	4	235	244.62	2.19	7.53	17637.44	257.32	32.95
浙　江	Zhejiang	727	48	150	196.56	9.23	16.23	82391.28	14641.52	44.75
安　徽	Anhui	967	10	320	764.40	6.23	106.03	64377.03	1257.32	108.45
福　建	Fujian	776	22	99	810.46	3.16	84.25	30757.80	3540.00	107.15
江　西	Jiangxi	2879	53	235	1805.53	12.84	17.04	46732.60	2939.29	283.20
山　东	Shandong	1024	24	212	2122.36	11.12	10.83	49362.46	4550.03	246.70
河　南	Henan	1558	10	532	4746.04	70.18	165.65	42724.96	954.35	518.60
湖　北	Hubei	1340	48	115	1026.16	16.64	88.04	36464.74	2524.82	148.05
湖　南	Hunan	2984	91	451	1442.62	4.87	102.98	50414.06	2409.61	264.30
广　东	Guangdong	1225	42	61	346.22	4.96	4.26	54675.90	2306.16	79.90
广　西	Guangxi	1837	76	511	1068.47	18.45	49.75	49719.07	4269.20	177.55
海　南	Hainan	158	13	8	175.26	1.58	48.00	16158.27	707.96	22.75
重　庆	Chongqing	883	17	188	755.07	9.64	189.28	27420.11	726.00	109.35
四　川	Sichuan	3737	55	371	2814.28	9.68	222.16	60180.71	1443.07	424.80
贵　州	Guizhou	3923	105	2106	5026.48	26.22	1250.11	92122.54	3491.66	637.90
云　南	Yunnan	3665	25	690	2670.32	7.97	223.58	49423.73	796.03	402.45
西　藏	Tibet	91	7	23	821.25	1.24	3.38	3880.57	305.10	84.35
陕　西	Shaanxi	1929	69	384	7776.31	295.79	208.88	79075.72	11108.78	838.40
甘　肃	Gansu	1554	74	415	1297.21	23.98	120.51	20108.79	1302.21	187.85
青　海	Qinghai	502	49	129	5916.58	133.22	10.35	10012.49	659.80	609.65
宁　夏	Ningxia	374	47	70	248.30	8.56	22.18	11324.96	2489.76	40.70
新　疆	Xinjiang	2665	135	160	3364.28	525.83	106.23	60909.41	9121.69	422.00

采矿权出让、转让情况——按地区分列
Rights Granted and Transferred by Region

采矿权出让 Mining Rights Granted							采矿权转让 Mining Rights Transferred	
		探矿权转采矿权 Change of Exploration Right to Mining Right	协议出让 Granting through Agreement		"招拍挂"出让 Granting through Bidding, Auction, and Listing		宗数/个 Number of Cases/number	转让金额/万元 Amount of Transfer/10^4 yuan
宗数/个 Number of Cases/ number	出让收益/万元 Transfer Income/ 10^4 yuan	宗数/个 Number of Cases/number	宗数/个 Number of Cases/ number	出让收益/万元 Transfer Income/ 10^4 yuan	宗数/个 Number of Cases/ number	出让收益/万元 Transfer Income/ 10^4 yuan		
1845.00	**1734379.00**	**236**	**201**	**1192112**	**1408**	**542267.00**	**725**	**697388.00**
1585.00	**1747362.00**	**211**	**123**	**231407**	**1251**	**1515955.00**	**629**	**191627.00**
1251	**1553393.00**	**424**	**55**	**182775.00**	**772**	**1370618.00**	**632**	**309388.00**
15		15					2	
12		12					14	20.90
2	20.00		2	20.00			18	3497.43
31	97489.81	13	1	90737.08	17	6752.73	24	365.00
39	4136.70	11	1	2893.71	27	1242.99	24	3792.72
13	5623.07	5	4	5464.27	4	158.80	10	3301.49
22	1073.64	11			11	1073.64	9	824.80
93	1394.48	49	1	14.57	43	1379.91	51	26220.68
4	10050.00	3			1	10050.00	2	500.00
48	615483.69	1	27	49412.91	20	566070.78	13	201530.68
10	89037.00	6			4	89037.00	6	1787.21
22	2399.50	13			9	2399.50	4	
53	15410.36	24	1	9.25	28	15401.11	33	2198.95
24	94001.89	15			9	94001.89	17	16643.93
10	9718.80	6	1	9563.80	3	155.00	22	2565.00
48	7569.48	21			27	7569.48	7	1290.02
91	14928.16	36	3	278.65	52	14649.51	88	7946.63
42	27985.45	19			23	27985.45	8	188.00
76	424786.04	40	1	14071.00	35	410715.04	29	1509.99
13	12731.10				13	12731.10		
17	3301.94	7			10	3301.94	27	7254.00
55	19481.82	22	1	175.82	32	19306.00	81	6850.74
105	14817.35	3			102	14817.35	34	
25	18574.89	1	2	245.27	22	18329.62	32	10151.60
7	2071.23		1	77.01	6	1994.22		
69	26476.02	18	1	4499.10	50	21976.92	15	5983.10
74	7379.59	13	3	4183.06	58	3196.53	21	1502.47
49	1235.16	15	1	72.44	33	1162.72	10	2547.59
47	18404.76	17	4	1057.06	26	17347.70	2	220.00
135	7811.07	28			107	7811.07	29	695.07

矿产资源采矿许可证发证及采矿权出让、
Mining Licenses Issued and Mining Rights

矿 种	Mineral	采矿许可证发证 Mining Licenses Issued								
		许可证数/个 Number of Licenses/number			登记面积/平方千米 Registered Area/km^2			生产规模/(万吨·年$^{-1}$) Scale of Production/ ($10^4t\cdot yr^{-1}$)		采矿权使用费/万元 Mining Right Royalty/10^4 yuan
		有效 Valid	新立 Newly Issued	注销 Cancellation	有效 Valid	新立 Newly Issued	注销 Cancellation	登记 Registration	新立 Newly Issued	
总 计	**Total**	**48991**	**1251**	**9615**	**257926.03**	**6151.71**	**4105.43**	**1518076.63**	**78274.63**	**24987.20**
煤炭	Coal	6034	25	1238	52509.12	943.81	2535.56	409754.00	9780.00	5401.90
石油、天然气、页岩气、煤层气	Oil&Natural Gas&Shale Gas&Coal Bed Methane	774	13	1	164909.56	4554.42	16.95			13999.00
油页岩	Oil Shale	20	1		152.46	4.76		4439.00	150.00	15.70
石煤	Stone Coal	85		9	145.67		1.81	906.00		16.55
油砂	Oil Sand	2			11.18			80.00		1.15
天然沥青	Native Bitumen	1		3	0.25		11.72	1.00		0.05
地热	Geothermal	1250	42	38	1018.47	6.48	32.56	26705.82	875.13	143.80
铁矿	Iron	2540	10	198	4424.21	24.15	139.81	113234.21	859.50	509.05
锰矿	Manganese	266	1	9	487.83	0.78	2.76	1880.85	6.00	55.80
铬铁矿	Chromite	11		1	22.80		0.16	32.95		2.60
钛矿	Titanium	45		1	60.80		37.81	1065.58		7.40
钒矿	Vanadium	86		3	348.14		3.30	2543.90		36.60
金红石	Rutile	3		2	5.49		0.27	130.00		0.65
铜矿	Copper	616	4	21	1053.75	6.42	14.51	29594.26	76.50	121.00
铅矿	Lead	657	5	48	1430.39	14.34	22.96	5975.69	69.00	160.00
锌矿	Zinc	286	3	22	594.75	8.52	12.42	4716.05	113.50	66.80
铝土矿	Bauxite	237	4	21	1291.07	23.23	25.92	5937.33	238.43	135.05
镁矿	Magnesium	4			8.87			387.20		1.00
镍矿	Nickel	40	1		70.33	2.43		2433.38	45.00	8.20
钴矿	Cobalt	3			4.92			168.00		0.60
钨矿	Tungsten	128		1	357.50		2.63	2537.00		38.45
锡矿	Tin	64		2	228.10		0.74	1044.58		24.35
铋矿	Bismuth	4			2.35			15.50		0.30
钼矿	Molybdenum	134		6	395.01		3.73	16628.86		42.90
汞矿	Mercury	20		14	42.40		13.29	104.32		4.80
锑矿	Antimony	47		6	83.30		1.26	254.16		9.55
铂矿	Platinum	3			6.59			100.00		0.75
砂金	Placer Gold	18		2	38.19		1.98	1168.33		4.25
金矿	Gold	1106	10	58	2926.94	82.39	89.20	14241.47	121.35	320.80
银矿	Silver	104	1	2	226.55	4.33	0.08	1291.87	9.00	25.30
铌钽矿	Niobium-Tantalum	5			9.17			141.30		1.10
铌矿	Niobium	4			2.84			41.80		0.45
钽矿	Tantalum	3			16.00			128.50		1.65
铍矿	Beryllium	1			0.08			1.50		0.05
锂矿	Lithium	19	2		330.37	4.37		477.40	43.50	33.45

转让情况——按矿种分列（2018年）

Granted and Transferred by Mineral（2018）

采矿权出让 Mining Rights Granted							采矿权转让 Mining Rights Transferred	
		探矿权转采矿权 Change of Exploration Right to Mining Right	协议出让 Granting through Agreement		"招拍挂" 出让 Granting through Bidding, Auction, and Listing		宗数/个 Number of Cases/number	转让金额/万元 Amount of Transfer/10^4 yuan
宗数/个 Number of Cases/number	出让收益/万元 Transfer Income/10^4 yuan	宗数/个 Number of Cases/number	宗数/个 Number of Cases/number	出让收益/万元 Transfer Income/10^4 yuan	宗数/个 Number of Cases/number	出让收益/万元 Transfer Income/10^4 yuan		
1251	**1553393.00**	**424**	**55**	**182775.00**	**772**	**1370618.00**	**632**	**309388.00**
25	93631.00	23	2	93631.00			81	147699.00
13		13						
1		1						
							7	125.00
42	400.00	14	2	20.00	26	380.00	20	1909.00
10	5976.00	7	2	5288.00	1	688.00	21	25659.00
1		1					2	
4	3495.00	3	1	3495.00				
5	563.00	4	1	563.00			6	480.00
3		3					3	
4	8028.00	3			1	8028.00	1	126.00
1		1						
							1	39.00
							1	130.00
10	9564.00	9	1	9564.00			8	917.00
1		1						
2		2						

矿产资源采矿许可证发证及采矿权出让、
Mining Licenses Issued and Mining Rights Granted

矿种	Mineral	采矿许可证发证 Mining Licenses Issued								
		许可证数/个 Number of Licenses/number			登记面积/平方千米 Registered Area/km^2			生产规模/(万吨·年$^{-1}$) Scale of Production/ ($10^4t \cdot yr^{-1}$)		采矿权使用费/万元 Mining Right Royalty/10^4 yuan
		有效 Valid	新立 Newly Issued	注销 Cancellation	有效 Valid	新立 Newly Issued	注销 Cancellation	登记 Registration	新立 Newly Issued	
锆矿	Zirconium	5		3	46.84		7.29	3818.88		4.80
锶矿（天青石）	Strontium	12			31.81			56.90		3.60
锗矿	Germanium	8			10.71			427.00		1.30
碲矿	Tellurium	2			1.97			3.20		0.25
蓝晶石	Kyanite	5			3.65			29.00		0.50
矽线石	Sillimanite	6			19.00			37.00		2.05
红柱石	Andalusite	8		1	10.09		1.00	185.20		1.20
菱镁矿	Magnesite	92	1	1	52.67	0.84	0.12	2349.05	100.00	8.20
萤石（普通）	Common Fluorite	796	4	64	679.52	3.86	49.68	1821.38	13.30	88.90
熔剂用石灰岩	Limestone for Flux	155	3	17	81.22	2.00	3.71	9620.77	390.00	12.90
冶金用白云岩	Metallurgical Dolomite	108	1	5	30.82	0.71	2.49	3016.18	20.00	6.70
冶金用石英岩	Metallurgical Quartzite	83		20	41.73		12.26	498.40		7.00
冶金用砂岩	Metallurgical Sandstone	5		14	6.76		12.29	12.00		0.85
铸型用砂岩	Cast Sandstone	3			0.03			6.45		0.15
铸型用砂	Cast Sand	28		6	15.01		1.47	290.00		2.55
冶金用脉石英	Metallurgical Vein Quartz	78		4	95.26		2.39	268.12		11.90
耐火黏土	Refractory Clay	96		28	68.37		9.46	513.50		9.75
铁钒土	Ferruginous Bauxite	7		4	4.60		0.71	14.20		0.70
其他黏土	Other Clay	15		7	13.46		0.20	131.90		1.80
铸型用黏土	Foundry Clay	1			1.63			5.00		0.20
耐火用橄榄岩	Refractory Peridotite	1			1.01			10.00		0.15
熔剂用蛇纹岩	Serpentinite for Flux	1			0.50			45.00		0.05
自然硫	Native Sulfur	1			10.16			8.00		1.05
硫铁矿	Pyrite	146		55	299.57		25.07	2998.20		33.95
钠硝石	Nitratine	1			13.24			25.34		1.35
明矾石	Alunite	1			1.20			21.00		0.15
芒硝（含钙芒硝）	Mirabilite (Including Glauberite)	62	1		519.76	1.81		4354.53	120.00	53.65
重晶石	Barite	281	5	108	523.81	7.94	116.62	1303.01	21.00	59.80
毒重石	Witherite	19			15.14			82.00		2.00
天然碱(Na_2CO_3)	Trona	13			76.29			346.50		8.00
电石用灰岩	Limestone for Calcium Carbide	35		8	16.36		1.89	2743.73		2.75
制碱用灰岩	Limestone for Soda Production	15	1	2	7.48	0.11	0.06	881.00	30.00	1.30
化肥用石灰岩	Limestone for Fertilizer	1		3	0.11		0.05	5.00		0.05
化肥用白云岩	Dolostone for Fertilizer	3			0.69			13.70		0.15
化肥用石英岩	Quartzite for Fertilizer	8		1	2.67		0.13	73.50		0.50

转让情况——按矿种分列（2018年）续表1

and Transferred by Mineral（2018）Continued 1

采矿权出让 Mining Rights Granted							采矿权转让 Mining Rights Transferred	
		探矿权转采矿权 Change of Exploration Right to Mining Right	协议出让 Granting through Agreement		“招拍挂”出让 Granting through Bidding, Auction, and Listing			
宗数/个 Number of Cases/number	出让收益/万元 Transfer Income/10^4 yuan	宗数/个 Number of Cases/number	宗数/个 Number of Cases/number	出让收益/万元 Transfer Income/10^4 yuan	宗数/个 Number of Cases/number	出让收益/万元 Transfer Income/10^4 yuan	宗数/个 Number of Cases/number	转让金额/万元 Amount of Transfer/10^4 yuan
1		1						
4	445.00	2			2	445.00	13	825.00
3		3					3	858.00
1		1						
							1	64.00
1		1					1	
5	607.00				5	607.00	3	44.00
							1	220.00
1	209.00				1	209.00		

矿产资源采矿许可证发证及采矿权出让、
Mining Licenses Issued and Mining Rights Granted

矿 种	Mineral	采矿许可证发证 Mining Licenses Issued								
		许可证数/个 Number of Licenses/number			登记面积/平方千米 Registered Area/km^2			生产规模/(万吨·年$^{-1}$) Scale of Production/ ($10^4t \cdot yr^{-1}$)		采矿权使用费/万元 Mining Right Royalty/10^4 yuan
		有效 Valid	新立 Newly Issued	注销 Cancellation	有效 Valid	新立 Newly Issued	注销 Cancellation	登记 Registration	新立 Newly Issued	
化肥用砂岩	Sandstone for Fertilizer	15		2	7.73		0.21	121.00		1.15
含钾岩石	K-Bearing Rock	4			2.61			39.00		0.35
含钾砂页岩	K-Bearing Sandy Shale	1			0.95			10.00		0.10
化肥用蛇纹岩	Serpentinite for Fertilizer	6			2.89			32.00		0.45
泥炭	Peat	35		10	50.83		15.04	393.90		6.10
矿盐	Mineral Salt	16	1		194.39	13.55		849.83	60.00	19.85
岩盐	Halite	113	8	1	335.99	81.68	0.06	15087.27	7169.76	36.40
湖盐	Lake Salt	31			483.17			1183.39		49.05
镁盐	Magnesium Salt	5			54.29			162.00		5.55
天然卤水	Natural Brine	36		7	512.72		0.08	3636.76		52.20
钾盐	Potash	18	1	1	11506.49	125.40	3.06	722.70	5.00	1151.10
溴	Bromine	53			68.32			14.15		8.75
砷	Arsenic	5		1	4.64		1.33	4.86		0.60
磷矿	Phosphate Rock	256	1	27	799.77	9.07	18.57	14760.97	90.00	86.40
石墨	Graphite	139	4	10	146.54	11.47	5.29	3399.55	448.00	18.50
水晶	Crystal	2		1	0.14		0.16	0.04		0.10
硅灰石	Wollastonite	91		9	44.58		1.72	353.83		7.50
滑石	Talc	76	2	10	50.49	0.84	2.60	478.85	15.20	7.20
石棉（温石棉）	Asbestos	28		1	11.46		0.11	162.86		2.20
云母	Mica	16		3	7.83		0.25	54.04		1.05
长石	Feldspar	216	3	26	127.67	2.65	3.48	1365.06	205.00	19.15
电气石	Tourmaline	5			10.17			15.20		1.15
石榴子石	Garnet	12	1	2	6.83	2.45	0.48	135.20	100.00	1.00
叶蜡石	Pyrophyllite	45		5	23.49		0.62	226.82		3.65
透辉石	Diopside	16		1	3.53		0.72	130.00		0.90
蛭石	Vermiculite	5		12	2.59		4.80	38.50		0.45
沸石	Zeolite	32		2	7.65		0.08	198.75		1.85
透闪石	Tremolite	6		2	0.80		0.45	77.00		0.30
石膏	Gypsum	339	5	49	320.70	7.79	39.34	5431.40	81.00	41.60
方解石	Calcite	391	9	60	140.38	5.19	17.56	3567.86	47.00	28.10
光学萤石	Optical Fluorite			1			0.28			
宝石	Gem	3			2.10			7.23		0.30
玉石	Jade	101	1	1	116.39	0.97	2.00	204.38	0.01	14.05
玛瑙	Agate	5			1.99			8.30		0.30
石灰岩	Limestone	2083	20	623	356.88	3.55	27.67	53627.30	1268.00	118.65
玻璃用石灰岩	Limestone for Glass	1			0.03			1.50		0.05
水泥用石灰岩	Limestone for Cement	1479	31	157	938.27	18.12	61.67	180478.46	4629.00	137.45

转让情况——按矿种分列（2018年）续表2

and Transferred by Mineral (2018) Continued 2

采矿权出让 Mining Rights Granted							采矿权转让 Mining Rights Transferred	
		探矿权转采矿权 Change of Exploration Right to Mining Right	协议出让 Granting through Agreement		“招拍挂”出让 Granting through Bidding, Auction, and Listing		宗数/个 Number of Cases/number	转让金额/万元 Amount of Transfer/10^4 yuan
宗数/个 Number of Cases/number	出让收益/万元 Transfer Income/10^4 yuan	宗数/个 Number of Cases/number	宗数/个 Number of Cases/number	出让收益/万元 Transfer Income/10^4 yuan	宗数/个 Number of Cases/number	出让收益/万元 Transfer Income/10^4 yuan		
							1	5.00
							1	43.00
1		1						
8		8					1	330.00
							3	57.00
1		1						
1		1					3	1259.00
4		4						
							4	616.00
2		2						
							1	50.00
3	17.00	1	1	9.00	1	8.00	3	1690.00
							1	
1		1						
							1	20.00
							1	44.00
5	231.00	2			3	231.00	1	25.00
9	400568.00	2			7	400568.00	8	2762.00
1	50.00				1	50.00	1	1029.00
20	3684.00	9	1	188.00	10	3495.00	41	11036.00
31	33325.00	18	2	180.00	11	33144.00	24	57848.00

矿产资源采矿许可证发证及采矿权出让、
Mining Licenses Issued and Mining Rights Granted

矿种	Mineral	采矿许可证发证 Mining Licenses Issued								
		许可证数/个 Number of Licenses/number			登记面积/平方千米 Registered Area/km^2			生产规模/(万吨·年$^{-1}$) Scale of Production/ (10^4t·yr^{-1})		采矿权使用费/万元 Mining Right Royalty/10^4 yuan
		有效 Valid	新立 Newly Issued	注销 Cancellation	有效 Valid	新立 Newly Issued	注销 Cancellation	登记 Registration	新立 Newly Issued	
建筑石料用灰岩	Limestone for Building Stone	6177	204	1515	678.05	26.87	87.65	185087.82	14285.06	325.40
饰面用灰岩	Decorative Limestone	202	11	60	67.94	1.21	3.76	1286.55	79.32	13.20
制灰用石灰岩	Limestone for Ash	193		80	45.14		5.27	4117.12		12.15
含钾岩石1	K-Bearing Rock 1	1			1.59			20.00		0.20
泥灰岩	Marlstone	9		1	1.28		0.02	59.42		0.45
白垩	Chalk	3			0.65			20.00		0.15
白云岩	Dolostone	250	3	95	94.39	0.27	15.76	4911.62	95.00	18.75
玻璃用白云岩	Dolostone for Glass	8		2	1.42		6.91	110.60		0.45
建筑用白云岩	Dolostone for Construction	515	13	107	73.50	1.53	6.89	12785.72	811.20	27.90
石英岩	Quartzite	373	4	94	194.09	1.09	35.14	2825.32	85.00	31.30
冶金用石英岩	Metallurgical Quartzite	31	1	4	7.55	0.03	0.88	201.00	2.00	2.00
玻璃用石英岩	Quartzite for Glass	119	3	19	57.13	2.18	2.11	2237.50	15.00	9.60
砂岩	Sandstone	422	10	163	51.97	6.08	7.97	5237.46	156.76	23.45
玻璃用砂岩	Sandstone for Glass	47	1	1	13.11	0.05	0.02	850.22	15.00	2.95
水泥配料用砂岩	Sandstone for Cement Batching	125	4	21	59.43	0.33	3.09	3487.39	80.00	10.10
砖瓦用砂岩	Sandstone for Bricks and Tiles	243	10	29	11.90	0.35	0.91	1956.50	167.65	12.40
陶瓷用砂岩	Sandstone for Ceramics	34	1	8	13.31	0.11	0.13	252.00	5.00	2.55
建筑用砂岩	Sandstone for Construction	610	51	91	71.72	5.30	10.68	19122.52	2871.88	32.90
天然石英砂	Natural Silicious Sand	74	3	26	59.36	0.20	36.61	1493.36	21.00	8.20
玻璃用砂	Sand for Glass	16	1		14.97	0.03		624.22	5.00	2.00
建筑用砂	Sand for Construction	2467	241	829	412.75	29.96	95.94	29467.11	4223.38	138.45
水泥配料用砂	Sand for Cement Batching	14		2	3.75		0.31	184.56		0.90
水泥标准砂	Standard Sand for Cement	1		1			1.39	4.80		0.05
砖瓦用砂	Sand for Bricks and Tiles	25		3	4.05		0.26	187.41		1.45
脉石英	Vein Quartz	118	3	43	55.36	0.08	12.12	292.88	12.00	9.30
玻璃用脉石英	Vein Quartz for Glass	52		5	31.30		1.78	327.20		4.60
粉石英	Powdery Quartz	11		5	6.74		0.29	48.60		1.00
天然油石	Natural Oil Stone	1			0.20			0.15		0.05
硅藻土	Diatomite	28	1	1	30.62	0.93	0.20	246.00	10.00	3.75
页岩	Shale	542	21	130	36.37	1.20	3.86	4273.86	300.00	28.05
陶粒页岩	Ceramsite Shale	17	1	1	5.30	0.03	0.73	440.90	10.00	1.20
砖瓦用页岩	Shale for Bricks and Tiles	2996	101	552	168.55	6.01	28.39	21843.71	1258.66	153.70
水泥配料用页岩	Shale for Cement Batching	81	4	8	20.52	4.27	42.03	1195.28	40.30	5.05

转让情况——按矿种分列（2018年）续表3

and Transferred by Mineral（2018）Continued 3

采矿权出让 Mining Rights Granted							采矿权转让 Mining Rights Transferred	
		探矿权转采矿权 Change of Exploration Right to Mining Right	协议出让 Granting through Agreement		“招拍挂”出让 Granting through Bidding, Auction, and Listing		宗数/个 Number of Cases/number	转让金额/万元 Amount of Transfer/10^4 yuan
宗数/个 Number of Cases/number	出让收益/万元 Transfer Income/10^4 yuan	宗数/个 Number of Cases/number	宗数/个 Number of Cases/number	出让收益/万元 Transfer Income/10^4 yuan	宗数/个 Number of Cases/number	出让收益/万元 Transfer Income/10^4 yuan		
204	254331.00	59	1	4499.00	144	249832.00	114	14293.00
11	1096.00	2			9	1096.00	3	977.00
							6	404.00
3	26.00	2			1	26.00	3	40.00
13	8862.00	4			9	8862.00	6	1180.00
4	434.00	1			3	434.00	7	495.00
1	15.00				1	15.00	1	281.00
3	123.00				3	123.00		
10	1398.00	3	1	952.00	6	446.00	8	2159.00
1	310.00				1	310.00	1	6.00
4	203.00	1			3	203.00	2	948.00
10	320.00	4			6	320.00	8	66.00
1		1						
51	39509.00	14			37	39509.00	9	1476.00
3	71.00				3	71.00		
1	188.00				1	188.00		
241	14451.00	34	6	1139.00	201	13312.00	32	1552.00
3	37.00	1			2	37.00	2	95.00
							2	85.00
1		1						
21	432.00	14			7	432.00	7	310.00
1	1415.00				1	1415.00		
101	3179.00	40			61	3179.00	46	2357.00
4	218.00	2			2	218.00	1	21.00

矿产资源采矿许可证发证及采矿权出让、
Mining Licenses Issued and Mining Rights Granted

矿种	Mineral	采矿许可证发证 Mining Licenses Issued								采矿权使用费/万元 Mining Right Royalty/10^4 yuan
		许可证数/个 Number of Licenses/number			登记面积/平方千米 Registered Area/km^2			生产规模/(万吨·年$^{-1}$) Scale of Production/($10^4 t \cdot yr^{-1}$)		
		有效 Valid	新立 Newly Issued	注销 Cancellation	有效 Valid	新立 Newly Issued	注销 Cancellation	登记 Registration	新立 Newly Issued	
高岭土	Kaolin	275	6	33	320.41	0.99	20.57	3115.58	61.00	40.20
陶瓷土	Ceramic Clay	353	12	45	172.69	4.09	4.45	2676.39	110.46	28.65
凹凸棒石黏土	Attapulgite Clay	25			26.24			203.92		3.25
海泡石黏土	Sepiolite Clay	4			2.42			31.18		0.35
伊利石黏土	Illite Clay	31			24.64			575.87		3.30
累托石黏土	Rectorite Clay	1			0.63			9.00		0.10
膨润土	Bentonite	139		8	117.79		0.13	870.85		16.05
砖瓦用黏土	Clay for Bricks and Tiles	3003	40	1575	208.61	2.08	76.97	15872.31	386.69	154.50
陶粒用黏土	Clay for Ceramsite	28	1	6	155.11	0.21	3.84	211.96	7.79	16.35
水泥用黏土	Clay for Cement	84	4	11	40.55	0.23	3.09	1819.39	85.95	6.80
水泥配料用红土	Red Clay for Cement Batching	4		1	0.43		0.02	55.53		0.20
水泥配料用黄土	Loess for Cement Batching	4	1		1.34	0.79		181.00	5.00	0.25
水泥配料用泥岩	Mudstone for Cement Batching	24	2	2	6.57	0.17	0.02	871.00	60.00	1.35
保温材料用黏土	Clay for Thermal Insulating Material	2		1	4.57		0.65	8.80		0.50
橄榄岩	Peridotite	7			28.80			70.08		3.05
建筑用橄榄岩	Peridotite for Construction	4			40.34			27.19		4.15
蛇纹岩	Serpentinite	28	2	3	8.47	0.06	5.53	182.99	24.00	1.90
饰面用蛇纹岩	Decorative Serpentinite	5		2	3.46		1.38	22.44		0.45
玄武岩	Basalt	204	4	25	33.83	0.76	6.18	3536.50	115.44	11.50
铸石用玄武岩	Basalt for Casting	4			1.08			44.80		0.25
建筑用玄武岩	Basalt for Construction	323	34	14	37.41	2.31	0.77	10457.67	1048.42	17.00
辉绿岩	Diabase	49	1	14	9.70	0.16	7.57	483.93	10.00	2.75
水泥用辉绿岩	Diabase for Cement	1			0.06			5.00		0.05
建筑用辉绿岩	Diabase for Construction	111	6	26	26.47	2.61	3.40	2589.85	613.00	6.75
饰面用辉绿岩	Decorative Diabase	37		6	11.47		0.35	210.23		2.30
安山岩	Andesite	45		4	3.55		0.43	1212.38		2.25
饰面用安山岩	Decorative Andesite	2			3.20			3.38		0.40
建筑用安山岩	Andesite for Construction	242	8	26	17.56	0.54	0.82	8690.21	267.80	12.20
水泥混合材料用安山岩	Andesite Porphyrite for Addition of Cement	1			0.04			20.80		0.05
闪长岩	Diorite	17	1	4	4.46	0.01	0.04	170.82	7.80	1.05
建筑用闪长岩	Diorite for Construction	117	4	51	8.33	0.16	1.87	2748.28	158.60	5.95
水泥混合材料用闪长玢岩	Dioritic Porphyrite for Addition of Cement	1			0.01			8.84		0.05
花岗岩	Granite	349	3	38	142.62	0.20	13.69	4280.09	98.80	27.35

转让情况——按矿种分列（2018年）续表4

and Transferred by Mineral（2018）Continued 4

采矿权出让 Mining Rights Granted							采矿权转让 Mining Rights Transferred	
		探矿权转采矿权 Change of Exploration Right to Mining Right	协议出让 Granting through Agreement		"招拍挂"出让 Granting through Bidding, Auction, and Listing			
宗数/个 Number of Cases/number	出让收益/万元 Transfer Income/10^4 yuan	宗数/个 Number of Cases/number	宗数/个 Number of Cases/number	出让收益/万元 Transfer Income/10^4 yuan	宗数/个 Number of Cases/number	出让收益/万元 Transfer Income/10^4 yuan	宗数/个 Number of Cases/number	转让金额/万元 Amount of Transfer/10^4 yuan
6	39.00	5			1	39.00	3	203.00
12	630.00	2			10	630.00	2	42.00
							1	842.00
							3	62.00
							4	229.00
40	1052.00	14			26	1052.00	17	412.00
1		1					1	10.00
4	94.00	2			2	94.00	1	45.00
1	8.00				1	8.00		
2		2					2	5.00
2	53.00				2	53.00		
4	8924.00				4	8924.00	1	15.00
							1	20.00
34	11800.00	5	3	281.00	26	11519.00	7	368.00
1	31.00				1	31.00		
6	9475.00				6	9475.00	1	100.00
							1	29.00
8	954.00	1			7	954.00	2	35.00
1	20.00				1	20.00		
4	221.00				4	221.00	1	152.00
3	303.00		1	176.00	2	128.00	7	991.00

矿产资源采矿许可证发证及采矿权出让、
Mining Licenses Issued and Mining Rights Granted

矿 种	Mineral	采矿许可证发证 Mining Licenses Issued								
		许可证数/个 Number of Licenses/number			登记面积/平方千米 Registered Area/km²			生产规模/(万吨·年⁻¹) Scale of Production/ (10^4t·yr^{-1})		采矿权使用费/万元 Mining Right Royalty/10^4 yuan
		有效 Valid	新立 Newly Issued	注销 Cancellation	有效 Valid	新立 Newly Issued	注销 Cancellation	登记 Registration	新立 Newly Issued	
建筑用花岗岩	Granite for Construction	1594	72	180	170.36	11.06	10.27	69033.73	7590.89	83.65
饰面用花岗岩	Decorative Granite	758	25	149	347.41	24.03	12.70	8280.82	996.13	60.90
麦饭石	Medical Stone	8			3.19			15.13		0.60
珍珠岩	Perlite	61		1	19.74		0.03	342.35		4.35
黑曜岩	Obsidian	3		1	0.86		0.20	23.00		0.20
浮石	Pumice Stone	14		2	1.63		0.02	37.60		0.70
粗面岩	Trachyte	9			2.06			44.53		0.60
铸石用粗面岩	Trachyte for Stone Casting	2			0.37			122.17		0.10
霞石正长岩	Nepheline Syenite	10	1		6.41	0.24		401.00	15.00	1.00
凝灰岩	Tuff	45	2	11	8.44	0.17	0.46	1285.99	465.87	2.50
水泥用凝灰岩	Tuff for Cement	13		1	2.48		1.04	190.10		0.75
建筑用石料（凝灰岩）	Stone (Tuff) for Construction	946	58	139	137.85	9.68	19.45	68147.91	12496.68	51.90
火山灰	Volcanic Ash	2			0.24			5.70		0.10
水泥用火山灰	Volcanic Ash for Cement	1			0.07			5.00		0.05
火山渣	Scoria	9			4.32			87.18		0.70
大理岩	Marble	230	2	19	100.97	0.32	3.60	3814.76	9.91	17.85
饰面用石料（大理石）	Decorative Marble	299	10	51	180.83	7.12	25.37	4130.48	492.75	27.40
建筑用大理岩	Marble for Construction	217	4	30	51.39	1.65	6.66	4255.70	529.44	13.20
水泥用大理石	Marble for Cement	88	2	1	27.30	0.18	0.39	8182.24	162.00	5.85
玻璃用大理石	Marble for Glass	1			0.32			10.26		0.05
板岩	Slate	117	8	26	30.32	0.14	11.21	2192.35	98.70	7.95
饰面用板岩	Decorative Slate	38		24	16.49		4.69	252.31		3.00
水泥配料用板岩	Slate for Cement Batching	2		1	2.64		0.12	15.43		0.35
片麻岩	Gneiss	143	5	62	11.95	0.29	3.25	3997.11	422.82	7.15
角闪岩	Amphibolite	17		13	2.44		4.38	253.47		0.95
硼矿	Boron	33	1		382.93	1.06		529.50	5.00	39.25
矿泉水	Mineral Water	587	15	32	352.88	11.86	12.77	4592.68	180.30	52.20
地下水	Ground Water	6			6.48			188.50		0.80
二氧化碳气	Carbon Dioxide Gas	3			32.90			16.16		3.35

转让情况——按矿种分列（2018年）续表5
and Transferred by Mineral (2018) Continued 5

采矿权出让 Mining Rights Granted								采矿权转让 Mining Rights Transferred	
		探矿权转采矿权 Change of Exploration Right to Mining Right	协议出让 Granting through Agreement		"招拍挂"出让 Granting through Bidding, Auction, and Listing			宗数/个 Number of Cases/number	转让金额/万元 Amount of Transfer/10^4 yuan
宗数/个 Number of Cases/number	出让收益/万元 Transfer Income/10^4 yuan	宗数/个 Number of Cases/number	宗数/个 Number of Cases/number	出让收益/万元 Transfer Income/10^4 yuan	宗数/个 Number of Cases/number	出让收益/万元 Transfer Income/10^4 yuan			
72	26304.00	26	4	7302.00	42	19002.00		16	11136.00
25	2072.00	15			10	2072.00		2	193.00
								1	
1		1						1	171.00
2	6331.00		2	6331.00					
58	562075.00	5	22	35004.00	31	527072.00		14	3317.00
2	205.00	1			1	205.00			
10	18558.00	4	1	14071.00	5	4487.00		3	3398.00
4	405.00	1			3	405.00		4	748.00
2	155.00	1			1	155.00		3	2467.00
8	323.00				8	323.00			
5	11854.00	1			4	11854.00		1	92.00
1		1							
15	4096.00	10	1	82.00	4	4014.00		6	1652.00

矿产资源采矿许可证发证及采矿权出让、
Mining Licenses Issued and Mining Rights Granted

经济类型	Economic Type	采矿许可证发证 Mining Licenses Issued								
		许可证数/个 Number of Licenses/number			登记面积/平方千米 Registered Area/km^2			生产规模/（万吨·年$^{-1}$）Scale of Production/（10^4t·yr^{-1}）		采矿权使用费/万元 Mining Right Royalty/ 10^4 yuan
		有效 Valid	新立 Newly Issued	注销 Cancellation	有效 Valid	新立 Newly Issued	注销 Cancellation	有效 Valid	新立 Newly Issued	
总 计	**Total**	**48991**	**1251**	**9615**	**257926.03**	**6151.71**	**4105.43**	**1518076.63**	**78274.63**	**24987.20**
国有企业	State-Owned Enterprises	2002	32	239	172272.79	103.40	507.24	104562.40	5723.23	771.10
集体企业	Collective-Owned Enterprises	1272	2	601	710.76	0.21	165.45	15833.86	22.50	115.00
股份合作企业	Cooperative Stock Enterprises	271	2	88	604.17	0.16	20.37	6162.47	44.00	69.70
联营企业	Joint Ownership Enterprises	179	1	211	81.63	0.06	19.66	3390.47	8.00	15.30
有限责任公司	Limited Liability Corporations	28366	1046	2539	68179.28	6019.16	2519.04	1048103.72	68319.48	21724.65
股份有限公司	Share Holding Company Limited	1250	19	154	11732.30	13.41	134.81	124657.66	530.80	1210.10
私营企业	Private Enterprises	14605	132	5506	3498.82	12.93	717.56	175469.87	2933.03	955.65
其他企业	Other Enterprises	761	11	260	91.17	0.53	10.88	8566.54	323.68	42.55
合资经营企业（港、澳、台资）	Enterprises of Joint Investment (with Investors from Hong Kong, Macao or Taiwan)	48	3	5	210.47	1.19	7.59	4700.83	15.91	22.25
合作经营企业（港、澳、台资）	Cooperative Enterprises (with Investors from Hong Kong, Macao or Taiwan)	7		1	56.75		0.66	357.72		5.90
港、澳、台商独资经营企业	Enterprises with Funds Solely from Hong Kong, Macao or Taiwan	88	2	3	136.17	0.58	0.09	9894.64	304.00	15.90
港、澳、台商投资股份有限公司	Share Holding Company Limited with Funds from Hong Kong, Macao or Taiwan	13		1	16.28		0.32	3409.00		1.90
中外合资经营企业	Chinese and Foreign Equity Joint Ventures	66	1	2	124.51	0.08	0.20	6401.75	50.00	14.20
中外合作经营企业	Chinese and Foreign Cooperative Joint Ventures	20		1	140.14		0.49	1380.93		14.60
外资企业	Foreign-Funded Enterprises	32		4	33.76		1.07	2543.14		4.35
外商投资股份有限公司	Foreign-Funded Share Holding Company Limited	11			37.03			2641.63		4.05

转让情况——按企业经济类型分列（2018年）

and Transferred by Enterprise Economic Type （2018）

采矿权出让 Mining Rights Granted							采矿权转让 Mining Rights Transferred	
		探矿权转采矿权 Change of Exploration Right to Mining Right	协议出让 Granting through Agreement		“招拍挂”出让 Granting through Bidding, Auction, and Listing		宗数/个 Number of Cases/number	转让金额/万元 Amount of Transfer/ 10^4 yuan
宗数/个 Number of Cases/number	出让收益/万元 Transfer Income/ 10^4 yuan	宗数/个 Number of Cases/number	宗数/个 Number of Cases/number	出让收益/万元 Transfer Income/ 10^4 yuan	宗数/个 Number of Cases/number	出让收益/万元 Transfer Income/ 10^4 yuan		
1251	**1553393.00**	**424**	**55**	**182775.00**	**772**	**1370618.00**	**632**	**309388.00**
32	18204.91	22	5	7026.99	5	11177.92	18	400.90
2	288.92				2	288.92		
2	400000.00	1			1	400000.00	2	
1	230.00				1	230.00		
1046	1081956.50	354	45	171376.29	647	910580.21	445	293399.74
19	3950.71	10	1	3495.43	8	455.28	9	3310.00
132	42032.89	32	3	866.29	97	41166.60	149	10369.57
11	184.03	4			7	184.03	9	1907.79
3	340.00		1	10.00	2	330.00		
2	6205.04				2	6205.04		
1		1						

全国石油、天然气开发
Oil and Gas Development

年份/地区 Year/Region		油气田总数/个 Number of Oil & Gas Fields/number				从业人数/人 Employees/person
			大型 Large	中型 Medium	小型 Small	
2016		**993**	**108**	**227**	**658**	**708358**
2017		**1009**	**104**	**242**	**663**	**675543**
2018		**1027**	**106**	**230**	**691**	**643467**
天 津	Tianjin	23	1	11	11	24480
河 北	Hebei	64		14	50	41051
山 西	Shanxi	2	2			
辽 宁	Liaoning	40	4	12	24	41933
吉 林	Jilin	51	4	10	37	26362
黑龙江	Heilongjiang	54	8	12	34	77079
江 苏	Jiangsu	68		3	65	7512
山 东	Shandong	76	7	41	28	79374
河 南	Henan	55	3	11	41	37463
湖 北	Hubei	32		3	29	12690
广 东	Guangdong	7			7	182
广 西	Guangxi	1			1	96
四 川	Sichuan	138	6	12	120	36318
重 庆	Chongqing	2	1		1	
甘 肃	Gansu	7		2	5	9171
青 海	Qinghai	30	4	5	21	18048
陕 西	Shaanxi	70	16	21	33	180520
新 疆	Xinjiang	97	20	21	56	41272
渤 海	Bo Hai	80	17	17	46	5990
南 海	South China Sea	113	13	30	70	2544
东 海	East China Sea	17		5	12	1382

注：1. 中国石油长庆、华北、大港和西南经济数据未按省分列，本表将中国石油长庆全部计入陕西，中国石油华北全部计入河北，
2. 2018年全国新增探明油气田18个。
3. 本表不包括页岩气和煤层气。

Notes: 1. The data of the Changqing, North China, Dagang and Southwest oil fields of China National Petroleum Corporation （CNPC） are not China in Sichuan.
2. 18 Measured Oil and Gas Fields are Increased in 2018 in China.
3. The data of shale gas and coal-bed methane are not included in the table.

利用情况——按地区分列
and Utilization by Region

石油产量/万吨 Oil Production/10^4 t	天然气产量/亿立方米 Gas Production /$10^8 m^3$	工业总产值/万元 Gross Industrial Output Value/10^4 yuan	销售收入/万元 Sales Revenue/10^4 yuan	年利税总额/万元 Total Amount of Annual Profits and Taxes/10^4 yuan
19963.48	**1231.72**	**66748312.03**	**74067276.97**	**3811665.29**
19153.35	**1330.07**	**72470497.00**	**87907380.28**	**16643373.68**
18924.64	**1415.12**	**84520273.27**	**97478630.21**	**30942905.42**
407.02	5.21	1345628.00	1371350.00	223016.00
537.20	6.00	1974251.00	2131926.60	-103008.94
	16.32			
995.11	5.69	3048741.00	3059282.00	532822.00
396.72	18.65	1407600.00	1085072.21	-344397.09
3204.67	43.35	11159302.00	12224726.00	3568055.00
158.37	0.70	526616.00	527040.00	-181452.40
2341.00	4.80	6937122.00	6429738.80	1256452.13
275.15	107.04	2506880.30	2553512.26	3966.83
68.25	1.20	392000.00	385897.00	-106602.00
30.46	1.07	124455.94	124547.18	14558.37
1.77	0.01	6861.00	6429.00	4482.00
8.13	221.81	4174968.00	4787290.64	780318.25
	35.36			
41.00	0.05	137312.00	134891.00	-285724.00
223.30	64.05	2083283.00	1715922.00	793491.00
3504.96	423.43	22519799.00	35681697.00	8722218.00
2533.56	322.27	10254755.12	10828226.95	3977585.31
2678.53	28.73	8639007.00	8412965.00	8071516.00
1484.57	94.53	7084243.00	5661838.40	4601459.38
34.87	14.85	197448.91	356278.17	-585850.41

中国石油大港全部计入天津，中国石油西南全部计入四川。

listed by province. In this table, CNPC Changqing is included in Shaanxi, CNPC North China in Hebei, CNPC Dagang in Tianjin and CNPC South-West

全国石油、天然气开发利用情况

Oil and Gas Development and

年份/地区	Year/Region	油气田总数/个 Number of Oil & Gas Fields/number				从业人数/人 Employees/person
			大型 Large	中型 Medium	小型 Small	
总　计	**Total**	**1027**	**106**	**230**	**691**	**643467**
国有企业	State-Owned Enterprises	25	1	9	15	109672
国有联营企业	Joint State-Owned Enterprises	1	0	0	1	96
股份有限公司	Share Holding Company Limited	1001	105	221	675	533699

注：经济类型为公司在工商管理机关登记注册类型。

Note：The economic type refers to the type registered by a company at agencies or industrial and commercial administration.

——按企业经济类型分列（2018年）
Utilization by Enterprise Economic Type （2018）

石油产量/万吨 Oil Production/10^4 tons	天然气产量/亿立方米 Gas Production/$10^8 m^3$	工业总产值/万元 Gross Industrial Output Value/10^4 yuan	销售收入/万元 Sales Revenue/10^4 yuan	年利税总额/万元 Total Amount of Annual Profits and Taxes/10^4 yuan
18924.64	**1415.12**	**84520273.27**	**97478630.21**	**30942905.42**
1128.18	34.36	10422500.00	24002782.00	3301326.00
1.77	0.01	6861.00	6429.00	4482.00
17794.69	1380.75	74090912.27	73469419.21	27637097.42

全国非油气矿产资源开发
Non–Petroleum Mineral Resources

年份/地区	Year/Region	矿山企业数/个 Number of Mine Enterprises/number					从业人数/人 Employees /person
			大 型 Large	中 型 Medium	小 型 Small	小矿 Small–Scale Mine	
	2016	**77558**	**4113**	**6438**	**45606**	**21401**	**4455137**
	2017	**67672**	**4233**	**6586**	**39598**	**17255**	**4133344**
	2018	**58599**	**4081**	**6413**	**34696**	**13409**	**3868661**
北 京	Beijing	158	24	50	72	12	20128
天 津	Tianjin	351	120	133	98		5074
河 北	Hebei	2844	213	369	2039	223	170527
山 西	Shanxi	3147	363	713	1309	762	790232
内蒙古	Inner Mongolia	3496	208	365	1783	1140	218324
辽 宁	Liaoning	2490	140	167	1649	534	132572
吉 林	Jilin	1059	149	154	647	109	57892
黑龙江	Heilongjiang	2024	138	156	1312	418	147909
上 海	Shanghai	7			7		397
江 苏	Jiangsu	233	86	41	106		37338
浙 江	Zhejiang	825	405	122	268	30	31484
安 徽	Anhui	974	162	153	399	260	177624
福 建	Fujian	991	143	132	672	44	34674
江 西	Jiangxi	3177	71	253	2153	700	102494
山 东	Shandong	1481	246	312	923		298089
河 南	Henan	1701	148	234	980	339	330622
湖 北	Hubei	2071	80	134	1066	791	55241
湖 南	Hunan	3980	86	194	2872	828	131606
广 东	Guangdong	1453	179	193	986	95	40895
广 西	Guangxi	2271	91	207	1531	442	65867
海 南	Hainan	170	112	23	32	3	8873
重 庆	Chongqing	836	67	154	530	85	45476
四 川	Sichuan	4082	126	237	2699	1020	171746
贵 州	Guizhou	3971	176	717	2547	531	166923
云 南	Yunnan	4900	56	250	3011	1583	173117
西 藏	Tibet	86	9	23	47	7	7010
陕 西	Shaanxi	2634	223	368	1279	764	182466
甘 肃	Gansu	2538	73	120	1209	1136	104091
青 海	Qinghai	599	49	65	275	210	31937
宁 夏	Ningxia	446	35	18	223	170	31663
新 疆	Xinjiang	3604	103	356	1972	1173	96370

利用情况—— 按地区分列

Development and Utilization by Region

年产矿量（原矿）/万吨 Ore Output (Crude Ore) /10⁴t	工业总产值/万元 Gross Industrial Output Value/10⁴ yuan	综合利用产值/万元 Output Value of Comprehensive Use/ 10⁴ yuan	销售收入/万元 Sales Revenue/ 10⁴ yuan	利润总额/万元 Total Profits/10⁴ yuan
760100.06	**120883008.55**	**5791715.82**	**103719712.08**	**10766211.99**
823153.83	**170363452.19**	**8382059.76**	**147003285.93**	**32862445.37**
875983.00	**188291362.02**	**8820190.97**	**167682290.05**	**35589368.85**
986.10	626200.35	22980.48	528409.51	45588.86
5366.72	244085.86		215230.31	17799.00
33463.74	5428370.80	191036.95	5031955.59	733499.15
96963.08	41763512.32	2613122.63	37647373.33	6403597.84
97926.56	24697020.63	443794.05	23592694.97	4808425.64
28845.50	5064765.27	60304.83	4269320.02	811309.12
9271.35	1190956.69	21634.36	1110552.42	27955.20
14948.17	3376431.53	92039.20	3219267.73	507793.28
6.61	25256.00		17843.00	-109.95
11751.92	1736205.23	65999.90	1534249.66	301434.22
52757.85	2214175.29	166073.57	1802567.31	233981.20
47211.24	11189039.72	617685.92	9806618.95	2122438.49
12798.34	1407691.50	267517.87	1254488.49	258008.74
26406.17	4019880.70	390268.01	3035844.65	696044.18
34283.06	13144444.12	165182.14	11557765.59	3060324.09
27683.15	8354359.50	202589.61	6906068.10	943344.15
21817.84	2443520.23	113444.27	2195629.90	394146.96
28167.72	3467728.23	64491.68	2465820.69	396003.09
36700.15	2089343.75	127630.43	1786709.28	340907.29
43935.09	2811404.44	126341.70	1872283.19	649076.46
4330.49	302386.00	6948.81	310890.13	-31621.15
16857.17	1624121.47	42129.79	1483155.17	169856.18
28229.69	5172247.50	450578.30	3552205.95	835658.33
37507.37	5530685.04	158256.43	4941196.80	1041104.82
26717.27	6269322.83	367957.54	5037207.49	772523.81
1721.51	703713.66	226988.66	526988.50	97201.33
60903.21	19460037.84	27019.50	19752590.04	7300092.62
12706.07	3323438.54	52762.28	3170429.61	972502.72
12884.03	3309773.69	1150459.26	2405515.59	347443.91
10089.20	2032645.69	226078.55	1711329.96	307289.81
32746.67	5268597.61	358874.26	4940088.13	1025749.47

全国非油气矿产资源开发利用
Non–Petroleum Mineral Resources

矿种	Mineral	矿山企业数/个 Number of Mine Enterprises/number					从业人数/人 Employees /person
			大型 Large	中型 Medium	小型 Small	小矿 Small–Scale Mine	
总 计	**Total**	**58599**	**4081**	**6413**	**34696**	**13409**	**3868661**
煤炭	Coal	6079	887	1358	3310	524	2381769
油页岩	Oil Shale	22	9	7	5	1	2208
油砂	Oil Sand	2		1	1		18
石煤	Stone Coal	128	1		35	92	981
天然沥青	Natural Bitumen	2				2	4
地热	Geotherm	1381	276	280	708	117	49191
铁矿	Iron	3426	180	423	2304	519	217247
锰矿	Manganese	354	23	61	223	47	12650
铬矿	Chromite	15	1	2	8	4	796
钛矿	Titanium	79	10	7	47	15	1261
钒矿	Vanadium	115	41	23	39	12	2940
铜矿	Copper	795	33	81	519	162	100950
铅矿	Lead	820	2	50	576	192	35896
锌矿	Zinc	487	12	46	340	89	47771
铝土矿	Bauxite	258	13	37	183	25	14360
镁矿	Magnesium	7	2	1	2	2	670
镍矿	Nickel	65	5	15	39	6	8322
钴矿	Cobalt	4	1		3		32
钨矿	Tungsten	146	6	25	96	19	24468
锡矿	Tin	97	5	10	60	22	17914
铋矿	Bismuth	5			3	2	32
钼矿	Molybdenum	194	29	32	108	25	21672
汞矿	Mercury	20			12	8	536
锑矿	Antimony	65	1	5	42	17	7427
铂族金属	Platinum Group Metals	1	1				2
铂矿	Platinum	4	3		1		35
金矿	Gold	1539	80	237	930	292	137015
银矿	Silver	114	7	15	67	25	12435
铌钽矿	Niobium–Tantalum	9	1	1	6	1	1277
铌矿	Niobium	3			3		25
钽矿	Tantalum	6			6		9
铍矿	Beryllium	1			1		1
锂矿	Lithium	18	6	1	9	2	2565
锆矿	Zirconium	5	4	1			66
锶矿	Strontium	12	1		10	1	345
铽矿	Terbium	1			1		2

情况—— 按矿种分列（2018年）

Development and Utilization by Mineral（2018）

年产矿量（原矿）/万吨 Ore Output （Crude Ore）/10^4 t	工业总产值/万元 Gross Industrial Output Value/10^4 yuan	综合利用产值/万元 Output Value of Comprehensive Use/10^4 yuan	销售收入/万元 Sales Revenue/10^4 yuan	利润总额/万元 Total Profits/10^4 yuan
875983.00	**188291362.02**	**8820190.97**	**167682290.05**	**35589368.85**
304247.10	117403300.26	3705820.46	110567156.11	24585405.73
849.52	62495.30	13551.00	57824.86	–1527.29
76.64	4176.20		4096.20	413.50
12952.53	923672.17		816875.24	42685.79
58344.98	11724818.08	452892.96	9336297.00	1064099.48
578.36	546752.93	37064.40	306794.09	91683.25
7.11	20855.17	121.00	19954.07	2564.52
118.04	15877.78	6848.00	14262.38	–901.82
89.18	72958.67	203.50	68927.02	3252.76
16975.35	4925897.46	835629.29	4117348.91	783437.68
1312.78	1284165.87	179951.96	1176707.90	367896.73
2713.38	2907644.71	204113.87	2602414.82	882207.74
2869.96	822207.12	15890.05	606473.74	222818.17
326.77	106242.74	1435.26	30307.65	11054.90
1226.01	655256.76	18099.94	640489.32	325597.08
1506.66	720595.56	48414.57	671483.38	88179.01
590.14	580566.64	97433.66	577956.41	131519.49
8561.90	2058831.23	137877.95	1246023.00	349964.93
4.10	4644.48	30.48	4643.48	290.00
83.37	156272.13	465.00	65284.80	11180.32
8655.82	4827054.65	413595.38	4567818.24	765539.28
484.96	542850.36	19893.48	472926.12	95396.92
297.33	58871.73	44023.00	51727.00	17523.00
3227.19	220060.07	102254.44	185593.87	31915.57
76.75	1362.00		2033.35	–444.98
6.16	3335.00		3330.00	261.77

全国非油气矿产资源开发利用情况
Non-Petroleum Mineral Resources Development

矿种	Mineral	矿山企业数/个 Number of Mine Enterprises/number					从业人数/人 Employees /person
			大型 Large	中型 Medium	小型 Small	小矿 Small-Scale Mine	
镝矿	Dysprosium	1			1		2
铕矿	Europium	5		2	3		10
锗矿	Germanium	8	1		2	5	779
碲矿	Tellurium	2			1	1	10
蓝晶石	Kyanite	5	1	1	2	1	81
矽线石	Sillimanite	8		1	5	2	284
红柱石	Andalusite	12	6	2	4		210
菱镁矿	Magnesite	109	10	10	85	4	3803
普通萤石	Common Fluorite	938	16	41	680	201	13708
熔剂用灰岩	Limestone for Flux	208	31	27	126	24	12733
冶金用白云岩	Metallurgical Dolomite	223	18	17	155	33	4367
冶金用石英岩	Metallurgical Quartzite	366	3	18	255	90	3216
冶金用砂岩	Metallurgical Sandstone	8			5	3	27
铸型用砂岩	Found Sandstone	4			2	2	65
铸型用砂	Found Sand	32		2	28	2	1247
冶金用脉石英	Metallurgical Vein Quartz	198	2	3	158	35	1202
耐火黏土	Refractory Clay	123	3	6	77	37	2639
铁矾土	Ferruginous Bauxite	9			7	2	24
铸型用黏土	Clay for Casting	1			1		9
耐火用橄榄岩	Refractory Peridotite	5		1	3	1	118
熔剂用蛇纹岩	Serpentinite for Flux	5	1	2	2		351
自然硫	Native Sulfur	1				1	2
硫铁矿	Pyrite	170	11	13	116	30	10560
钠硝石	Nitratine	2		1		1	20
明矾石	Alunite	1	1				636
芒硝	Mirabilite	75	22	20	23	10	5899
重晶石	Barite	365	14	54	215	82	3749
毒重石	Witherite	18	1	3	9	5	203
天然碱	Trona	13	2	1	9	1	3119
电石用灰岩	Limestone for Calcium Carbide	67	13	8	28	18	1388
制碱用灰岩	Limestone for Soda Ash	26	3	2	19	2	2623
化肥用灰岩	Limestone for Fertilizer	3			3		12
化工用白云岩	Dolostone for Chemical Industry	24	1	2	11	10	140
化肥用石英岩	Quartzite for Fertilizer	9	1		8		45
化肥用砂岩	Sandstone for Fertilizer	15		1	12	2	342

——按矿种分列（2018年） 续表1

and Utilization by Mineral（2018） Continued 1

年产矿量（原矿）/万吨 Ore Output (Crude Ore) /10^4 t	工业总产值/万元 Gross Industrial Output Value/10^4 yuan	综合利用产值/万元 Output Value of Comprehensive Use/10^4 yuan	销售收入/万元 Sales Revenue/10^4 yuan	利润总额/万元 Total Profits/10^4 yuan
378.25	51800.00		49959.91	7326.96
0.75	375.00		375.00	37.00
8.66	4293.85	1418.00	3801.85	
915.69	237994.23		149843.40	41789.16
498.04	330538.06	16592.59	302161.52	56174.51
7835.00	600096.38	43412.40	414632.42	70853.97
2588.92	467729.64	27904.03	118509.05	12348.58
364.99	37051.75	655.00	25008.82	1665.24
2.66	532.00	532.00	532.00	
188.33	1733.92		1583.93	4.00
118.17	13730.50	110.00	13280.50	1133.24
28.00	4092.90	50.00	3550.70	692.19
122.65	44704.03	20.00	35841.01	48.19
			6.00	
20.70	2760.00		2560.00	340.00
87.20	4224.00	20.00	4224.00	560.00
1050.27	424955.37	52077.69	410276.69	107915.79
	1950.80			-2031.20
1190.47	259520.74	21051.08	241786.80	27859.92
171.69	49644.57	1282.90	48469.24	7018.38
5.50	3700.00	750.00	2810.00	650.00
176.50	270090.40	50.00	255124.67	135158.64
2315.39	97323.67	3574.40	94801.99	19135.58
467.99	17396.38	1532.00	17376.78	3008.40
1.20	21.00	1.40	18.00	0.80
183.38	3759.22	3.40	3637.22	287.47
10.85	542.28		542.28	58.65
14.10	1500.00	300.00	1500.00	650.00

全国非油气矿产资源开发利用情况
Non-Petroleum Mineral Resources Development

矿　种	Mineral	矿山企业数/个 Number of Mine Enterprises/number					从业人数/人 Employees /person
			大型 Large	中型 Medium	小型 Small	小矿 Small-Scale Mine	
含钾砂页岩	K-Bearing Sandy Shale	5		2	3		21
含钾岩石	K-Bearing Rock	5		2	2	1	108
化肥用橄榄岩	Peridotite for Fertilizer	2			2		16
化肥用蛇纹岩	Serpentinite for Fertilizer	17			9	8	68
泥炭	Peat	41			23	18	690
盐矿	Salt	212	106	38	60	8	40134
镁盐	Magnesium	6	1	3	2		710
钾盐	Potash	19	6	8	4	1	11528
溴矿	Bromine	46			46		1853
砷矿	Arsenic	4			2	2	38
硼矿	Boron	62	3	5	51	3	929
磷矿	Phosphate Rock	302	41	94	155	12	27833
金刚石	Diamond	1	1				3
石墨	Graphite	155	54	21	62	18	6486
光学水晶	Optical Crystal	1				1	10
工艺水晶	Process of Crystal	3			3		5
硅灰石	Wollastonite	147	4	3	87	53	1639
滑石	Talc	111	4	10	75	22	3971
石棉	Asbestos	31	10	3	16	2	1541
云母	Mica	14			8	6	87
碎云母	Detrital Mica	2			2		26
长石	Feldspar	290	7	15	196	72	2411
电气石	Tourmaline	5			4	1	42
石榴子石	Garnet	17		1	12	4	150
叶蜡石	Pyrophyllite	57	4	21	28	4	585
透辉石	Diopside	22		4	17	1	302
蛭石	Vermiculite	14	1	2	10	1	157
沸石	Zeolite	42	2	1	28	11	228
透闪石	Tremolite	8	1		3	4	54
石膏	Gypsum	403	35	97	209	62	8637
方解石	Calcite	534	12	26	372	124	4384
冰洲石	Iceland Spar	1				1	1
宝石	Gem	4	1	1	1	1	57
玉石	Jade	159		1	68	90	2664
玛瑙	Agate	5			2	3	22
玻璃用灰岩	Limestone for Glass	2			1	1	15
水泥用灰岩	Limestone for Cement	2111	510	360	910	331	70055

——按矿种分列（2018年） 续表2

and Utilization by Mineral（2018） Continued 2

年产矿量（原矿）/万吨 Ore Output（Crude Ore）/10^4 t	工业总产值/万元 Gross Industrial Output Value/10^4 yuan	综合利用产值/万元 Output Value of Comprehensive Use/10^4 yuan	销售收入/万元 Sales Revenue/10^4 yuan	利润总额/万元 Total Profits/10^4 yuan
1.57	188.40	15.00	188.40	121.30
10.97	308.08		308.08	173.58
88.30	15975.58	67.00	14626.98	767.94
6832.22	1829021.01	141183.51	1226246.62	95408.34
116.53	33316.32	5432.00	18471.36	3218.49
7575.93	2685381.32	1014651.92	1910727.01	259330.85
6.83	72020.59	13663.20	70731.13	14097.40
210.22	24549.63	7179.23	10804.19	2811.01
6518.78	1783736.83	169093.84	1479727.84	94748.51
595.37	102279.48	1020.11	87521.32	10026.92
137.76	19278.93	2766.60	13204.13	1683.28
150.29	60235.24	180.00	56650.19	7756.35
245.25	10018.72		9604.94	2590.68
0.64	161.00	101.00	157.70	2.20
8.00	1060.40		1029.00	66.00
238.58	21149.85	704.67	14687.01	1395.22
30.96	2990.50	30.00	2896.55	200.00
83.07	10958.77	1475.90	9190.11	810.39
33.80	1830.00		1397.80	137.62
12.56	5598.20		5598.20	405.00
10.62	973.58	446.00	529.98	41.45
13.00	234.00		234.00	65.50
1189.59	74558.74	14749.32	67041.49	3155.77
813.78	76507.39	1879.90	63712.39	10103.73
	405.00		45.00	-568.80
5.48	21266.22	191.90	18064.13	-5902.20
6.30	179.50	100.00	179.50	21.00
134982.50	14492524.14	402418.56	9889540.75	3078599.82

全国非油气矿产资源开发利用情况

Non–Petroleum Mineral Resources Development

矿 种	Mineral	矿山企业数/个 Number of Mine Enterprises/number					从业人数/人 Employees /person
			大型 Large	中型 Medium	小型 Small	小矿 Small–Scale Mine	
建筑石料用灰岩	Limestone for Construction Stone	8841	235	680	5545	2381	121722
饰面用灰岩	Decorative Limestone	244	2	12	130	100	2454
制灰用石灰岩	Limestone for Mortar	498	10	21	365	102	5550
泥灰岩	Marlstone	17		2	9	6	178
白垩	Chalk	1			1		1
玻璃用白云岩	Dolostone for Glass	42	2		29	11	583
建筑用白云岩	Dolostone for Construction	671	40	88	427	116	7621
玻璃用石英岩	Quartzite for Glass	325	19	31	209	66	3660
玻璃用砂岩	Sandstone for Glass	69	7	22	32	8	905
水泥配料用砂岩	Sandstone for Cement Batching	186	17	30	102	37	3597
砖瓦用砂岩	Sandstone for Bricks and Tiles	267	4	22	187	54	4573
陶瓷用砂岩	Sandstone for Ceramics	51		8	36	7	370
建筑用砂岩	Sandstone for Construction	1139	66	181	623	269	13393
玻璃用砂	Sand for Glass	45	9	9	22	5	2840
建筑用砂	Sand for Construction	2984	16	254	1587	1127	25485
水泥配料用砂	Sand for Cement Batching	11	1	2	5	3	270
砖瓦用砂	Sand for Bricks and Tiles	69			13	56	589
玻璃用脉石英	Vein Quartz for Glass	171	1	9	119	42	1273
水泥配料用脉石英	Vein Quartz for Cement Batching	10	1		6	3	73
粉石英	Powdery Quartz	38	1		30	7	272
天然油石	Natural Whetstone	1			1		6
硅藻土	Diatomite	33	1	14	17	1	458
陶粒页岩	Ceramsite Shale	26	2	3	16	5	183
砖瓦用页岩	Shale for Bricks and Tiles	4063	11	400	2741	911	65931
水泥配料用页岩	Shale for Cement Batching	135	8	22	65	40	1307
建筑用页岩	Shale for Construction	290		30	174	86	4726
高岭土	Kaolin	375	29	33	230	83	5465
陶瓷土	Ceramic Clay	416	18	71	286	41	3941
凹凸棒石黏土	Attapulgite Clay	34	2	9	23		420
海泡石黏土	Sepiolite Clay	5		1	2	2	9
伊利石黏土	Illite Clay	37	1	3	29	4	544
累托石黏土	Rectorite Clay	7			3	4	78

——按矿种分列（2018年） 续表3

and Utilization by Mineral（2018） Continued 3

年产矿量（原矿）/万吨 Ore Output (Crude Ore) /10⁴ t	工业总产值/万元 Gross Industrial Output Value/10⁴ yuan	综合利用产值/万元 Output Value of Comprehensive Use/10⁴ yuan	销售收入/万元 Sales Revenue/10⁴ yuan	利润总额/万元 Total Profits/10⁴ yuan
102019.17	4239357.97	128704.16	3855787.33	503210.04
281.60	75034.31	813.00	70041.76	7639.90
3807.51	189510.06	4544.32	175132.29	19548.84
8.52	993.50	2.25	903.00	76.70
345.88	11706.49	26.00	10441.92	1510.98
7029.75	224577.94	3196.16	226738.90	37858.79
1643.82	94866.02	16315.66	86397.81	8067.06
358.30	18832.00	31.60	17261.82	1963.29
2080.27	122508.04	2786.35	105365.54	34797.46
761.88	87731.55	4494.16	78095.96	9604.60
130.06	5636.64	6.00	3299.56	736.55
8801.04	446802.09	7608.46	1261552.92	64434.47
722.49	48601.01	915.30	41117.41	7250.30
12107.12	321149.75	23188.45	255916.71	63210.30
225.55	11724.30	4332.00	11484.30	1715.13
53.14	7709.95	340.95	4155.35	681.47
151.94	10007.89	181.50	9255.15	1545.63
11.36	419.00		326.00	81.00
3.71	384.30	96.00	384.30	35.50
14.41	6538.56	19.00	3502.76	-846.25
64.83	509.80	70.05	247.80	160.00
18731.52	995188.51	77173.43	858476.01	118774.28
715.94	20814.82	751.00	19381.83	5439.01
867.45	56203.70	6854.40	42346.99	7686.74
450.65	88595.10	5077.09	49136.44	1134.68
664.51	51276.09	4294.59	32372.73	4141.40
23.71	4677.71	461.25	4676.71	721.59
10.22	779.79	114.15	779.74	72.56

全国非油气矿产资源开发利用情况

Non-Petroleum Mineral Resources Development

矿种	Mineral	矿山企业数/个 Number of Mine Enterprises/number					从业人数/人 Employees /person
			大型 Large	中型 Medium	小型 Small	小矿 Small-Scale Mine	
膨润土	Bentonite	201	15	18	128	40	3923
砖瓦用黏土	Clay for Bricks and Tiles	4494	2	79	1864	2549	82580
陶粒用黏土	Clay for Ceramsite	64	2	3	46	13	441
水泥配料用黏土	Clay for Cement Batching	115	3	14	63	35	2024
水泥配料用红土	Red Clay for Cement Batching	7			4	3	91
水泥配料用黄土	Loess for Cement Batching	9		2	6	1	203
水泥配料用泥岩	Mudstone for Cement Batching	27		4	13	10	505
保温材料用黏土	Clay for Thermal Insulating Material	5			3	2	32
建筑用橄榄岩	Peridotite for Construction	8			6	2	63
饰面用蛇纹岩	Decorative Serpentinite	46			40	6	213
饰面用辉石岩	Decorative Pyroxenite	4			4		26
建筑用辉石岩	Pyroxenite for Construction	7			5	2	91
铸石用玄武岩	Basalt for Casting	10		5	4	1	104
饰面用玄武岩	Decorative Basalt	23	1	3	16	3	281
水泥混合材玄武岩	Basalt for Addition of Cement	3		1	2		4
建筑用玄武岩	Basalt for Construction	543	63	62	292	126	7536
饰面用角闪岩	Decorative Amphibolite	5			5		30
建筑用角闪岩	Amphibolite for Construction	17	1	2	7	7	337
水泥用辉绿岩	Diabase for Cement	1			1		20
饰面用辉绿岩	Decorative Diabase	126	1	1	102	22	932
建筑用辉绿岩	Diabase for Construction	156	14	10	111	21	1622
饰面用辉长岩	Decorative Gabbro	4			3	1	32
建筑用辉长岩	Gabbro for Construction	3			2	1	67
饰面用安山岩	Decorative Andesite	2			2		2
建筑用安山岩	Andesite for Construction	389	85	22	229	53	4911
水泥混合材用安山玢岩	Andesitic Porphyrite for Addition of Cement	1		1			15
建筑用闪长岩	Diorite for Construction	176	27	17	104	28	1885
水泥混合材用闪长玢岩	Diorite Porphyrite for Addition of Cement	1				1	10
饰面用闪长岩	Decorative Diorite	12		2	8	2	85
建筑用正长岩	Syenite for Construction	2			2		3

—— 按矿种分列（2018年） 续表4

and Utilization by Mineral（2018） Continued 4

年产矿量（原矿）/万吨 Ore Output （Crude Ore）/10^4 t	工业总产值/万元 Gross Industrial Output Value/10^4 yuan	综合利用产值/万元 Output Value of Comprehensive Use/10^4 yuan	销售收入/万元 Sales Revenue/10^4 yuan	利润总额/万元 Total Profits/10^4 yuan
190.92	100614.53	1508.08	90019.40	7273.36
5890.22	397561.16	20393.00	370776.77	49668.18
51.82	4116.77	74.40	3286.77	394.40
670.52	320810.08	28.00	110371.66	104407.14
15.65	600.20		470.75	42.00
78.67	1069.98	50.00	403.39	92.19
299.84	265507.44	1628.28	192250.06	68584.16
12.67	441.80		301.80	52.00
4.44	1360.20	402.00	900.66	86.00
10.00	1180.00		1000.00	
12.00	690.00		690.00	5.00
57.56	14939.91	6800.00	8452.00	747.60
4611.76	213020.37	18371.17	197572.47	25279.51
	7.80		7.80	4.60
227.74	5589.13	160.00	5395.13	1273.00
0.13	2.60		2.60	0.80
149.63	15954.41	3530.00	8203.10	1862.74
766.86	35949.36	912.00	32072.67	7355.55
0.20	210.00		210.00	37.80
49.39	806.00	48.30	455.00	30.00
3989.53	101386.00	10416.30	97383.85	16920.93
13.20	490.00		490.00	20.00
1068.50	25206.18	104.19	23138.04	1959.43
10.50	136.00		136.00	30.80
4.98	702.00		702.00	110.00

全国非油气矿产资源开发利用情况

Non-Petroleum Mineral Resources Development

矿种	Mineral	矿山企业数/个 Number of Mine Enterprises/number					从业人数/人 Employees /person
			大型 Large	中型 Medium	小型 Small	小矿 Small-Scale Mine	
建筑用花岗岩	Granite for Construction	2338	298	198	1518	324	34620
饰面用花岗岩	Decorative Granite	1105	31	51	801	222	17349
麦饭石	Medical Stone	9			4	5	14
珍珠岩	Perlite	63	1	2	44	16	1078
建筑用流纹岩	Rhyolite for Construction	2		1	1		30
黑曜岩	Obsidian	3			1	2	12
浮石	Float-Stone	14			14		128
水泥用粗面岩	Trachyte for Cement	1	1				4
铸石用粗面岩	Trachyte for Casting	9			9		114
霞石正长岩	Nepheline Syenite	12	3	4	5		301
玻璃用凝灰岩	Tuff for Glass	1			1		20
水泥用凝灰岩	Tuff for Cement	26	1		11	14	170
建筑用凝灰岩	Tuff for Construction	1037	303	86	464	184	23042
火山灰	Pozzuolana	2			2		4
火山渣	Scoria	10		2	7	1	77
饰面用大理岩	Decorative Marble	481	12	17	275	177	5482
建筑用大理岩	Marble for Construction	350	9	25	253	63	3413
水泥用大理岩	Marble for Cement	150	18	24	93	15	3005
玻璃用大理岩	Marble for Glass	39			36	3	362
饰面用板岩	Decorative Slate	107	8	4	71	24	1151
水泥配料用板岩	Slate for Cement Batching	27		5	17	5	435
片石	Schist	32	2	1	19	10	380
片麻岩	Gneiss	187	9	34	108	36	2290
千枚岩	Phyllite	3	1	1	1		17
砚石	Inkstone	3			2	1	16
矿泉水	Mineral Water	670	56	62	462	90	21051
地下水	Ground Water	1			1		430
二氧化碳气	Carbon Dioxide Gas	1		1			15
其他矿产①	Other Minerals	156	7	17	115	17	3131

注：①其他矿产为未命名矿产。

Note: ①Other minerals are unnamed minerals.

——按矿种分列（2018年） 续表5
and Utilization by Mineral（2018） Continued 5

年产矿量（原矿）/万吨 Ore Output（Crude Ore）/10^4 t	工业总产值/万元 Gross Industrial Output Value/10^4 yuan	综合利用产值/万元 Output Value of Comprehensive Use/10^4 yuan	销售收入/万元 Sales Revenue/10^4 yuan	利润总额/万元 Total Profits/10^4 yuan
35954.10	951543.83	44256.77	849873.35	101900.76
4038.47	861458.62	11782.00	812380.61	61653.93
93.56	14923.03	34.30	11752.93	2480.20
3.38	203.04		203.04	
0.30	50.00	15.00	21.00	10.00
3.18	80.86		80.86	28.10
5.72	218.28		143.88	
12.90	6330.00		4285.00	535.00
22.65	1273.23	66.00	1198.23	131.00
40859.49	1490512.47	106508.84	1141960.86	140384.85
1450.46	98171.08	2441.51	88213.79	14535.23
1600.83	51870.63	2835.00	47273.70	11486.36
2310.34	147950.10	2920.91	44746.75	30118.36
52.24	8005.86	974.10	3765.32	-1446.49
116.20	4562.51	13.00	4306.30	705.60
379.00	16600.90		15604.60	3179.00
168.47	5573.16	50.00	5533.16	846.80
1854.87	76434.75	3480.00	64184.94	11999.32
1250.47	818481.42		742295.53	66542.90
36.50	7297.00		4967.94	-1569.59
	15.28			
650.46	149784.00	3694.35	80148.75	12391.97

全国非油气矿产资源开发利用情况
Non-Petroleum Mineral Resources Development

经济类型	Economic Type	矿山企业数/个 Number of Mine Enterprises/number					从业人数/人 Employees /person
			大型 Large	中型 Medium	小型 Small	小矿 Small-Scale Mine	
总计	**Total**	**58599**	**4081**	**6413**	**34696**	**13409**	**3868661**
内资企业	**Domestic Funded Enterprises**	**58116**	**3928**	**6298**	**34524**	**13366**	**3806825**
国有企业	State-Owned Enterprises	2372	654	551	981	186	948909
集体企业	Collective-Owned Enterprises	1985	32	140	1272	541	60340
股份合作企业	Cooperative Stock Enterprises	562	32	65	359	106	28443
联营企业	Joint Ownership Enterprises	210	21	35	120	34	22845
有限责任公司	Limited Liability Corporations	17670	1725	2637	10354	2954	1407433
股份有限公司	Share Holding Company Limited	3105	458	487	1656	504	695037
私营企业	Private Enterprises	30791	959	2276	18982	8574	617595
其他企业	Other Enterprises	1421	47	107	800	467	26223
港、澳、台商投资企业	**Enterprises with Funds from Hong Kong, Macao and Taiwan**	**253**	**72**	**54**	**106**	**21**	**20796**
外商投资企业	**Foreign-Funded Enterprises**	**230**	**81**	**61**	**66**	**22**	**41040**

—— 按企业经济类型分列（2018年）
and Utilization by Enterprise Economic Type （2018）

年产矿量（原矿）/万吨 Ore Output (Crude Ore) /10^4t	工业总产值/万元 Gross Industrial Output Value/10^4 yuan	综合利用产值/万元 Output Value of Comprehensive Use/10^4 yuan	销售收入/万元 Sales Revenue/10^4 yuan	利润总额/万元 Total Profits/10^4 yuan
875983.00	**188291362.02**	**8820190.97**	**167682290.05**	**35589368.85**
846890.79	**181494367.01**	**8728229.82**	**161628587.14**	**34055439.67**
169740.56	52237278.01	1796524.47	46865185.61	11452574.31
7237.64	1100979.10	22537.39	1049439.28	160014.35
6241.57	1064091.90	93815.64	1015820.47	197114.97
2459.82	721146.55	28356.32	664536.12	98545.62
332309.81	71323402.78	2727961.37	63401336.32	12424582.14
121305.93	36267004.90	2913923.81	30961815.58	7115426.29
197346.94	17974073.45	1138057.38	16955066.20	2503383.17
10248.53	806390.33	7053.45	715387.56	103798.82
14663.42	**1912407.99**	**27792.65**	**1613572.47**	**522744.99**
14428.79	**4884587.02**	**64168.50**	**4440130.44**	**1011184.19**

主要统计指标解释

勘查许可证数 指依法颁发的勘查许可证个数或注销的勘查许可证个数。

勘查新立 指在报告期内依法新批准的勘查许可证。

勘查注销 包括探矿权人申请注销、自然资源主管部门直接注销的的勘查许可证。

探矿权出让 指在报告期内以申请在先、协议、招标、拍卖和挂牌等方式出让给探矿权申请人并新登记的勘查许可证。

协议出让 指矿业权人以协议方式取得探矿权，并办理勘查许可证。

“招拍挂”出让 指矿业权人以招标、拍卖和挂牌方式取得探矿权，并办理勘查许可证。

招标 指主管部门发布招标公告，邀请特定或者不特定的投标人参加投标，根据投标结果确定探矿权中标人，探矿权人取得探矿权，并办理勘查许可证。

拍卖 指主管部门发布拍卖公告，由符合探矿权申请人资质条件的竞买人在指定时间、地点进行公开竞价，根据出价结果确定探矿权竞得人，探矿权人取得探矿权，并办理勘查许可证。

挂牌 指主管部门发布挂牌公告，在挂牌公告规定的期限和场所接受竞买人的报价申请并更新挂牌价格，根据挂牌期限截止时的出价结果，确定探矿权竞得人，探矿权人取得探矿权，并办理勘查许可证。

探矿权转让 指报告期内经探矿权人申请将探矿权转让给另一主体，并经自然资源主管部门审查批准的行为。

转让金额 指报告期内探矿权转让人与受让人之间签订的探矿权转让合同中约定的转让金额。

采矿许可证数 指依法颁发的采矿许可证个数或注销的采矿许可证个数。

采矿新立 指在报告期内依法新批准的采矿许可证。

采矿注销 包括采矿权人申请注销、自然资源主管部门直接注销的的采矿许可证。

采矿权出让 指在报告期内矿业权人以探矿权转采矿权、协议、招标、拍卖和挂牌等方式取得采矿权，并办理采矿许可证。

探矿权转采矿权 指报告期内探矿权人在其勘查许可证范围内，将探矿权申请转为采矿权，并获得采矿许可证。

“招拍挂”出让 指采矿权人通过招标、拍卖、挂牌三种出让方式获得采矿权并取得采矿许可证。

协议出让 指出让方（采矿权管理机关）按照法律法规的规定采取非竞争性的方式，以协议方式出让采矿权给特定对象，采矿权人取得采矿权，并办理采矿许可证。

招标出让 指主管部门发布招标公告，邀请特定或者不特定的投标人参加投标，根据投标结果确定采矿权中标人，采矿权人取得采矿权，并办理采矿许可证。

拍卖出让 指主管部门发布拍卖公告，由符合采矿权申请人资质条件的竞买人在指定时间、指定地点进行公开竞价，根据出价结果确定采矿权竞得人，采矿权人取得采矿权，并办理采矿许可证。

挂牌出让 指主管部门发布挂牌公告，在挂牌公告规定的期限和场所接受竞买人的报价申请并更新挂牌价格，根据挂牌期限截止时的出价结果，确定采矿权竞得人，采矿权人取得采矿权，并办理采矿许可证。

采矿权转让 指报告期内经采矿权人申请将采矿权转让给另一主体，并经自然资源主管部门审查批准的行为。

转让金额 指报告期内采矿权转让人与受让人之间签订的采矿权转让合同中约定的转让金额。

从业人数 指当年度企业中从事矿业（即油气勘查开采，下同）生产劳动并取得劳动报酬或经营收入的全部劳动力的年平均人数。包括职工、再从业的离退休人员以及在企业中工作的外方人员及我国港、澳、台地区人员。当年度在企业中从事矿业活动的临时工、轮换工，应加入此项统计。年平均人数=报告年内12个月平均人数之和/12 [月平均人数=（月初人数+月末人数）/2] 。非独立法人企业只填报本企业的从业人数。

年产矿量 指矿山当年度采矿作业实际生产的符合矿石产品质量要求的各类矿产数量的总和。盐湖矿、原地浸出和原地爆破浸出开采的矿产按其粗加工后的固态量计。

工业总产值 指以货币表现的矿山企业当年度生产的最终工业产品总价值量，包括当年度生产的成品价值、已完工的对外工业性作业价值和自制半成品、在产品期末期初差额价值。采用“工厂法”的计算原则，是反映一定时间内工业生产总规模和总水平的重要指标，是计算工业生产发展速度和主要比例关系，计算工业产品销售率和其他经济指标的重要依据。

综合利用产值 指当年矿山综合利用共、伴生矿产及尾、残矿产的矿产品销售产值。

销售收入 指矿山企业当年度销售该矿产品（包括产成品、半成品及废品）所取得的收入。以销售实现为原则进行填报。

Explanatory Notes on Main Statistical Indicators

Number of Exploration Licenses—refers to the number of exploration licenses issued in accordance with the law or the number of cancelled exploration licenses.

Newly Issued of Exploration Licenses —refers to the exploration licenses newly approved in accordance with the law during the reporting period.

Exploration License cancellation—refers to the exploration license applied for cancellation by the exploration right owner and directly cancelled by the natural resources department.

Exploration Rights Granted—refers to various acts through which the mineral exploration right is granted by administration department to the applicant for the exploration right through the ways of first application, agreement, bidding, auction, and listing during the reporting period.

Granting through Agreement (Exploration Right)—refers to the act through which the administration department grants the exploration right to the exploration right holder in the way of agreement, and the exploration right holder obtains the exploration license.

Granting through Bidding, Auction, and Listing (Exploration Right)—refers to the acts through which the administration department grants the exploration right in the ways of bidding, auction, and listing, and the exploration right holder obtains the exploration license.

Granting through Bidding (Exploration Right)—refers to the act through which the administrative authorities issue a notice of invitation for bid to invite specially or not specially designated bidders to participate in the bidding, and the warded bidder for the exploration right is determined according to the result of the bidding. The exploration right holder obtains the exploration license.

Granting through Auction (Exploration Right)—refers to the act through which the administrative authorities issue a notice of invitation for auction, while the bidders qualified to be applicants for the exploration right may participate in open competition at the prescribed time and locality and the warded bidder for the exploration or mining right is determined according to the result of the price offer. The exploration right holder obtains the exploration license.

Granting through Listing (Exploration Right)—refers to the act through which the administrative authorities issue a notice of listing, and receive the offer applications of the bidders and renew the listed prices in the time limit and locality prescribed by the notice, and the warded bidder for the exploration right is determined according to the price offer at the closing date of the listing time limit. The exploration right holder obtains the exploration license, and apply for exploration license.

Exploration Rights Transferred—refers to the act of transferring the exploration right to another subject upon the application of exploration right holder within the reporting period, and being examined and approved by natural resources authorities.

Amount of Transfer (Exploration Right)—refers to the price of transfer agreed upon in the contract of exploration right transfer signed between the exploration right assignor and the exploration right assignee during the reporting period.

Number of Minig Licenses—refers to the number of mining licenses issued in accordance with the law or the number of cancelled mining licenses.

Newly Issued Mining of License—refers to the mining license newly approved according to law during the reporting period.

Mining Right Cancellation—refers to the mining license applied for cancellation by the exploration right owner and directly cancelled by the natural resources department.

Mining Right Granted—refers to the royalty charged to the mining right holder according to relevant regulations, when the mineral resources administration department to the applicant for the mining right through the ways of change of the exploration right into the mining right, agreement, bidding, auction, and listing during the reporting period.

Change of Exploration Right to Mining Right—means that the exploration right holder applies for changing the exploration right into the mining right in his exploration license scope during the reporting period and obtains the mining license.

Granting through Bidding, Action, and Listing (Mining Right)—refers to the acts through which the mining right holder obtains the mining right and the mining license in the ways of assigning through bidding, auction, and listing.

Granting through Agreement (Mining Right)—refers to the act through which the assignor (mining right administration agency) grants the mining right to the particular individual or organization by adopting the noncompetitive way through agreement according to the provisions of law and the latter obtains the mining license.

Granting through Bidding (Mining Right)—refers to the act through which the administrative authorities issue a notice of invitation for bid to invite specially or not specially designated bidders to participate in the bidding, and the warded bidder for the mining right is determined according to the result of the bidding. The mining right holder obtains the mining license.

Granting through Auction (Mining Right)—refers to the act through which the administrative authorities issue a notice of invitation for auction, while the bidders qualified to be applicants for the mining right may participate in open competition at the prescribed time and locality and the warded bidder for the mining or mining right is determined according to the result of the price offer. The mining right holder obtains the mining license.

Granting through Listing (Mining Right)—refers to the act through which the administrative authorities issue a notice of listing, and receive the offer applications of the bidders and renew the listed prices in the time limit and locality prescribed by the notice, and the warded bidder for the mining right is determined according to the price offer at the closing date of the listing time limit. The mining right holder obtains the mining license.

Mining Right Transferred—refers to the act of transferring the mining right to another subject upon the application of the mining right holder and the approval of natural resources authorities within the reporting period.

Amount of Transfer (Mining Right)—refers to the price of transfer agreed upon in the contract of mining right transfer signed between the mining right assignor and the mining right assignee during the reporting period.

Employees— refers to the annual average number of all labors engaged in mining (i.e. oil and gas exploration and exploitation, the same hereinafter) and receiving remuneration for their labor or business income in the current year. It includes employees, reemployed retirees, foreign personnel working in the enterprise and personnel from Hong Kong, Macao, Taiwan. Temporary workers and shift workers engaged in mining in enterprises in the current year are included in the statistics. Annual average number = sum of 12–month average number reported in the year /12 [Monthly average number = (number at the beginning of the month + number at the end of the month) /2]. The enterprises with non–independent legal entity only report employees of the enterprise.

Ore Output—refers to the sum of all kinds of minerals actually produced by mining operations in the current year that meet the quality requirements of ore products. Minerals mined by salt lake ore, in–situ leaching and in–situ blasting leaching are measured by the solid quantities after rough processing.

Gross Industrial Output Value—refers to the total value of final industrial products produced by mining enterprises in monetary terms in the current year. It includes the value of finished products produced in the current year, the value of finished foreign industrial operations and self–made semi–finished products, and value difference at the beginning and end of the product. The "factory method" is adopted for calculation. It is an important indicator reflecting the total scale and level of industrial production in a certain period of time. It is also an important basis for calculating development speed and main proportion of industrial production, sales rate of industrial products and other economic indicators.

Output Value of Comprehensive Use—refers to the total sum of the values of final industrial products in the gross value of mining output due to the comprehensive use of co–products, by–products and "three wastes" (waste slag, waste gas, waste liquid).

Sales Revenue—refers to the revenue obtained by mining enterprises from selling the mineral products (including finished products, semi–finished products and waste products) in the current year. It should be reported according to the actual sales.

海洋资源

Ocean Resources

海域使用权出让情况——按地区分列（2018年）
Granting of Sea Area Use Right by Region（2018）

地　区	Region	新增宗海数量/宗 Number of Newly-Added Seas/plot	新增宗海面积/公顷 Newly-Added Seas Area/hm²	海域使用金应缴金额/万元 Payable Fees for Using Sea Areas/10⁴yuan	海域使用金减免金额/万元 Amount of Reduction or Exemption for Using Sea Areas/10⁴yuan
总　计	**Total**	**1237**	**104873.51**	**524824.79**	**30688.20**
辽 宁	Liaoning	185	25178.98	10937.85	175.79
河 北	Hebei	74	1224.94	6364.78	
天 津	Tianjin	3	121.37	2025.88	
山 东	Shandong	300	39967.12	24253.46	939.49
江 苏	Jiangsu	81	16252.45	12309.84	5809.16
上 海	Shanghai	1	266.97	16835.39	44.68
浙 江	Zhejiang	153	5837.70	264184.53	4179.65
福 建	Fujian	266	7450.54	48884.65	6771.56
广 东	Guangdong	133	3710.00	118788.11	12469.84
广 西	Guangxi	22	2440.89	12159.12	9.66
海 南	Hainan	11	1833.38	2398.31	288.38
省（自治区、直辖市）外	Outside the Province (Autonomous Region, Municipality City)	8	589.16	5682.86	

注：海域使用权出让包括海域使用权申请审批、招标、拍卖、挂牌。

Note: Granting of sea area use right includes examination and approval of sea area use right application, bidding, auction and listing.

海域使用权出让情况——按海域使用类型分列（2018年）

Granting of Sea Area Use Right by the Type of Sea Area Use（2018）

海域使用类型	Types of Sea Area Use	新增宗海数量/宗 Number of Newly-Added Seas/plot	新增宗海面积/公顷 Newly-Added Seas Area/hm²	海域使用金应缴金额/万元 Payable Fees for Using Sea Areas/10⁴yuan	海域使用金减免金额/万元 Amount of Reduction or Exemption for Using Sea Areas/10⁴yuan
总 计	**Total**	**1237**	**104873.51**	**524824.79**	**30688.20**
渔业用海	Fishery Sea	838	87308.64	46657.09	4283.11
工业用海	Industrial Sea	72	7921.63	264677.83	19.70
交通运输用海	Sea for Transportation	184	2440.00	77303.35	15333.13
旅游娱乐用海	Sea for Tourism and Entertainment	25	278.11	13065.57	48.40
海底工程用海	Sea for Submarine Engineering	33	2879.17	8102.37	45.02
排污倾倒用海	Sewage Dumping Sea	7	189.41	808.74	56.30
造地工程用海	Sea for Land Engineering	13	402.38	95324.40	
特殊用海	Special Sea Use	46	2731.25	5004.22	4432.94
其他用海	Other Sea Use	19	722.92	13881.21	6469.61

注：海域使用权出让包括海域使用权申请审批、招标、拍卖、挂牌。

Note: Granting of sea area use right includes examination and approval of sea area use right application, bidding, auction and listing.

无居民海岛审批使用情况（2018年）

Payable Fees for Using Uninhabited Island（2018）

地 区	Region	海岛数量/个 Number of Islands/ number	无居民海岛用岛面积/公顷 Area of Uninhabited Island/hm²	无居民海岛使用金应缴金额/万元 Sum of Money for Using Uninhabited Island/10⁴yuan	无居民海岛使用金减免金额/万元 Amount of Reduction or Exemption for Using Uninhabited Island/10⁴yuan
总 计	**Total**	**8**	**19.15**	**12703.38**	**15.94**
辽 宁	Liaoning				
河 北	Hebei				
天 津	Tianjin				
山 东	Shandong	1	5.60	70.80	
江 苏	Jiangsu				
上 海	Shanghai				
浙 江	Zhejiang	3	11.74	12426.96	
福 建	Fujian	2	1.67	189.68	
广 东	Guangdong				
广 西	Guangxi	2	0.14	15.94	15.94
海 南	Hainan				
省（自治区、直辖市）外	Outside the Province（Autonomous Region，Municipality City）				

全国海洋经济情况（2018年）

National Ocean Economy（2018）

指标	Indicators	数值 Value
海洋生产总值/亿元	Gross Ocean Product/10^8 yuan	78077.80
海洋生产总值增长率/%	Growth Rate of Gross Ocean Product/%	—
海洋生产总值占国内生产总值比例/%	Proportion of Gross Ocean Product in GDP/%	8.50
海洋新兴产业增加值增速/%	Added Value Growth of Marine Emerging Industries/%	7.70
海洋服务业增加值占海洋生产总值比例/%	Proportion of Added Value of Marine Service Industry in GOP/%	60.70

注：海洋生产总值为初步核算数，核算范围为沿海地区，具体包括辽宁省、河北省、天津市、山东省、江苏省、上海市、浙江省、福建省、广东省、广西壮族自治区和海南省，未包括香港特别行政区、澳门特别行政区和台湾省。

Notes: Gross ocean product is a preliminary accounting figure, accounting for coastal areas, including Liaoning, Hebei, Tianjin, Shandong, Jiangsu, Shanghai, Zhejiang, Fujian, Guangdong, Guangxi and Hainan, excluding Hong Kong, Macao and Taiwan. Sea related employees is speculative data.

全国海洋生产总值（2018年）

National Gross Ocean Product（2018）

指 标	Indicators	增加值/亿元 Added Value/10^8 yuan
海洋生产总值	**Gross Ocean Product（GOP）**	**78077.80**
主要海洋产业	**Major Ocean Industries**	**31228.60**
海洋渔业	Ocean Aquatic Products	4608.30
海洋油气业	Offshore Oil and Gas Industry	1476.50
海洋矿业	Ocean Mining	179.00
海洋盐业	Ocean Salt Industry	36.70
海洋化工业	Ocean Chemical Industry	535.30
海洋生物医药业	Ocean Biopharmaceutics Industry	376.70
海洋电力业	Ocean Power Industry	184.80
海水利用业	Seawater Utilization Industry	16.70
海洋船舶工业	Ocean Shipbuilding Industry	1057.70
海洋工程建筑业	Ocean Engineering Construction Industry	1114.30
海洋交通运输业	Ocean Transportation	5564.40
滨海旅游业	Coastal Tourism	16078.10
海洋科研教育管理服务业	**Ocean Scientific Research, Education, Management and Service Industry**	**19310.20**
海洋相关产业	**Ocean-Related Industry**	**27539.00**

注：数据均为初步核算数。各项数据来自沿海地区自然资源（海洋）行政主管部门、统计机构和国务院有关部门。其中，沿海地区包括辽宁省、河北省、天津市、山东省、江苏省、上海市、浙江省、福建省、广东省、广西壮族自治区和海南省，未包括香港、澳门特别行政区和台湾省。

Notes: The data are preliminary accounting statistics. The data come from the natural resources (Marine) administrative departments in coastal areas, statistical institutions and relevant departments of the State Council. The coastal areas include Liaoning, Hebei, Tianjin, Shandong, Jiangsu, Shanghai, Zhejiang, Fujian, Guangdong, Guangxi and Hainan, excluding Hong Kong, Macao and Taiwan.

主要统计指标解释

新增宗海数量 指统计报告期内由国务院或有批准权的人民政府首次批准的海域使用宗海数量，以用海批准时间为准；不包括由于海域使用权续期、转让、变更而重新批准的宗海数量。

新增宗海面积 指统计报告期内由国务院或有批准权的人民政府首次批准的海域使用宗海面积，以用海批准时间为准；不包括由于海域使用权续期、转让、变更而重新批准的宗海面积。

海域使用金应缴金额 指统计报告期内按各级自然资源（海洋）主管部门开具缴款通知书或海域使用权招标、拍卖、挂牌合同（方案），用海单位或个人应当缴纳的海域使用金数额。海域使用金逐年缴纳或分期缴纳的，应缴金额应分年或分期统计。

海域使用金减免金额 指统计报告期内按规定经财政部门、自然资源（海洋）主管部门批准减缴和免缴的海域使用金金额。

无居民海岛用岛面积 指统计报告期内由国务院或省级人民政府批准的无居民海岛用岛面积。

无居民海岛使用金应缴金额 指统计报告期内按各级自然资源（海洋）主管部门开具缴款通知书要求用岛单位或个人应当缴纳的无居民使用金数额。

无居民海岛使用金减免金额 指统计报告期内按规定经财政部门、自然资源（海洋）主管部门批准减免的无居民海岛使用金金额。

无居民海岛数量 海岛是指四面环海水并在高潮时高于水面的自然形成的陆地区域，包括有居民海岛和无居民海岛。无居民海岛数量是指散布于海洋中无居民海岛总数量。

海洋生产总值 是海洋经济生产总值的简称，指按市场价格计算的沿海地区常住单位在一定时期内海洋经济活动的最终成果，是海洋产业和海洋相关产业增加值之和。

海洋生产总值增长率 以不变价格计算，海洋生产总值增长率=（报告期的海洋生产总值-上一年的海洋生产总值）/上一年的海洋生产总值×100%。

海洋生产总值占国内生产总值比例 海洋生产总值占国内生产总值比例=全国海洋生产总值/国内生产总值×100%。

海洋新兴产业增加值增速 以不变价格计算，海洋新兴产业增加值增速=（报告期的海洋新兴产业增加值-上一年的海洋新兴产业增加值）/上一年的海洋新兴产业增加值×100%。

海洋服务业增加值占海洋生产总值比例 海洋服务业增加值占海洋生产总值比例=全国海洋服务业增加值/海洋生产总值×100%。

Explanatory Notes on Main Statistical Indicators

Number of Newly-Added Seas—refers to the quantity of seas firstly approved by the State Council or the people' s government with the right of approval during the statistical period through the application or bidding, auction, listing, subject to the time of approval. It does not include the quantity of seas re–approved due to renewal, transfer or change of the sea area use right.

Newly-Added Seas Area—refers to the area of seas firstly approved by the State Council or the people' s government with the right of approval during the statistical period through the application or bidding, auction, listing, subject to the time of approval. It does not include the area of seas re–approved due to renewal, transfer or change of the sea area use right.

Payable Fees for Using Sea Areas—refers to the amount required to be paid by units and individuals who use sea areas according to the payment notice issued by natural resources (ocean) authorities at all levels or determined in the contract (scheme) for bidding, auction, listing of the sea area use right during the statistical period, according to the actual payment time. If the fees for using sea areas are paid annually or by installments, the application amount shall be counted annually or by installments.

Amount of Reduction or Exemption for Using Sea Areas—refers to the amount of deduction or exemption for using sea areas approved by financial and natural resources (ocean) authorities within the statistical period.

Area of Uninhabited Island—refers to the area of uninhabited islands approved by the State Council or provincial people's government during the statistical period.

Sum of Money for Using Uninhabited Island—refers to the amount required to be paid by units and individuals who use uninhabited islands according to the payment notice issued by natural resources (ocean) authorities at all levels during the statistical period.

Amount of Reduction or Exemption for Using Uninhabited Island—refers to the amount of deduction or exemption for using uninhabited islands approved by financial and natural resources (ocean) authorities within the statistical period.

The Number of Uninhabited Islands—refers to the naturally formed land area surrounded by seawater and higher than the water surface at high tide, including inhabited islands and uninhabited islands. The number of uninhabited islands refers to the total number of uninhabited islands scattered in the sea.

Gross Ocean Product（GOP）—is the abbreviation of gross ocean economic production . It refers to the final gains from ocean economic activities of permanent residents in coastal areas at market price in a certain period， and is the sum of added values of ocean and ocean related industries

Growth Rate of Gross Ocean Product—is calculated in constant prices， grouth rate of gross ocean product=(gross ocean product of the reporting period – gross ocean product of the previous year)/gross ocean product of the previous year × 100 %

Proportion of Gross Ocean Product in GDP—Proportion of Gross ocean Product in GDP=National gross ocean product/ GDP × 100%

Added Value Growth of Marine Emerging Industries—is calculated at constant prices, The growth rate of added value of Ocean emerging industries= (added value of ocean emerging industries in the reporting period – added value of ocean emerging industries of the previous year) / added value of ocean emerging industries of the previous year × 100%

Proportion of Added Value of Marine Service Industry in Gross Ocean Product—Proportion of added value of ocean service industry in gross ocean product=added value of national ocean service industry/ gross ocean product × 100%

地质勘查投入及成果

Investment and Achievements of Geological Exploration

全国地质勘查单位

Revenue and Expenditure of National

单位：万元

地区	Region	合计 Total	总收入 Total Income							
			地质勘查业收入Income for Geological Exploration							
				地质专项拨款 Geological Special Funds		地质勘探费 Geological Exploration Fee			地质勘查劳务收入 Revenue of Labor Services of Mineral Exploration	
				中央 Central	地方 Local		中央 Central	地方 Local		涉外 Foreign-Related
总计	**Total**	**16193398**	**6087488**	**834778**	**556239**	**2876682**	**581403**	**2295279**	**1819788**	**51147**
北京	Beijing	1212888	528891	323135	9103	110231	71475	38757	86421	4552
天津	Tianjin	129127	77868	35764	5256	17063	4967	12096	19785	515
河北	Hebei	828290	565231	65828	34062	268747	156557	112190	196595	7196
山西	Shanxi	332362	120812	723	19969	61253	17289	43964	38866	2
内蒙古	Inner Mongolia	396708	188689	1676	31705	71640	29028	42612	83668	
辽宁	Liaoning	534010	105945	34156	4627	31595	5234	26361	35567	6386
吉林	Jilin	173650	154223	1393	3336	132237	5502	126734	17258	
黑龙江	Heilongjiang	221995	156754	8943	32312	75826	2362	73465	39673	89
上海	Shanghai	142064	11183		2398	4291		4291	4494	
江苏	Jiangsu	506042	266504	33859	41153	73834	11213	62622	117658	5709
浙江	Zhejiang	867705	134175	1906	10401	77022	7498	69524	44846	
安徽	Anhui	579375	300614	954	13851	226922	7585	219338	58886	
福建	Fujian	388106	73076	2937	6988	42304	10134	32170	20848	
江西	Jiangxi	1298068	345159	4310	15188	229554	3457	226097	96107	721
山东	Shandong	1445754	392577	61718	27008	121072	28124	92948	182779	8166
河南	Henan	424866	175370	5614	14970	110188	2232	107956	44598	40
湖北	Hubei	1016310	349178	37553	67920	134037	65774	68263	109668	6497
湖南	Hunan	501956	216267	2609	18385	139776	12660	127116	55497	543
广东	Guangdong	1004490	382057	137218	4806	180196	13827	166369	59837	2469
广西	Guangxi	403012	133656	740	22276	78625	27279	51346	32014	516
海南	Hainan	18408	5011			4047		4047	964	
重庆	Chongqing	178105	41761		14273	24787	3910	20877	2702	644
四川	Sichuan	777609	274921	13403	25261	138707	8379	130328	97550	2211
贵州	Guizhou	388356	181849	150	25762	88386	3995	84391	67551	
云南	Yunnan	269997	101956	4625	7815	21221	7928	13293	68295	1395
西藏	Tibet	39177	17034	3874	5717	6310	766	5545	1133	
陕西	Shaanxi	930754	259910	43913	8131	93034	46296	46738	114833	1522
甘肃	Gansu	448764	213368	2025	40176	135303	6749	128553	35864	
青海	Qinghai	450266	127302	1817	14757	82951	9519	73433	27776	1975
宁夏	Ningxia	70630	47138	291	2802	35199	344	34855	8846	
新疆	Xinjiang	214555	139011	3644	25835	60323	11322	49001	49209	

经费收支情况（2018年）
Geological Exploration Units（2018）

Unit: 10^4 yuan

矿业权转让收入 Income from Mining Rights Transfer	工程勘察与施工收入 Income from Project Investigation and Construction	矿产开发收入 Mineral Development Income	其他收入 Other Income	总支出 Total Expenditures	地质勘查（项目）支出 Expenditures of Mineral Exploration（Projects）	自有资金 Self-Owned Funds	矿产开发支出 Mineral Development Expenditure
158756	**5741957**	**598802**	**3606395**	**12168255**	**4763681**	**772807**	**502234**
	355716	25139	303143	1100977	543266	71914	17438
	44178		7080	88072	61268	4576	
	145939	10781	106340	703739	333624	51070	10066
355	137596	16647	56952	238985	73221	23163	15765
3736	84985	14991	104308	280919	129814	20625	2333
	227128	118932	82004	273918	98887	15851	104280
	12632	73	6722	160477	92652	7884	277
	35385	105	29752	204313	88326	21321	437
	73776		57106	103743	79011	11516	
	202686	6500	30352	358478	148280	6775	1284
	494989	43585	194956	630656	48265	6554	29909
12039	214513	6338	45871	506115	126040	25677	464
	163751	62632	88647	323122	69367	25785	49181
1543	668308	6600	276458	1195082	99061	4964	1442
16698	275055	97536	663887	1026413	382839	126436	53057
2882	118000	65	128549	364287	130526	38007	348
	544818	309	122005	831659	405855	14324	385
	195450	14794	75444	387821	150014	13987	12017
360	563339	9963	48771	479411	239049	14598	8391
1909	80181	210	187056	199571	114574	12575	164
	7539		5858	16196	9528	1216	
	114265		22079	90923	51623	7445	41
	273974	15348	213367	619589	322205	36301	28038
25784	141207	2111	37406	314481	158489	77416	1445
	83611	533	83896	206143	55679	27815	545
11600	5621		4922	46811	20036	4864	25043
3826	310907	93106	263005	647357	320397	56890	72268
	78271	50537	106589	311421	128979	24723	56882
78022	34185		210757	160439	97755	2891	292
	14880		8612	46901	18782	2080	
	39074	1968	34502	250239	166268	13565	10443

全国地质勘查单位

Employees and Assets of National

地区	Region	年末在职职工/人 On-the-Job Employees at the Year End/person							
			地质勘查人员 Geological Exploration Personnel				工程勘察与施工人员 Personnel Engaging in Engineering Surveys and Operations	矿产开发人员 Personnel Engaging in Mineral Resource Development	其他人员 Other Personnel
				技术人员Technical Personnel					
					高级 Senior	中级 Intermediate			
总计	**Total**	**393241**	**196103**	**144444**	**48084**	**75216**	**63398**	**18502**	**115238**
北京	Beijing	15998	7580	6309	3014	2682	2795	765	4858
天津	Tianjin	3077	2077	1627	654	913	366	105	529
河北	Hebei	26115	15169	9965	3312	4958	3355	510	7081
山西	Shanxi	15550	7292	5642	1811	3205	3198	550	4510
内蒙古	Inner Mongolia	11642	6328	3829	1295	2053	1256	424	3634
辽宁	Liaoning	14941	5493	4443	1360	2550	3432	2653	3363
吉林	Jilin	15000	4554	3358	1278	1312	986	183	9277
黑龙江	Heilongjiang	11434	7240	4784	1636	2554	1455	305	2434
上海	Shanghai	1947	1149	610	218	371	408	6	384
江苏	Jiangsu	8357	5622	4073	1408	1963	1116	190	1429
浙江	Zhejiang	8479	2597	1911	706	844	3391	392	2099
安徽	Anhui	12259	8074	5559	1604	2808	1620	300	2265
福建	Fujian	11177	4490	3141	965	1664	980	623	5084
江西	Jiangxi	21038	11284	8263	2064	3813	3147	235	6372
山东	Shandong	28435	11111	7680	2532	4130	4350	2610	10364
河南	Henan	16201	9596	7043	1973	3410	2526	808	3271
湖北	Hubei	15839	7594	5767	2106	3030	3227	355	4663
湖南	Hunan	24287	9240	7343	2183	4201	4891	1141	9015
广东	Guangdong	10746	6572	5314	1856	2782	2578	114	1482
广西	Guangxi	10947	4807	3706	1214	2135	1216	918	4006
海南	Hainan	1626	1037	869	337	431	274	36	279
重庆	Chongqing	6504	3781	3002	1125	1550	1522	411	790
四川	Sichuan	23187	12281	9620	2933	5278	3980	518	6408
贵州	Guizhou	9459	5136	4145	1555	2243	1468	253	2602
云南	Yunnan	10781	5665	4495	1835	2420	2222	200	2694
西藏	Tibet	3447	1126	623	211	382	580	785	956
陕西	Shaanxi	25219	12549	8809	3139	4796	3389	1936	7345
甘肃	Gansu	12223	6127	4471	1120	2188	1479	767	3850
青海	Qinghai	5573	3584	2799	974	1663	547	120	1322
宁夏	Ningxia	2998	1746	1036	356	580	614	65	573
新疆	Xinjiang	8755	5202	4208	1310	2307	1030	224	2299

人员及资产情况（2018年）

Geological Exploration Units（2018）

平均从业人员/人 Average Employees/ person	劳动者报酬/万元 Remuneration Payment of Employees/ 10^4 yuan	离退休人员Retirees		总资产/万元 Total Assets/10^4 yuan			总负债/万元 Total Debts/10^4 yuan	净资产/万元 Net Assets/ 10^4 yuan
		年末人数/人 Number of Retirees at the Year End/ person	总费用/万元 Total Expenditure/ 10^4 yuan		地勘专用仪器设备原值 Original Value of Special Instruments and Equipment			
						地勘专用仪器设备净值 Net Value of Special Instruments and Equipment		
396384	**3441245.80**	**371731**	**1558795.24**	**64912972.47**	**2823830.35**	**1229695.19**	**33330584.46**	**31582388.01**
16343	189912.00	6819	28438.48	3891661.53	318386.92	145791.51	1700066.63	2191594.90
3603	45956.40	1067	2630.63	304265.03	28086.18	6871.33	54415.60	249849.43
26382	215661.70	24441	134792.16	1734696.27	222282.68	90661.95	845351.18	889345.09
16010	103811.40	10004	30771.76	3575395.12	134960.18	56390.37	980897.97	2594497.15
11425	76542.80	14217	63763.35	2424384.82	93072.20	46484.87	1356912.77	1067472.05
13466	104137.00	16055	48391.76	1568852.38	82709.92	27786.61	987317.69	581534.69
14306	135369.70	15930	55252.96	6535794.03	49338.09	24123.04	5791875.04	743918.99
11412	71246.80	14552	72272.22	1041530.67	78014.34	31303.86	455552.33	585978.34
1907	22364.00	689	200.10	351052.21	18882.32	12012.87	205491.46	145560.75
8400	90358.80	9398	41717.59	697892.85	78493.99	38653.79	283329.68	414563.17
9142	122352.60	9945	42893.11	1119145.64	22310.25	7352.26	616515.55	502630.09
12683	146593.60	13838	68655.59	1883765.55	62434.42	19669.62	784302.30	1099463.25
11104	123309.20	8385	28167.62	10270149.66	43426.68	16693.73	5760156.28	4509993.38
21098	178719.40	21904	50549.28	1785352.03	83131.92	36296.30	1169800.96	615551.07
26210	215433.40	20264	127648.40	5770915.37	253936.38	119946.22	2481966.68	3288948.69
17266	142812.60	15401	18944.74	942986.79	112968.42	59430.21	711372.16	231614.63
16012	141600.30	15782	53931.52	1708756.76	88929.75	44465.07	987734.98	721021.78
25091	200153.90	21088	93714.63	1659203.21	86304.96	38206.44	980885.34	678317.87
10863	147561.30	13440	122833.93	1001489.52	142456.39	48459.41	441205.59	560283.93
12046	78976.60	13862	71042.18	818355.63	40375.83	21273.98	382034.68	436320.95
1587	13132.40	484	1803.58	84425.61	14131.35	5217.11	21995.44	62430.17
6312	55297.30	3957	10202.66	505360.60	31769.93	18614.09	211114.17	294246.43
22221	166972.50	17538	33732.65	1851550.44	147673.05	67319.95	1158862.36	692688.08
9350	73276.90	13111	40648.07	1157963.71	55445.10	25019.75	672739.42	485224.29
10658	77631.90	11691	68333.00	1118657.35	61193.27	23536.18	618819.00	499838.35
3297	34485.30	2202	765.32	1173443.31	12370.66	4074.42	350616.15	822827.16
25875	176338.80	18726	100577.36	5670456.89	209983.90	107705.31	1478580.26	4191876.63
14041	118646.30	14686	72356.68	1815885.66	70677.78	19298.27	856646.59	959239.07
5923	63159.60	9367	55161.79	802103.08	64805.44	23292.60	386387.06	415716.02
3081	31434.20	3964	1762.37	172675.81	40484.63	14974.60	56271.32	116404.49
9272	77997.30	8924	16839.75	1474804.94	74793.42	28769.47	541367.82	933437.12

地质勘查投入和新发现

Input in Geological Exploration and Newly

地 区	Region	地质勘查经费/万元 The Geological Exploration Funds/10^4 yuan				
		合计 Total	中央财政拨款 Central Special Budgetary Allocations	地方财政拨款 Local Special Budgetary Allocations		
					小计 Subtotal	国内企事业 Funds from Domestic Enterprises and Institutions
	2016	**7747937.29**	**855272.48**	**818214.95**	**6074449.86**	**6013291.05**
	2017	**7958134.23**	**804947.82**	**674585.37**	**6478601.04**	**6424493.27**
	2018	**8153095.62**	**827597.50**	**537705.38**	**6787792.74**	**6643232.98**
北 京	Beijing	31512.39	1646.00	13162.09	16704.30	15976.60
天 津	Tianjin	446902.79	4109.00	3366.80	439426.99	438921.00
河 北	Hebei	353288.37	53059.00	21190.71	279038.66	271629.96
山 西	Shanxi	162180.30	5419.00	44823.25	111938.05	101900.80
内蒙古	Inner Mongolia	347556.54	47177.00	25443.48	274936.06	257369.81
辽 宁	Liaoning	149508.03	9807.15	12364.87	127336.01	121646.41
吉 林	Jilin	174074.49	12094.45	7120.18	154859.86	153816.86
黑龙江	Heilongjiang	283216.75	28970.94	115.00	254130.81	252602.09
上 海	Shanghai	120918.80	840.00	1887.80	118191.00	118191.00
江 苏	Jiangsu	113845.06	5329.00	16673.50	91842.56	91178.00
浙 江	Zhejiang	41456.79	6573.40	24083.37	10800.02	10183.58
安 徽	Anhui	53140.47	10959.00	17116.76	25064.71	22453.64
福 建	Fujian	22671.35	6538.54	9754.56	6378.25	4696.92
江 西	Jiangxi	49575.02	20402.45	10355.22	18817.35	17701.99
山 东	Shandong	444281.53	7223.40	34862.82	402195.31	398076.70
河 南	Henan	179401.12	6084.00	16785.72	156531.40	155726.28
湖 北	Hubei	130405.34	26315.49	24213.81	79876.04	74389.20
湖 南	Hunan	47539.58	12951.00	12959.43	21629.15	15598.69
广 东	Guangdong	915362.95	11286.50	15729.69	888346.76	873105.45
广 西	Guangxi	48502.52	11024.63	26715.83	10762.06	5522.78
海 南	Hainan	28720.58	5354.46	6116.62	17249.50	17163.70
重 庆	Chongqing	140026.78	3948.06	28260.34	107818.38	104346.40
四 川	Sichuan	609408.72	19027.00	10110.90	580270.82	572326.60
贵 州	Guizhou	64892.09	10243.38	7962.66	46686.05	42730.90
云 南	Yunnan	83223.43	19607.03	8586.64	55029.76	40862.64
西 藏	Tibet	59595.83	28211.19	11247.78	20136.86	18919.39
陕 西	Shaanxi	518715.74	14897.64	9735.33	494082.77	487940.97
甘 肃	Gansu	293702.23	12659.05	28328.09	252715.09	248086.22
青 海	Qinghai	234572.97	15506.85	40490.47	178575.65	173730.00
宁 夏	Ningxia	102141.31	1889.00	6409.54	93842.77	92384.04
新 疆	Xinjiang	1545530.98	51219.12	41732.12	1452579.74	1444054.36
其 他①	The Others	357224.78	357224.78			

注：① 包括地质调查局海域油气调查等。

Note: ① Including oil and gas survey in sea area of Geological Survey Bureau.

矿产地情况——按地区分列

Discovered Mineral Prospects by Region

企事业资金 Funds from Enterprises and Institutions			机械岩心钻探工作量/米 Footage of Core Drilling/m	坑探工作量/米 Footage of Pitting/m	新发现矿产地/个 Newly Discovered Mineral Prospects/number
港、澳、台商 Investments from Hong Kong, Macao and Taiwan	外商 Foreign Investments	其他投入 Other Investments			
	1399.42	**59759.39**	**9132391.82**	**350907.38**	**157**
477.16	**6956.91**	**46673.70**	**6942850.08**	**224938.00**	**109**
	1199.09	**143360.67**	**6253884.54**	**213417.43**	**153**
		727.70	2630.00		
		505.99			
		7408.70	131908.00	615.00	
		10037.25	400092.00	800.00	11
		17566.25	911615.78	31745.53	31
		5689.60	145397.30	3533.00	4
		1043.00	101062.00	3349.80	8
		1528.72	180968.60		13
		664.56	29800.20		3
		616.44	84643.40	5689.90	2
		2611.07	283678.80	2000.00	15
		1681.33	47594.40	4443.00	
		1115.36	334652.70	3440.60	24
		4118.61	317000.40	757.90	5
		805.12	188195.12	94.00	6
		5486.84	122128.40		4
		6030.46	154459.05	2886.60	3
		15241.31	111835.50	3855.40	3
		5239.28	101898.30	4820.50	7
		85.80	4501.20		1
		3471.98	42765.40	178.90	
		7944.22	114747.70	47026.80	1
		3955.15	504524.50	15796.00	1
		14167.12	353112.99	24463.70	
		1217.47	68874.60		
		6141.80	161102.70	20974.00	
		4628.87	202769.40	16447.20	
	1199.09	3646.56	245110.00	2217.40	2
		1458.73	26827.50		
		8525.38	879988.60	18282.20	9

地质勘查投入和新发现矿产地

Input in Geological Exploration and Newly

矿种	Mineral	地质勘查经费/万元 Expenditures for Geological Exploration/10^4 yuan				
		合计 Total	中央财政拨款 Central Special Budgetary Allocations	地方财政拨款 Local Special Budgetary Allocations		
					小计 Subtotal	国内企事业 Funds from Domestic Enterprises and Institutions
总 计	**Total**	**8153095.62**	**827597.50**	**537705.38**	**6787792.74**	**6643232.98**
煤炭	Coal	126845.04	1376.00	22048.94	103420.10	96524.74
石油、天然气	Oil & Natural Gas	6415890.19	244600.00		6171290.19	6171290.19
天然沥青	Native Bitumen	377.39			377.39	
油页岩	Oil Shale	6344.43	660.00	1156.30	4528.13	4528.13
石煤	Stone Coal	1517.80		21.34	1496.46	31.00
铀	Uranium	69541.00	69541.00			
钍	Thorium	150.00		150.00		
地热	Geothermal	23835.43	168.00	7067.59	16599.84	15312.89
铁矿	Iron	28449.78		9955.63	18494.15	17435.04
锰矿	Manganese	14950.64		8201.49	6749.15	6145.27
铬矿	Chromite	95.96			95.96	95.96
钒矿	Vanadium	4301.73		2834.83	1466.90	1414.50
钛矿	Titanium	1665.05		20.62	1644.43	1344.43
铜矿	Copper	93946.46	1994.00	24531.36	67421.10	62050.06
铅锌矿	Lead-Zinc	95493.15	413.50	19278.94	75800.71	65763.60
铝土矿	Bauxite	14646.80		10591.04	4055.76	4055.76
镁矿	Magnesium	29.00			29.00	29.00
镍矿	Nickel	11206.75		4705.72	6501.03	6476.87
钴矿	Cobalt	241.33		183.00	58.33	58.33
钨矿	Tungsten	6302.34		2146.71	4155.63	3979.07
锡矿	Tin	1870.10		299.37	1570.73	1520.73
钼矿	Molybdenum	5555.01		971.46	4583.55	4555.43
锑矿	Antimony	1951.13		556.49	1394.64	1089.55
铂族金属	Platinum Group Metals	178.37		178.37		
岩金	Rock Gold	150055.56	230.00	46946.18	102879.38	89863.06
砂金	Placer Gold	5355.19		1394.51	3960.68	3954.48
银矿	Silver	35035.61		20780.93	14254.68	11938.78
铌钽矿	Niobium-Tantalum	3478.42		2420.41	1058.01	453.51
铍矿	Beryllium	1037.17		347.31	689.86	689.86
锂矿	Lithium	13549.99	1329.00	4299.58	7921.41	7921.41
锶矿	Strontium	674.37		674.37		
铷矿	Rubidium	893.33		848.33	45.00	45.00

情况——按矿种分列（2018年）

Discovered Mineral Prospects by Mineral （2018）

企事业资金 Funds from Enterprises and Institutions			机械岩心钻探工作量/米 Footage of Core Drilling/m	坑探工作量/米 Footage of Pitting/m	新发现矿产地/个 Newly Discovered Mineral Prospects/ number
港、澳、台商 Investments from Hong Kong, Macao and Taiwan	外商 Foreign Investments	其他投入 Other Investments			
	1199.09	**143360.67**	**6253884.54**	**213417.43**	**153**
	414.85	6480.51	943102.40	14661.00	21
		377.39			
			38625.70		
		1465.46	36602.00		
			578088.96		
		1286.95	136319.70		5
		1059.11	236452.17	5359.90	8
		603.88	72794.73	1925.00	2
			3935.00		
		52.40	25672.80	349.00	3
		300.00	15884.50	854.00	
		5371.04	622202.73	30643.23	6
		10037.11	835876.10	57853.20	8
			177262.40		9
			481.00		
		24.16	61664.50	1099.00	
			1640.40		1
		176.56	84936.40	7493.80	2
		50.00	20172.70		
		28.12	58652.15	10425.00	
		305.09	14153.50	2861.00	
			150.70		
	784.24	12232.08	1148465.10	52877.10	12
		6.20	18881.90	980.00	
		2315.90	206007.70	7346.30	1
		604.50	29225.80	2000.00	
			5787.00		
			50158.70	68.00	1
			6549.20		
			3295.90		

地质勘查投入和新发现矿产地情况

Input in Geological Exploration and Newly Discovered

矿 种	Mineral	地质勘查经费/万元 Expenditures for Geological Exploration/10^4 yuan				
		合计 Total	中央财政拨款 Central Special Budgetary Allocations	地方财政拨款 Local Special Budgetary Allocations		
					小计 Subtotal	国内企事业 Funds from Domestic Enterprises and Institutions
铯	Cesium	27.00			27.00	27.00
锆	Zirconium	10.00			10.00	10.00
稀土	Rare Earth	2454.70	466.00	1066.18	922.52	922.52
镓	Gallium	140.00		140.00		
铟	Indium	199.93		199.93		
蓝晶石	Kyanite	620.00		620.00		
红柱石	Andalusite	8.00			8.00	8.00
菱镁矿	Magnesite	249.00		100.00	149.00	149.00
普通萤石	Common Fluorite	9929.07	667.00	2020.84	7241.23	7164.43
熔剂用灰岩	Limestone Flux	1587.80		550.04	1037.76	1037.76
冶金用白云岩	Metallurgical Dolomite	1292.80		1090.92	201.88	58.88
冶金用石英岩	Metallurgical Quartzite	679.02	60.00	36.31	582.71	572.71
冶金用脉石英	Metallurgical Vein Quartz	326.60	60.00		266.60	266.60
耐火黏土	Refractory Clay					
硫铁矿	Pyrite	726.57		446.00	280.57	280.47
磷矿	Phosphate Rock	8355.21		1071.20	7284.01	7284.01
伴生磷	Associated Phosphorus	5.00			5.00	5.00
钾盐	Potash	14338.11	2023.00	3026.47	9288.64	9288.64
钠硝石	Nitratine	1183.00			1183.00	1183.00
芒硝	Mirabilite	15.00			15.00	15.00
重晶石	Barite	2746.95		315.98	2430.97	2430.97
毒重石	Witherite	518.66		518.66		
电石用灰岩	Limestone for Calcium Carbide	237.51		237.51		
化工用白云岩	Dolomite for Chemical Industry	290.00		290.00		
含钾砂页岩	K–Bearing Sand Shale	15.83		15.83		
含钾岩石	K–Bearing Rock	61.97			61.97	61.97
化肥用蛇纹岩	Serpentinite for Fertilizer	37.00			37.00	37.00
泥炭	Peat	70.00			70.00	70.00
盐矿	Salt	4343.86		842.86	3501.00	3501.00
镁盐	Magnesium Salt	76.00			76.00	76.00
硼	Boron	383.00	120.00	113.00	150.00	150.00
金刚石	Diamond	930.28	400.00	420.28	110.00	110.00

——按矿种分列（2018年）续表1
Mineral Prospects by Mineral （2018） Continued 1

企事业资金 Funds from Enterprises and Institutions			机械岩心钻探工作量/米 Footage of Core Drilling/m	坑探工作量/米 Footage of Pitting/m	新发现矿产地/个 Newly Discovered Mineral Prospects/number
港、澳、台商 Investments from Hong Kong, Macao and Taiwan	外商 Foreign Investments	其他投入 Other Investments			
			130.00		
			467.90		
			9812.00		
			3000.00		
			1272.40		
		76.80	88816.30	4211.00	5
			19014.90		
		143.00	9252.90		1
		10.00	3794.40		3
			1860.20		
					1
		0.10	6914.50	1133.00	
			135764.60	9275.90	2
			48761.00	230.00	
				1135.00	
			24023.20		
			4174.50		
			777.00		
			2712.90		1
			1409.70		1
			400.00		
			14414.10		1
			751.50		
			5182.20		1
			3886.50		

地质勘查投入和新发现矿产地情况
Input in Geological Exploration and Newly Discovered

矿 种	Mineral	地质勘查经费/万元 Expenditures for Geological Exploration/10⁴ yuan				
		合计 Total	中央财政拨款 Central Special Budgetary Allocations	地方财政拨款 Local Special Budgetary Allocations	小计 Subtotal	国内企事业 Funds from Domestic Enterprises and Institutions
石榴子石	Garnet					
方解石	Calcite	378.61		165.50	213.11	132.31
光学萤石	Optical Fluorite	780.75	667.00	68.00	45.75	45.75
玉石	Jade	793.14		748.27	44.87	44.87
玛瑙	Agate	280.00		280.00		
硅灰石	Corundum	3008.19		2928.00	80.19	22.00
滑石	Talc	2184.36		1214.00	970.36	970.36
长石	Feldspar	712.76		321.31	391.45	377.15
叶蜡石	Pyrophyllite	295.46		37.42	258.04	198.04
高岭土	Kaolin	1451.54		1066.00	385.54	385.54
陶瓷用砂岩	Sandstone for Ceramics	270.00			270.00	270.00
陶瓷土	Ceramic Clay	1248.62		961.60	287.02	287.02
霞石正长岩	Nepheline Syenite	39.89		9.46	30.43	30.43
玻璃用石英岩	Quartzite for Glass	666.19	60.00	539.18	67.01	61.31
玻璃用砂岩	Sandstone for Glass	588.70		268.00	320.70	260.70
玻璃用砂	Sand for Glass	1185.50		985.50	200.00	
玻璃用脉石英	Vein Quartz for Glass	599.87	60.00	237.57	302.30	302.30
玻璃用凝灰岩	Tuff for Glass	77.00			77.00	72.00
玻璃用大理岩	Marble for Glass	10.00			10.00	10.00
水泥用灰岩	Limestone for Cement	8802.12		2377.06	6425.06	5630.00
制灰用灰岩	Limestone for Ash	65.60			65.60	65.60
泥灰岩	Marlstone	9.84			9.84	9.84
水泥配料用砂岩	Sandstone for Cement Batching	275.08		275.08		
水泥配料用脉石英	Vein Quartz for Cement Batching	36.00			36.00	36.00
水泥配料用页岩	Shale for Cement Batching	412.00		21.00	391.00	391.00
水泥配料用红土	Red Clay for Cement Batching	20.00			20.00	20.00
水泥用大理岩	Diatomaceous Earth Batching	206.19		170.19	36.00	36.00
水泥配料用板岩	Slate for Cement Batching	65.00			65.00	
砖瓦用页岩	Shale for Bricks and Tiles	37.50			37.50	17.50
砖瓦用黏土	Clay for Brick and Tile	100.00		70.00	30.00	30.00
砖瓦用砂岩	Sandstone for Brick and Tile	22.00			22.00	22.00
砖瓦用砂	Sand for Brick and Tile	12.00			12.00	12.00
凹凸棒石黏土	Attapulgite Clay	308.66		50.00	258.66	

——按矿种分列（2018年）续表2
Mineral Prospects by Mineral （2018） Continued 2

企事业资金 Funds from Enterprises and Institutions			机械岩心钻探工作量/米 Footage of Core Drilling/m	坑探工作量/米 Footage of Pitting/m	新发现矿产地/个 Newly Discovered Mineral Prospects/number
港、澳、台商 Investments from Hong Kong, Macao and Taiwan	外商 Foreign Investments	其他投入 Other Investments			
					1
		80.80	1368.00		1
			592.70		
			3866.20		1
			1450.80		
		58.19	32374.60		2
			23028.40		
		14.30	4666.30	55.00	1
		60.00	2911.90		
			8400.10	200.00	2
			2907.30		
			12919.00	45.00	5
			754.10		
		5.70	2505.10		1
		60.00	1531.70		
		200.00	5194.20		1
			3250.50	30.00	1
		5.00	470.00		
		795.06	57457.60		8
			1424.30		1
			1800.00		
			691.70		
			192.10		1
			1493.40		
		65.00	388.00		
		20.00			
			605.70		
			365.00		
			133.00		
		258.66	1920.60		

地质勘查投入和新发现矿产地情况

Input in Geological Exploration and Newly Discovered

矿种	Mineral	地质勘查经费/万元 Expenditures for Geological Exploration/10^4 yuan				
		合计 Total	中央财政拨款 Central Special Budgetary Allocations	地方财政拨款 Local Special Budgetary Allocations		
					小计 Subtotal	国内企事业 Funds from Domestic Enterprises and Institutions
海泡石黏土	Sepiolite Clay					
膨润土	Bentonite	232.72		3.62	229.10	229.10
硅藻土	Diatomite	784.84		784.84		
建筑用砂	Sand for Construction	148.52		148.52		
建筑用灰岩	Limestone for Construction Stone	2140.04		317.18	1822.86	1817.86
建筑用凝灰岩	Tuff for Construction	44.00		44.00		
建筑用玄武岩	Basalt for Construction	143.80		61.50	82.30	82.30
建筑用花岗岩	Granite for Construction	341.95		152.75	189.20	189.20
建筑用大理岩	Marble for Construction	236.23		27.00	209.23	209.23
建筑用白云岩	Dolostone for Construction	87.78		72.00	15.78	15.78
建筑用砂岩	Sandstone for Construction	373.99		216.13	157.86	157.86
饰面用闪长岩	Decorative Diorite	120.00			120.00	120.00
饰面用辉石岩	Decorative Pyroxenite	48.00			48.00	48.00
饰面用花岗岩	Decorative Granite	3982.62		2181.89	1800.73	1800.73
饰面用灰岩	Decorative Limestone	752.44		582.44	170.00	170.00
饰面用大理岩	Decorative Marble	2063.62		459.71	1603.91	1578.91
饰面用板岩	Decorative Slate	315.10		247.97	67.13	67.13
珍珠岩	Perlite					
陶粒用黏土	Clay for Ceramsite	157.76		52.10	105.66	105.66
石墨	Graphite	17274.41	1349.00	10647.29	5278.12	5010.46
碎云母	Detrital Mica	110.02		110.02		
绢云母	Sericite					
透辉石	Diopside					
透闪石	Tremolite	59.90			59.90	59.90
蛭石	Vermiculite	40.00			40.00	40.00
沸石	Zeolite	327.70			327.70	327.70
石膏	Gypsum	1329.52		510.00	819.52	819.52
岩棉用玄武岩	Basalt for Rock Wool	230.32		149.32	81.00	81.00
麦饭石	Medical Stone	95.19		95.19		
矿泉水	Mineral Water	2175.08		1338.72	836.36	694.57
地下水	Ground Water	9245.88		2283.75	6962.13	6591.74
水工环科技及其他	Hydraulic Engineering, Environmental Technology and Others	897969.23	501354.00	298693.47	97921.76	

——按矿种分列（2018年）续表3

Mineral Prospects by Mineral （2018） Continued 3

企事业资金 Funds from Enterprises and Institutions			机械岩心钻探工作量/米 Footage of Core Drilling/m	坑探工作量/米 Footage of Pitting/m	新发现矿产地/个 Newly Discovered Mineral Prospects/number
港、澳、台商 Investments from Hong Kong, Macao and Taiwan	外商 Foreign Investments	其他投入 Other Investments			
			969.10		
			2365.40		2
			8476.10		
			2751.50		2
		5.00	4467.50		
			332.80		
			1075.40		1
			1976.50		4
			1135.30		
			1205.00		
			1082.40		
			310.00		
			110.00		
			20528.70		
			3672.10		
		25.00	10546.30	307.00	4
			4289.30		1
					1
			962.10		
		267.66	108636.40		13
			800.50		
			594.00		
			962.00		
			948.20		
			1373.20		
			19722.20		
			403.00		
		141.79	7461.60		3
		370.39	52431.10		1
		97921.76			

全国非油气地质勘查
Completion of Non–Petroleum

地 区	Region	区域地质调查 Regional Geological Survey		区域地球物理调查 Regional Geophysical Survey	
				区域重力调查 Regional Gravity Survey	重力测量 Gravity Measurement
		1：25万区域地质调查/平方千米 1：250000 Regional Geological Survey/km²	1：5万区域地质调查/平方千米 1：50000 Regional Geological Survey/km²	1：25万区域重力调查/平方千米 1：250000 Regional Gravity Survey/km²	1：5万重力测量/平方千米 1：50000 Measurement/km²
总 计	**Total**	**2500**	**106916**		**5693**
北 京	Beijing				
天 津	Tianjin		485		
河 北	Hebei		1634		1928
山 西	Shanxi		690		
内蒙古	Inner Mongolia		16648		
辽 宁	Liaoning		4426		
吉 林	Jilin		748		
黑龙江	Heilongjiang		652		
上 海	Shanghai				
江 苏	Jiangsu		2140		
浙 江	Zhejiang		2711		
安 徽	Anhui		555		
福 建	Fujian		1418		
江 西	Jiangxi		2647		1800
山 东	Shandong		549		765
河 南	Henan		520		
湖 北	Hubei		3247		
湖 南	Hunan		2874		
广 东	Guangdong		2175		
广 西	Guangxi		4279		
海 南	Hainan		815		
重 庆	Chongqing				
四 川	Sichuan		4750		
贵 州	Guizhou		4329		
云 南	Yunnan		6644		
西 藏	Tibet		17563		
陕 西	Shaanxi		285		
甘 肃	Gansu		2728		
青 海	Qinghai	2500	1210		
宁 夏	Ningxia		400		
新 疆	Xinjiang		3951		1200
其 他①	Others①		15843		

注：① 指海域及基础地质调查等。

Note: ① Refer to sea area and basic geological survey,etc.

工作完成情况（2018年）

National Geological Exploration（2018）

航空物探/测线千米 Aerogeophysical Prospecting/Line km	区域地球化学调查 Regional Geochemical Survey			矿产地质调查 Mineral Geological Survey
	地球化学调查 Geochemical Survey		土地质量地球化学调查 Geochemical Survey of Land Quality	1：5万矿产地质调查/平方千米 1：50000 Mineral Geological Survey/km^2
	1：25万地球化学调查/平方千米 1：250000 Geochemical Survey/km^2	1：5万地球化学调查/平方千米 1：50000 Geochemical Survey/km^2	1：25万土地质量化学调查/平方千米 1：250000 Land Quality Chemical Survey/km^2	
328800		**8468**	**180510**	**135272**
10300			5600	1303
				1087
10000		1200	6300	11761
			1200	1000
		740		1398
20000			10570	10028
				428
7000			13656	580
			5680	2408
				2267
		2257	8100	11575
				2724
			5000	2245
			5000	2053
		461	5000	4056
			3490	3176
			23660	4174
13500				428
			1740	428
		800	7876	5332
			12420	5547
30000		920	19218	13579
60000				7382
47400			9000	3611
5000		210	8000	5517
30000			2000	6814
				100
55600		1880	27000	21380
40000				2891

全国油气地质勘查
Completion of Oil and Gas of National

地区	Region	探井/口 Exploratory/well
总计	**Total**	**2887**
北京	Beijing	
天津	Tianjin	102
河北	Hebei	114
山西	Shanxi	140
内蒙古	Inner Mongolia	147
辽宁	Liaoning	44
吉林	Jilin	71
黑龙江	Heilongjiang	213
上海	Shanghai	11
江苏	Jiangsu	46
浙江	Zhejiang	2
安徽	Anhui	6
福建	Fujian	
江西	Jiangxi	1
山东	Shandong	215
河南	Henan	70
湖北	Hubei	24
湖南	Hunan	3
广东	Guangdong	80
广西	Guangxi	1
海南	Hainan	13
重庆	Chongqing	3
四川	Sichuan	44
贵州	Guizhou	3
云南	Yunnan	4
西藏	Tibet	2
陕西	Shaanxi	706
甘肃	Gansu	402
青海	Qinghai	38
宁夏	Ningxia	117
新疆	Xinjiang	265

工作完成情况（2018年）
Geological Exploration（2018）

工作量 Workload		
进尺/千米 Footage/km	二维地震/千米 2D Earthquake/km	三维地震/平方千米 3D Earthquake/km²
8024.81	**36972.04**	**31439.70**
282.06		776.00
401.07	1201.00	298.00
250.45	1192.84	
402.48	2445.00	436.00
135.99	300.00	340.00
204.65	1076.50	236.70
382.32	2095.60	1114.10
38.40	2518.00	1246.00
123.00	153.00	170.00
7.80		
8.16	200.00	
1.80	100.00	
554.46	819.00	1066.00
191.22	1179.00	427.00
61.50	704.00	173.00
5.00	210.00	
223.67	9274.30	12963.00
2.50	100.00	
53.80		
58.91	290.00	120.00
208.10	4406.00	4091.00
5.12	200.00	
6.00	200.00	
2.50		
1698.69	1100.00	
1054.53	949.00	300.00
180.91	1256.80	867.30
340.07	1000.00	579.00
1139.66	4002.00	6236.60

主要统计指标解释

总收入 指报告期内填报单位从事各种经济活动所取得的收入总额。

地质勘查业收入 指报告期内填报单位从事地质勘查经济活动所取得的各种收入总和，包括地质勘探费、地质专项拨款、矿产地质勘查劳务收入等。

地质勘探费 指以1998年为基数，由中央财政划转给省财政单列，继续用于地质勘查单位离退休人员，地质勘查工作和经常性费用支出，该指标按照中央财政投入及地方财政投入分别统计。

地质专项拨款 指在报告期内地勘单位取得的中央及地方地质专项拨款费用，包括自然资源大调查项目、矿产资源补偿费项目、财政补贴项目、危机矿山项目、地勘基金项目等，也包括市、县政府设立的各类地质勘查专项项目，按中央和地方的各类专项分别统计。

涉外收入 指报告期内填报单位在境外地质勘查市场从事地勘工作所取得的收入。

年末在职职工 指事业单位在编人员，企业在册人员，与单位签订聘用合同、劳动合同或符合劳动保障部门关于认定形成事实劳动关系条件的人员，不含外方及港澳台人员、实习在校生、参军人员以及未经聘用、留用的离退休人员。

地质勘查人员 指年末在职职工中，从事地质勘查工作的人员，包括从事基础地质调查、矿产资源调查、资源潜力评价、水文地质、工程地质、环境地质、物探、化探、遥感、岩矿鉴定测试、地质测量等工作的在职职工。

技术人员 指在地勘单位中从事工作并取得劳动报酬的，具有初级及初级以上地质勘查专业技术职称的在职职工，包括已取得专业技术职称，现从事技术管理和行政管理工作的行政人员。

工程勘察与施工人员 指填报单位中专业从事建筑工程勘察、设计、施工工作的人员。

矿产开发人员 指填报单位中从事矿产资源开发利用的人员。

劳动者报酬 指在报告期内直接支付给本单位使用的全部劳动报酬（生活费）总额。包括：职工工资总额，聘用人员报酬，聘用、留用的离退休人员劳动报酬，外籍及港澳台人员的劳动报酬以及人事档案保留在原单位人员的劳动报酬。

矿业权转让收入 指报告期内，填报单位通过矿业权转让取得的收入，包括通过合资、合作方式成立矿业公司获得的矿产资源开发收入。

矿产开发收入 指报告期内，填报单位从事矿产资源开发活动所取得的收入，包括通过合资、合作方式成立矿业公司获得的矿产资源开发收入。

工程勘察与施工收入 指报告期内，填报单位凭建设主管部门发放的建设工程勘察设计、岩土施工、建筑施工企业等专业资质，从事建设工程勘察、工程设计、工程施工等经营活动取得的各项收入。

其他收入 指报告期内，填报单位在总收入中除去从事地质勘查、矿业权转让、矿产开发、工程勘察施工等经济活动收入以外的收入。

总支出 指报告期内，填报单位为开展业务活动和其他活动所发生的各项资金耗费及损失，以及用于基本建设项目的开支。

矿产开发支出 指报告期内，填报单位从事矿产资源开发活动而发生的各项成本、费用支出总额。

地质勘查经费 指报告期完成的来自各方面的地质勘查资金，包括完成的中央财政、地方财政地质勘查拨款，企事业单位、港澳台商、外商投入的地质勘查工作的资金以及其他资金。

中央财政专项拨款 指报告期实际完成的由国家预算收支科目安排的直接用于地质勘查的经费。

地方财政专项拨款 指报告期实际完成的地方财政拨付的地质勘查经费。

企事业资金 指报告期完成的各类企事业单位投入的地质勘查工作的资金，包括内资企事业资金、港澳台商投资和外商投资。

内资企事业资金 指报告期完成的国有、集体企事业单位和私营企业投入地质勘查工作的资金。

港澳台商投资 指港澳台企业和经济组织或个人按我国有关政策、法规，用现汇、实物（折资）和技术等投入地质勘查工作资金。

外商投资 指报告期内完成境外投入地质勘查工作的资金，包括外商直接投资、对外借贷（外国政府贷款、国际金融组织贷款、出口信贷、外国银行商业贷款、对外发行债券和股票）及外商其他投资（包括补偿贸易和加工装配由外商提供的设备价款、国际租赁）。不包括我国自有外汇资金（包括国家外汇、地方外汇、流程外汇、调剂外汇和中国银行自有资金发行的外汇贷款等）。

机械岩心钻探工作量 指用动力机械带动，回转或冲击回转钻进，并以取出岩心了解和研究地下地质情况为目的的钻探工作的工作量。如手轮给进钻机、油压钻机、石油钻机、海洋石油钻机、水文水井钻机以及汽车钻等。以“米”计量，取整数。

新发现矿产地 指报告期内通过各类地质调查工作，或者根据群众报矿、群众采矿线索新发现的，并经过矿产调查工作证实为有进一步工作意义或具有工业价值，具有一定规模，作出初步评价的矿区。

二维地震 指在地面上布置一条条测线，沿各条测线进行地震勘探施工，采集地下地层反射回地面的地震波信息。

三维地震 指一种面积地震勘探方法。野外的观测系统有多种形式，如用48个激发点和48道检波器，构成互相垂直的观测系统，对每个反射面可得到2000多个均匀分布的深度点。

Explanatory Notes on Main Statistical Indicators

Total Income—refers to the total amount of income obtained by the reporting unit engaged in various economic activities during the reporting period.

Income for Geological Exploration—refers to the sum of all kinds of income obtained by the reporting unit engaged in geological exploration activities during the reporting period, including geological exploration fee, special funds for geology, mineral exploration income etc.

Geological Exploration Fee—refers to the expenses transferred from central finance to provincial finance separately based on 1998, which continue to be used for retired personnel, geological exploration work and recurrent expenses of geological exploration units. This index is calculated separately according to the central and local financial inputs.

Geological Special Funds—refers to the central and local geological special funds obtained by the inland exploration units during the reporting period, including large-scale natural resources investigation projects, mineral resources compensation projects, financial subsidy projects, crisis mine projects, geological exploration fund projects, etc., as well as all kinds of special geological exploration projects set up by the municipal and county governments, which are respectively counted according to special projects of central and local governments.

Foreign-Related Revenues—refers to the income from geological exploration work in overseas geological exploration market during the reporting period.

On-the-Job Employees at the Year End—refers to the employees in the public institutions, the registered employees in the enterprises, the employees who sign the employment contract or labor contract with the units or meet the requirements of the labor and social security department for determining the formation of a factual labor relationship, excluding the foreign party, Hong Kong, Macao and Taiwan personnel, interns, military personnel and retirees who have not been employed or retained.

Geological Exploration Personnel—refers to those who are engaged in geological exploration among the on-the-job staff at the end of the year, including those who are engaged in basic geological survey, mineral resources survey, resource potential assessment, hydrogeology, engineering geology, environmental geology, geophysical exploration, geochemical exploration, remote sensing, rock and mineral identification test, geological survey, etc.

Technical Personnel—refers to the on-the-job workers who are engaged in work and get remuneration in geological exploration units and have professional and technical titles of primary or above, including administrative personnel who have obtained professional and technical titles and are now engaged in technical management and administrative management.

Personnel Engaging in Engineering Surveys and Operations—refers to those who are specialized in construction engineering investigation, design and construction.

Personnel Engaging in Mineral Resource Development—refers to the personnel engaged in the development and utilization of mineral resources in the filling units.

Remuneration Payment of Employees—refers to the total amount of labor remuneration (living expenses) directly paid to the unit during the reporting period. Including: total wages of employees, remuneration of employed personnel, remuneration of employed and retained retirees, remuneration of foreign, Hong Kong, Macao and Taiwan personnel and remuneration of personnel files retained in the original unit.

Income from Mining Rights Transfer—refers to the income obtained by the reporting unit through mining rights transfer during the reporting period, including mineral resources development income from establishing mining companies through joint ventures or cooperation.

Mineral Development Income—refers to the income derived by the reporting unit from mineral resources development during the reporting period, including mineral resources development income from establishing mining companies through joint ventures or cooperation.

Income from Project Investigation and Construction—refers to the income derived by the reporting unit from project investigating, designing and constructing with professional qualifications issued by construction authorities such as construction project investigation and design, geotechnical construction and construction enterprises, etc.

Other Income—refers to the income of the reporting unit during the reporting period excluding the income from geological exploration, mining right transfer, mineral development, project exploration and construction, etc.

Total Expenditures—refers to expenses and losses of various funds spent by the reporting unit in carrying out business activities and other activities, as well as expenditure for basic construction projects during the reporting period.

Mineral Development Expenditure—refers to the total amount of costs and expenses spent by the reporting unit in mineral resources development during the reporting period.

The Geological Exploration Funds—refers to the geological exploration funds from all sides completed during the reporting period, including the funds allocated by the central and local governments for geological exploration, the funds invested by enterprises and institutions, Hong Kong, Macao and Taiwan businessmen, and foreign businessmen, as well as other funds.

Central Special Budgetary Allocations—refers to expenditures directly used for geological exploration and arranged by the state budgeted revenue and expenditure account, which are actually completed during the reporting period.

Local Special Budgetary Allocations—refers to expenditures for geological exploration and allocated by local finance, which are actually completed during the reporting period.

Funds of Enterprises and Institutions—refers to the funds invested in geological exploration by all kinds of enterprises and institutions during the reporting period, including investment from domestic enterprises and institutions, Hong Kong, Macao and Taiwan businessmen as well as foreign investment.

Funds of Domestic Enterprises and Institutions—refers to the funds invested in geological exploration by state-owned, collective enterprises and institutions and private enterprises in the reporting period.

Investments from Hong Kong, Macao and Taiwan—refers to the investment of Hong Kong, Macao and Taiwan enterprises, economic organizations or individuals in geological exploration in cash, in kind (capital converted) and technology in accordance with relevant policies and regulations of China.

Foreign Investment—refers to the funds invested abroad in geological exploration during the reporting period, including foreign direct investment, foreign loans (foreign government loans, loans from international financial organizations, export credits, commercial loans from foreign banks, foreign issuance of bonds and stocks) and other foreign investments (including compensation trade and equipment price and international lease provided by foreign investors for processing and assembling). It excludes China's own foreign exchange funds (including national foreign exchange, local foreign exchange, process foreign exchange, foreign exchange adjustment and foreign exchange loans issued by the Bank of China's own funds).

Footage of Core Drilling—refers to the penetration of rotary or percussive drilling driven by power machinery that recovers the core in order to study the underground geology. The drills include hand-lever feed drills, hydraulic feed drills, oil drills, marine oil drills, hydrological water well drills, and truck-mounted drills. It is calculated in "meters" and rounded off.

Newly Discovered Mineral Prospects—refers to mineral occurrences that are newly found through all kinds of geological survey or on the basis of the ore information and clues reported by the broad masses of people, demonstrated through mineral surveys to be of value for further work or of industrial value and have certain sizes, and evaluated preliminarily during the reporting period.

2D Earthquake—refers to arrange a line on the ground, carry out seismic exploration along each line, and collect seismic wave information reflected from underground strata back to the ground.

3D Earthquake—refers to a kind of area seismic exploration method. There are many forms of field observation system, such as using 48 excitation points and 48 geophones to form a mutually perpendicular observation system. For each reflector, more than 2000 uniform depth points can be obtained.

测绘与地理信息

Surveying and Mapping and Geographic Information

测绘资质单位数量

The Number of Units with Surveying and

地区	Region	合计 Total	按资质等级分 Grouped by Grade		
			甲级 Grade A	乙级 Grade B	丙级 Grade C
总计	**Total**	**20100**	**1205**	**4603**	**7997**
北京	Beijing	463	141	198	67
天津	Tianjin	206	21	72	96
河北	Hebei	994	61	173	421
山西	Shanxi	689	31	92	254
内蒙古	Inner Mongolia	700	24	208	294
辽宁	Liaoning	612	42	175	221
大连*	Dalian	89	7	36	38
吉林	Jilin	620	28	134	173
黑龙江	Heilongjiang	686	38	155	234
上海	Shanghai	219	30	81	67
江苏	Jiangsu	1194	69	240	613
浙江	Zhejiang	799	46	173	275
宁波*	Ningbo	98	6	21	35
安徽	Anhui	671	31	111	227
福建	Fujian	671	41	129	313
厦门*	Xiamen	84	10	25	40
江西	Jiangxi	716	32	92	231
山东	Shandong	1120	54	186	379
青岛*	Qingdao	136	5	28	56
河南	Henan	1043	52	326	359
湖北	Hubei	1012	76	380	424
湖南	Hunan	681	45	126	233
广东	Guangdong	952	84	187	343
深圳*	Shenzhen	82	20	47	14
广西	Guangxi	712	22	164	337
海南	Hainan	261	12	42	130
重庆	Chongqing	307	6	76	204
四川	Sichuan	1339	64	265	713
贵州	Guizhou	564	18	97	238
云南	Yunnan	914	24	231	406
西藏	Tibet	50	1	22	21
陕西	Shaanxi	634	55	211	250
甘肃	Gansu	507	23	91	195
青海	Qinghai	141	13	34	78
宁夏	Ningxia	163	3	30	77
新疆	Xinjiang	460	18	102	124

注：*为城市数据，已包含在对应省（自治区、直辖市）中。

Note：*is the city date,which has been included in the corresponding province(autonomous region, municipality).

和服务总值（2018年）

Mapping Qualification and Total Service Value（2018）

年末资质单位数量/个 The Number of Units with Surveying and Mapping Qualification at the End of the Year			测绘服务总值/万元 Total Value of Surveying and Mapping Services/10^4 yuan
	按单位性质分 According to the Nature of the Unit		
丁级 Grade D	事业单位 Government-Affiliated Institutions	企业单位 Enterprise Unit	
6295	**3860**	**16240**	**12168064.60**
57	42	421	1910379.54
17	37	169	251922.67
339	143	851	430846.82
312	142	547	187379.88
174	110	590	174488.07
174	138	474	257217.35
8	7	82	67739.69
285	110	510	183792.29
259	121	565	180164.04
41	15	204	368835.09
272	149	1045	615487.47
305	113	686	675608.87
36	20	78	78437.16
302	144	527	239371.09
188	102	569	361338.53
9	12	72	130055.45
361	170	546	212191.30
501	149	971	576775.82
47	13	123	82597.96
306	178	865	443668.60
132	262	750	854990.17
277	349	332	346998.53
338	268	684	1236861.06
1	3	79	152164.63
189	151	561	239232.58
77	40	221	76199.07
21	46	261	221860.34
297	186	1153	768999.67
211	115	449	186836.52
253	190	724	275173.88
6	16	34	20808.34
118	94	540	462597.81
198	118	389	150017.08
16	31	110	69072.77
53	26	137	34842.57
216	105	355	154106.78

测绘资质单位

Practitioners of Surveying and

地 区	Region	测绘资质单位年末从业人员数/人 The Number of Employees in Surveying and Mapping Qualification Units at the End of the Year/ person								
		合计 Total	按资质等级分 Grouped By Grade				测绘作业证持证人数# Number of Person with Surveying and Mapping Operation Certificate	年内录用应届毕业生# Employment of Fresh Graduates During the Year	获得注册测绘师资格# Obtain the Qualification of Registered Surveyor	
			甲级 Grade A	乙级 Grade B	丙级 Grade C	丁级 Grade D				注册测绘师# Registered Surveyor
总 计	**Total**	**484614**	**158181**	**171104**	**107751**	**47578**	**202296**	**24069**	**15825**	**13852**
北 京	Beijing	32852	23873	7347	1037	595	6042	1944	857	793
天 津	Tianjin	7612	3022	3111	1344	135	3079	187	453	324
河 北	Hebei	21685	7081	6357	5635	2612	8298	803	712	622
山 西	Shanxi	13658	3512	4086	3625	2435	5854	536	321	288
内蒙古	Inner Mongolia	12849	2390	6028	3330	1101	4496	502	270	212
辽 宁	Liaoning	13802	4987	5504	2312	999	6485	439	438	392
大 连*	Dalian	2578	1203	980	357	38	1383	41	110	99
吉 林	Jilin	10505	2683	3959	1948	1915	4312	377	205	166
黑龙江	Heilongjiang	13105	4502	4770	2442	1391	5385	404	251	213
上 海	Shanghai	8079	2944	3053	1517	565	2538	341	438	399
江 苏	Jiangsu	25578	8439	7957	7378	1804	11524	1422	1077	979
浙 江	Zhejiang	21960	6256	7430	5212	3062	9633	1164	960	884
宁 波*	Ningbo	2498	507	1058	593	340	1356	82	176	156
安 徽	Anhui	13156	3369	4146	3293	2348	6477	694	561	475
福 建	Fujian	14038	4525	4449	3795	1269	5760	606	417	376
厦 门*	Xiamen	2480	1045	905	465	65	875	105	70	68
江 西	Jiangxi	11919	3317	3571	2759	2272	4745	893	380	301
山 东	Shandong	24744	7301	6961	6033	4449	10541	1156	1081	895
青 岛*	Qingdao	3083	723	1131	791	438	1781	124	235	171
河 南	Henan	25992	5106	13282	5095	2509	12275	1478	757	626
湖 北	Hubei	31455	10937	14455	5072	991	11594	1600	954	879
湖 南	Hunan	14874	4913	4664	3192	2105	6710	534	644	588
广 东	Guangdong	26696	12522	7255	4552	2367	10083	1693	1264	1166
深 圳*	Shenzhen	4613	2609	1761	239	4	1391	325	251	221
广 西	Guangxi	13654	3384	4937	4059	1274	6182	565	400	360
海 南	Hainan	4054	708	1240	1500	606	1780	220	61	54
重 庆	Chongqing	8725	1875	3222	3417	211	3669	444	374	321
四 川	Sichuan	35235	10117	11447	10917	2754	19105	1591	861	758
贵 州	Guizhou	10034	2050	3451	3093	1440	5015	551	304	260
云 南	Yunnan	19495	2861	8767	5674	2193	10734	1391	380	324
西 藏	Tibet	1017	32	689	255	41	414	85	4	3
陕 西	Shaanxi	22721	8668	9876	3224	953	9058	1321	677	561
甘 肃	Gansu	10441	3187	3250	2620	1384	4684	561	394	344
青 海	Qinghai	3826	1511	1369	843	103	1551	153	61	56
宁 夏	Ningxia	2581	238	1140	878	325	1268	109	67	63
新 疆	Xinjiang	8272	1871	3331	1700	1370	3005	305	202	170

注：*为城市数据，已包含在对应省（自治区、直辖市）中。

Note：*is the city date,which has been included in the corresponding province(autonomous region, municipality).

从业人员（2018年）
Mapping Qualification Units（2018）

测绘从业人员年平均人数/人 Annual Average Number of Surveying and Mapping Practitioners/ person	专业技术人员年末人数/人 Number of Professional and Technical Personnel at the End of the Year/person									技能人才/人 Skilled Personnel/ person
	合计 Total	测绘专业技术人员# Surveying and Mapping Professional and Technical Personnel				测绘相关专业技术人员# Surveying and Mapping Related Professional and Technical Personnel				
		小计 Subtotal	高级 Senior	中级 Intermediate	初级 Junior	小计 Subtotal	高级 Senior	中级 Intermediate	初级 Junior	
465490	**402841**	**254981**	**31471**	**82181**	**89151**	**132027**	**20092**	**37782**	**38029**	**33480**
31936	20808	11877	1618	2877	3125	7625	923	1432	1408	1437
7415	6323	4165	878	1560	1231	1431	327	470	415	1022
20808	18199	11074	1418	3681	3584	6533	999	1939	1753	1727
13272	10117	6807	564	2450	2498	2908	375	1022	756	1625
12373	11248	6953	897	2394	2308	3858	677	1118	1138	953
13581	11944	7648	1182	3116	2407	3984	797	1418	1100	408
2653	2424	1580	252	585	483	792	141	245	286	50
10139	9266	6171	1066	2181	2287	2767	624	794	945	479
12753	11690	7763	1223	2630	2693	3613	700	1111	995	650
7854	6683	3622	625	1106	1263	2703	585	756	841	750
23693	22236	14020	1674	4399	4829	7663	1132	2041	2067	1415
20951	16999	10816	1391	3593	3926	5462	630	1411	1862	980
2410	2209	1342	196	468	478	804	103	245	236	115
12785	11089	7193	810	2435	2441	3639	508	1092	1002	804
13675	12239	8097	887	2788	3219	3845	492	1114	1293	672
2437	2199	1395	152	441	524	724	97	156	232	72
11171	9820	6384	749	2029	2312	3081	456	943	1010	1045
23764	21297	13342	1511	4288	4778	7263	1001	2076	2276	1174
3001	2663	1556	286	507	474	1075	203	325	306	152
25393	21889	15479	1449	4648	6147	5669	803	1723	1516	2190
30463	27079	15714	2106	5371	5144	10249	1443	2914	3160	2261
14096	12751	7764	951	2567	2397	4320	718	1477	1057	1581
26267	20599	12302	1561	3600	3279	7727	1164	1715	1460	1234
4408	3605	1778	287	421	419	1737	211	303	336	320
13074	12039	7588	768	2749	2741	3920	530	1258	1131	674
3906	3420	2199	246	658	892	1080	160	336	360	251
8202	7484	4728	677	1509	1302	2508	411	814	722	788
33794	30328	19340	1699	5692	8334	10031	1194	2806	3763	3338
9783	8837	5650	717	1823	1876	2685	409	831	685	536
18298	16684	11072	1289	3520	3894	4625	886	1325	1143	1420
920	958	599	75	173	187	325	40	84	99	68
21168	18785	12676	1581	3593	5259	5461	855	1658	1811	2207
9789	8998	5395	707	1761	1823	3053	516	835	1176	932
3636	3408	2336	258	802	929	996	185	349	298	196
2540	2294	1325	152	426	439	773	144	187	210	261
7991	7330	4882	742	1762	1607	2230	408	733	577	402

测绘基准

Surveying and Mapping

地　区	Region	本年卫星定位连续运行基准站建设/座 Construction of Satellite Navigation and Position Continuous Operation Reference the Base Station in This Year/unit	自建/座# Self Built/unit	GNSS/点 GNSS/spot
总　计	**Total**	**210**	**160**	**1459**
北　京	Beijing	4	4	44
天　津	Tianjin	2	2	
河　北	Hebei	7	7	
山　西	Shanxi			
内蒙古	Inner Mongolia			
辽　宁	Liaoning			
吉　林	Jilin			
黑龙江	Heilongjiang			
上　海	Shanghai			
江　苏	Jiangsu	4	4	
浙　江	Zhejiang			
安　徽	Anhui			
福　建	Fujian			
江　西	Jiangxi			
山　东	Shandong			
河　南	Henan	67	41	
湖　北	Hubei			
湖　南	Hunan			
广　东	Guangdong	5	5	1038
广　西	Guangxi			
海　南	Hainan			
重　庆	Chongqing			150
四　川	Sichuan			
贵　州	Guizhou			
云　南	Yunnan			119
西　藏	Tibet	30	30	
陕　西	Shaanxi	4	4	
甘　肃	Gansu			
青　海	Qinghai	46	23	87
宁　夏	Ningxia			
新　疆	Xinjiang	41	40	
青　岛	Qingdao			21
大　连	Dalian			
宁　波	Ningbo			
深　圳	Shenzhen			
厦　门	Xiamen			

注：表中数据包括省级和计划单列市自然资源主管部门、自然资源部所属有关单位数据。其中陕西省、黑龙江省、四川省、海南省

Note: The data in the table include the data of the departments in charge of natural resources at the provincial level and cities with separate planning Bureau of Surveying and mapping geoinformation, Heilongjiang Bureau of Surveying and mapping geoinformation, Sichuan Bureau of Surveying and

建设（2018年）
Datum Construction（2018）

水准测量 Leveling		重力测量/点 Gravity Measurement/spot	似大地水准面精化/平方千米 Quasi Geoid Refinement/km^2
点数/点 Point/spot	水准观测长度/千米 Leveling Observation Length /km		
3301	**13090**	**8**	**151200**
1493		8	
			1000
137	3113		
			140000
	1287		
1208	3540		
351	275		200
	4088		
112	786		10000

数据由自然资源部派出机构陕西测绘地理信息局、黑龙江测绘地理信息局、四川测绘地理信息局和海南测绘地理信息局负责。
and the relevant units under the Ministry of natural resources. The data of Shaanxi, Heilongjiang, Sichuan and Hainan provinces are handled by Shaanxi mapping geoinformation and Hainan Bureau of Surveying and mapping geoinformation.

航空摄影

Aerial Photography

计量单位：平方千米

地区/单位	Region/Unit	合计 Total
总　计	**Total**	**1730465.7**
北　京	Beijing	
天　津	Tianjin	14661.0
河　北	Hebei	3869.3
山　西	Shanxi	153.0
内蒙古	Inner Mongolia	1477.0
辽　宁	Liaoning	
吉　林	Jilin	21000.0
黑龙江	Heilongjiang	95810.3
上　海	Shanghai	8000.0
江　苏	Jiangsu	51300.0
浙　江	Zhejiang	40758.0
安　徽	Anhui	80110.7
福　建	Fujian	23647.9
江　西	Jiangxi	166900.0
山　东	Shandong	158000.0
河　南	Henan	13199.9
湖　北	Hubei	56286.0
湖　南	Hunan	6436.4
广　东	Guangdong	170818.9
广　西	Guangxi	987.0
海　南	Hainan	707.3
重　庆	Chongqing	109.0
重庆测绘院	Chongqing Institute of Surveying and Mapping	200.0
四　川	Sichuan	3618.8
贵　州	Guizhou	47696.2
云　南	Yunnan	5768.8
西　藏	Tibet	
陕　西	Shaanxi	70700.8
甘　肃	Gansu	60081.7
青　海	Qinghai	60548.0
宁　夏	Ningxia	260.0
新　疆	Xinjiang	329.4
青　岛	Qingdao	
大　连	Dalian	
宁　波	Ningbo	2698.0
深　圳	Shenzhen	
厦　门	Xiamen	1800.0
国家基础地理信息中心	National Geomatics Center of China	562532.3

注：表中数据包括省级和计划单列市自然资源主管部门、自然资源部所属有关单位数据。其中陕西省、黑龙江省、四川省、海南省

Note: The data in the table include the data of the departments in charge of natural resources at the provincial level and cities with separate respectively by Shaanxi Bureau of Surveying and mapping geoinformation, Heilongjiang Bureau of Surveying and mapping geoinformation, Sichuan Bureau

获取情况（2018年）
Acquisition（2018）

Unit:km²

按分辨率分 By Resolution		
0.2米以内（含） Within 0.2m （Including）	0.2～0.5米（含） 0.2～0.5m （Including）	0.5米以上 Above 0.5m
577703.9	**601841.9**	**550919.9**
14661.0		
3869.3		
53.0	100.0	
1007.0	470.0	
	21000.0	
32498.3	63312.0	
8000.0		
	51300.0	
40758.0		
43159.4	3108.3	33843.0
414.5		23233.4
166900.0		
		158000.0
13199.9		
320.0	50.0	55916.0
6436.4		
80818.9		90000.0
676.9	293.6	16.5
707.3		
109.0		
140.0	60.0	
3618.8		
47696.2		
5768.8		
828.8	51866.0	18006.0
59191.7	890.0	
1048.0	59500.0	
260.0		
329.4		
	2698.0	
1800.0		
43433.3	347194.0	171905.0

数据由自然资源部派出机构陕西测绘地理信息局、黑龙江测绘地理信息局、四川测绘地理信息局和海南测绘地理信息局负责。

planning and the relevant units under the Ministry of natural resources. The data of Shaanxi, Heilongjiang, Sichuan and Hainan provinces are handled of Surveying and mapping geoinformation and Hainan Bureau of Surveying and mapping geoinformation.

卫星影像获取
Satellite Image

单位：平方千米

地区/单位	Region/Unit	合计 Total	
			0.5米以内（含） Within 0.5m（Including）
总　计	**Total**	**1179647706.6**	**615690.9**
北　京	Beijing		
天　津	Tianjin	12000.0	
河　北	Hebei	376000.0	
山　西	Shanxi	25565.0	
内蒙古	Inner Mongolia		
辽　宁	Liaoning	275354.0	
吉　林	Jilin	209000.0	18000.0
黑龙江	Heilongjiang		
上　海	Shanghai	8000.0	8000.0
江　苏	Jiangsu		
浙　江	Zhejiang	208600.0	104300.0
安　徽	Anhui	280000.0	
福　建	Fujian	496000.0	5000.0
江　西	Jiangxi	334000.0	
山　东	Shandong	178000.0	
河　南	Henan		
湖　北	Hubei		
湖　南	Hunan	1015857.0	119513.0
广　东	Guangdong	69115.6	
广　西	Guangxi	3427908.0	75699.0
海　南	Hainan	6.0	2.5
重　庆	Chongqing	5741.0	5511.0
四　川	Sichuan		
贵　州	Guizhou		
云　南	Yunnan	200.0	200.0
西　藏	Tibet		
陕　西	Shaanxi	6426.0	6426.0
甘　肃	Gansu	317700.0	46000.0
青　海	Qinghai	39.4	39.4
宁　夏	Ningxia		
新　疆	Xinjiang	226000.0	214000.0
青　岛	Qingdao		
大　连	Dalian		
宁　波	Ningbo	30000.0	10000.0
深　圳	Shenzhen		
厦　门	Xiamen	3000.0	3000.0
国家基础地理信息中心	National Geomatics Center of China	2572988.6	
自然资源部国土卫星遥感应用中心	Land Satellite Remote Sensing Application Center, MNR	1169570206.0	

注：表中数据包括省级和计划单列市自然资源主管部门、自然资源部所属有关单位数据。其中陕西省、黑龙江省、四川省、海南省

Note: The data in the table include the data of the departments in charge of natural resources at the provincial level and cities with separate planning Bureau of surveying and mapping geoinformation, Heilongjiang Bureau of surveying and mapping geoinformation, Sichuan Bureau of surveying and

情况（2018年）

Acquisition（2018）

Unit:km²

按分辨率分 By Resolution			
0.5 ~ 1米（含） 0.5 ~ 1m（Including）	1 ~ 2.5米（含） 1 ~ 2.5m（Including）	2.5 ~ 10米（含） 2.5 ~ 10m（Including）	10米以上 More Than 10m
109588156.7	**378017833.5**	**484004987.5**	**207421038.0**
12000.0			
188000.0	188000.0		
25565.0			
127427.6	147926.4		
	191000.0		
	104300.0		
	140000.0	140000.0	
122000.0	121000.0	124000.0	124000.0
167000.0	167000.0		
	158000.0	20000.0	
373890.0	343479.0	178975.0	
	17962.1	51153.5	
266477.0	677022.0	551672.0	1857038.0
3.5			
230.0			
56200.0	215500.0		
12000.0			
10000.0	10000.0		
2572988.6			
105654375.0	375536644.0	482939187.0	205440000.0

数据由自然资源部派出机构陕西测绘地理信息局、黑龙江测绘地理信息局、四川测绘地理信息局和海南测绘地理信息局负责。
and the relevant units under the Ministry of natural resources. The data of Shaanxi, Heilongjiang, Sichuan and Hainan provinces are handled by Shaanxi mapping geoinformation and Hainan Bureau of surveying and mapping geoinformation.

全国1：1万
1：10000 Base Map

年份/地区	Year/Region	地形图Topographic Map		数字线划地图（DLG） Digital Line Graphic	
		面积/平方千米 Area/km²	图幅数/幅 Sheet	面积/平方千米 Area/km²	图幅数/幅 Sheet
	2016	**5778585**		**5641028**	
	2017	**5843637**		**5776008**	
	2018	**6072027**		**5992993**	
北 京	Beijing	16410	933	16410	933
天 津	Tianjin	11900	700	11900	700
河 北	Hebei	188000	8108	188000	8108
山 西	Shanxi	156700	6319	156700	6319
内蒙古	Inner Mongolia	670075	26803	670075	26803
辽 宁	Liaoning	148000	6516	148000	6516
吉 林	Jilin	187400	8636	187400	8636
黑龙江	Heilongjiang	454000	21634	454000	21634
上 海	Shanghai	6341	390	6341	390
江 苏	Jiangsu	108600	4290	108600	4290
浙 江	Zhejiang	101800	4336	101800	4336
安 徽	Anhui	140139	5474	140139	5474
福 建	Fujian	124000	4689	124000	4689
江 西	Jiangxi	166900	6197	166900	6197
山 东	Shandong	157900	6432	157900	6432
河 南	Henan	167000	6562	167000	6562
湖 北	Hubei	145600	5600	183162	6809
湖 南	Hunan	211800	7834	211800	7834
广 东	Guangdong	179800	6599	179800	6599
广 西	Guangxi	236700	8495	236700	8495
海 南	Hainan	34000	1854	34000	1854
重 庆	Chongqing	82400	3263	82400	3263
四 川	Sichuan	324700	12188	324700	12188
贵 州	Guizhou	176167	6637	89845	3186
云 南	Yunnan	394000	13878	394000	13878
西 藏	Tibet	107126	3694	107126	3694
陕 西	Shaanxi	200125	8005	205375	8215
甘 肃	Gansu	286875	11475	286875	11475
青 海	Qinghai	72689	2832	72689	2832
宁 夏	Ningxia	65531	2669	65531	2669
新 疆	Xinjiang	749350	29974	713825	28553

地图覆盖情况

Coverage in China

数字高程模型（DEM） Digital Elevation Model		数字正射影像（DOM） Digital Orthophoto Map	
面积/平方千米 Area/km²	图幅数/幅 Sheet	面积/平方千米 Area/km²	图幅数/幅 Sheet
5292533		**5477310**	
5410046		**5654921**	
5643122		**6060632**	
16410	933	16410	933
11900	700	11900	700
138100	5524	188000	8108
156700	6319	156700	6319
575600	23024	575600	23024
148000	6516	148000	6516
130000	6974	187400	8695
269763	12852	454000	21634
107736	4258	107736	4258
101800	4336	101800	4336
140139	5474	140139	5474
124000	4689	124000	4689
166900	6197	166900	6197
157900	6432	157900	6432
167000	6562	167000	6562
185900	7174	185900	7174
211800	7834	211800	7834
179800	6599	179800	6599
236700	8495	236700	8495
34000	1854	34000	1854
82400	3263	82400	3263
324700	12188	386000	13700
176167	8397	99405	3525
394000	13878	394000	13878
131109	4521	130413	4497
205100	8206	187700	7508
311050	12442	425800	17032
97833	3730	97833	3730
58190	2270	112521	4619
602425	24097	592875	23715

地形图和专题

Availability of Topographic

单位：张

年份/地区	Year/Region	
	2016	**247700**
	2017	**252033**
	2018	**264558**
北　京	Beijing	2546
天　津	Tianjin	
河　北	Hebei	3250
山　西	Shanxi	1063
内蒙古	Inner Mongolia	6186
辽　宁	Liaoning	2051
吉　林	Jilin	1583
黑龙江	Heilongjiang	4825
上　海	Shanghai	183525
江　苏	Jiangsu	1483
浙　江	Zhejiang	367
安　徽	Anhui	1330
福　建	Fujian	
江　西	Jiangxi	2372
山　东	Shandong	644
河　南	Henan	752
湖　北	Hubei	120
湖　南	Hunan	1101
广　东	Guangdong	3502
广　西	Guangxi	644
海　南	Hainan	13
重　庆	Chongqing	6137
四　川	Sichuan	988
贵　州	Guizhou	11
云　南	Yunnan	2783
西　藏	Tibet	4497
陕　西	Shaanxi	1167
甘　肃	Gansu	10662
青　海	Qinghai	1094
宁　夏	Ningxia	1190
新　疆	Xinjiang	2455
青　岛	Qingdao	
大　连	Dalian	41
宁　波	Ningbo	2029
深　圳	Shenzhen	3117
厦　门	Xiamen	5928
国家基础地理信息中心	National Geomatics Center of China	5102

地图提供情况
and Thematic Maps

Unit: sheet

地形图 Topographic Map 1 : 10000	1 : 50000	专题地图 Thematic Map
59849	**35184**	**25841**
41369	**29728**	**646724**
38246	**22039**	**5006048**
62		11080
2644	606	
973	90	1206
2203	2873	
1715	313	293
975	608	7044
4505	304	
211		4895783
1357	114	
82	281	
891	264	
2029	343	
474	170	
505	233	4450
	120	11
996	105	
3189	307	10308
346	298	30
2	11	2617
573	273	50792
338	600	11
	11	
2625	142	
225	4135	19225
143	1021	
9518	1131	490
32	992	1924
887	303	285
746	1682	493
		3
		3
	4709	

数字测绘成果

Provision of Digital Surveying and

地区/单位	Region/Unit	数字线划地图（DLG） Digital Line Graphic						数字高程模型（DEM） Digital Elevation Model					
		合计 Total		1：1万#		1：5万#		合计Total		1：1万#		1：5万#	
		图幅数/幅 Number of Sheets/sheet	数据量/GB Data Volume/GB	图幅数/幅 Number of Sheets/sheet	数据量/GB Data Volume/GB	图幅数/幅 Number of Sheets/sheet	数据量/GB Data Volume/GB	图幅数/幅 Number of Sheets/sheet	数据量/GB Data Volume/GB	图幅数/幅 Number of Sheets/sheet	数据量/GB Data Volume/GB	图幅数/幅 Number of Sheets/sheet	数据量/GB Data Volume/GB
总计		**1553136**	**12164.6**	**348800**	**7921.4**	**61497**	**1565.8**	**556652**	**5962.4**	**256992**	**4669.6**	**61896**	**935.0**
北京	Beijing	6141	5.4	560	1.1								
天津	Tianjin	5770	9.3	714	1.9								
河北	Hebei	11674	415.6	9718	413.3	120	1.1	20566	981.3	20392	977.7	174	3.6
山西	Shanxi	9330	312.6	9262	309.6	68	3.1						
内蒙古	Inner Mongolia	26812	202.4	25536	198.3	1238	3.8	20604	52.8	20502	52.5	102	0.3
辽宁	Liaoning	33363	489.9	31892	484.0	1442	5.6	8783	45.4	8741	45.3	42	0.1
吉林	Jilin	9248	172.8	8636	161.1	612	11.7	2262	104.8	1650	63.5	612	41.3
黑龙江	Heilongjiang	19946	214.3	10517	113.0	8983	96.5	4304	12.6	3280	9.6	1024	3.0
上海	Shanghai	13022	25.2	63	0.3								
江苏	Jiangsu	4688	163.3	4149	160.3	34	0.4	4476	174.0	4140	168.6	336	5.4
浙江	Zhejiang	6865	884.8	4320	881.8	353	1.3	3259	199.2	2599	198.6		
安徽	Anhui	6697	60.3	6465	59.7	53	0.4	8084	308.8	7521	274.3	563	34.5
福建	Fujian	7858	689.2	4644	656.8	217	6.5	226220	542.2	4660	219.9	67	4.5
江西	Jiangxi	2043	70.3	1111	24.1	884	20.6	9152	298.3	9152	298.3		
山东	Shandong	41811	675.8	40708	669.6	966	5.0	36016	329.2	35921	328.5	95	0.7
河南	Henan	18179	75.6	17298	61.6	833	12.3	11341	462.0	10382	440.7	959	21.3
湖北	Hubei	2671	13.3	2642	12.9	29	0.4	2800	24.5	2209	21.6	591	2.9
湖南	Hunan	1048210	2715.9	44433	422.6	1771	33.0	20587	192.9	19544	172.5	1043	20.4
广东	Guangdong	6839	149.9	6530	143.2	309	6.7	6657	323.5	6583	319.0	29	0.6
广西	Guangxi	27516	550.8	25644	502.3	1818	48.0	3064	156.4	2619	61.9	416	93.7
海南	Hainan	1331	55.8	1247	53.1	17	1.7	1270	109.9	1240	109.3	30	0.7
重庆	Chongqing	5321	6.6	641	1.6			13008	6.1				
四川	Sichuan	17053	580.3	14946	495.6	1741	29.8	17861	343.2	13487	91.2	4374	252.0
贵州	Guizhou	5056	142.0	4570	131.6	476	10.2	6509	53.7	6494	53.6	15	0.1
云南	Yunnan	20243	396.8	15012	332.6	634	22.0	19291	276.0	16486	218.8	1118	32.6
西藏	Tibet	21628	796.8	13715	682.6	7708	107.4	35276	224.3	15738	140.7	19360	83.1
陕西	Shaanxi	9508	472.0	8866	455.2	633	16.6	9644	155.6	9375	154.9	269	0.7
甘肃	Gansu	3584	105.0	2504	73.4	881	25.8	3976	38.8	3305	32.3	614	6.0
青海	Qinghai	7316	130.5	5172	98.7	2144	31.9	14280	260.4	9622	27.0	4658	233.5
宁夏	Ningxia	5761	55.0	5381	53.5	380	1.6	5478	56.7	4786	33.8	692	23.0
新疆	Xinjiang	24683	295.5	21563	265.6	2968	28.2	17553	158.0	16563	155.0	990	3.0
青岛	Qingdao	3378	6.6	68	0.2								
大连	Dalian	41	0.02										
宁波	Ningbo	45168	24.5	268	0.2			1	0.7	1	0.7		
深圳	Shenzhen	16173	19.3	0.02									
厦门	Xiamen	33131	64.7	5	0.01			426	1.3				
国家基础地理信息中心	National Geomatics Center of China	25078	1116.5			24185	1034.4	23904	69.9			23723	68.3

提供情况（2018年）
Mapping Results（2018）

数字栅格地图（DRG）Digital Raster Graph						数字正射影像（DOM） Digital Orthophoto Map					
合计Total		1：1万#		1：5万#		合计		1：1万#		1：5万#	
图幅数/幅 Number of Sheets/ sheet	数据量/GB Data Volume/GB	图幅数/幅 Number of Sheets/ sheet	数据量/GB Data Volume/GB	图幅数/幅 Number of Sheets/ sheet	数据量/GB Data Volume/GB	图幅数/幅 Number of Sheets/ sheet	数据量/GB Data Volume/GB	图幅数/幅 Number of Sheets/ sheet	数据量/GB Data Volume/GB	图幅数/幅 Number of Sheets/ sheet	数据量/GB Data Volume/GB
63301	**3328.5**	**56446**	**3211.6**	**1929**	**93.9**	**1652552**	**311446.0**	**259913**	**123000.4**	**17310**	**48064.5**
						918	51.4				
						15214	6204.4	10903	3913.0	406	2057.0
60	0.5	60	0.5								
2	0.01			2		20604	630.1	20502	607.4	102	22.7
						8650	845.3	8616	835.6	34	9.7
						9281	20732.4	8669	15918.0	612	4814.5
4	0.02					16846	6580.5	7831	3059.0	1062	414.8
						48735	11136.7				
1041	520.8	1010	520.5	31	0.3	4163	16650.5	4163	16650.5		
18	1.8	18	1.8			9804	7271.2	4125	6655.9	101	185.0
161	38.7			106	29.3	20353	7766.6	11786	7331.6		
12	0.7	12	0.7			282278	21884.8	2957	1388.3	49	318.7
56	0.3	56	0.3			8557	5844.0	8557	5844.0		
782	1.9	740	1.8	42	0.1	47398	17459.2	46066	15111.4	419	2269.9
						3415	2309.0	3039	915.3	180	1133.7
787	15.0	716	14.0	71	1.0	2938	86.9	2935	86.0	3	0.9
18217	1776.5	18154	1772.9	63	3.7	915348	104650.2	41021	32734.7		
394	3.9	383	3.8	11	0.1	66110	13052.6	507	18.3	11	0.7
1898	18.0	1762	17.2	123	0.7	23439	1558.7	1121	120.0		
171	11.2	171	11.2			34686	10831.0	1587	69.0	71	20.3
15973	225.8	14982	202.9	986	22.7	15289	6889.7	13644	4005.7	656	373.7
3760	175.2	3734	173.2	26	2.0	2227	1483.7	1760	48.8	467	1434.9
17085	48.9	12530	40.5			23077	4459.8	13548	785.5	24	10.0
712	358.6	712	358.6			19119	5980.6	15404	4092.8	3715	1887.9
						1632	302.9	1534	263.0	98	39.9
253	6.2	11	0.3	242	5.9	3532	103.5	2972	87.1	9	0.3
548	17.0	212	9.8	50	2.3	20988	33146.1	10208	682.0	9110	32337.4
1356	107.4	1183	81.7	173	25.6	3659	2829.8	1373	1097.9	172	729.0
8	0.1					15084	679.9	15084	679.9		
						1		1			
						9198	21.1				
3				3		9	3.6			9	3.6

测绘基准成果、航摄成果

Surveying and Mapping Benchmark Results, Aerial

地区/单位	Region/Unit	测绘基准成果/点 Measuring Basis/point
总 计	**Total**	**391894**
北 京	Beijing	5128
天 津	Tianjin	57
河 北	Hebei	2060
山 西	Shanxi	1131
内蒙古	Inner Mongolia	126239
辽 宁	Liaoning	5267
吉 林	Jilin	3966
黑龙江	Heilongjiang	18033
上 海	Shanghai	13996
江 苏	Jiangsu	6270
浙 江	Zhejiang	909
安 徽	Anhui	2274
福 建	Fujian	907
江 西	Jiangxi	3083
山 东	Shandong	12498
河 南	Henan	1789
湖 北	Hubei	2764
湖 南	Hunan	6511
广 东	Guangdong	5817
广 西	Guangxi	9835
海 南	Hainan	49831
重 庆	Chongqing	293
四 川	Sichuan	1656
贵 州	Guizhou	11059
云 南	Yunnan	19327
西 藏	Tibet	25744
陕 西	Shaanxi	14867
甘 肃	Gansu	11929
青 海	Qinghai	2682
宁 夏	Ningxia	714
新 疆	Xinjiang	12384
青 岛	Qingdao	
大 连	Dalian	
宁 波	Ningbo	505
深 圳	Shenzhen	283
厦 门	Xiamen	46
国家基础地理信息中心	National Geomatics Center of China	12040
自然资源部国土卫星遥感应用中心	Land Satellite Remote Sensing Application Center, MNR	

和卫星影像提供情况（2018年）

Photography Results and Satellite Image Availability（2018）

航摄成果 Aerophotogrammetry		卫星影像 Satellite Image	
面积/平方千米 Area/km²	数据量/GB Data Volume/GB	面积/平方千米 Area/km²	数据量/GB Data Volume/GB
2283297	**238356.0**	**474371127**	**499535.5**
		11900	7.7
277346	10197.5	188800	3208.8
53573	4537.0	2425806	6708.8
		3870858	3367.5
998000	18457.0	3600000	8076.2
		670160	3735.4
25800	9132.2		
7258	34481.2	274583	26818.6
13910	824.7	1049175	7103.7
245	2509.0	5396183	22468.0
141379	50042.9	424067	1418.0
122	20992.0	2827755	32220.4
5465	682.2	712975	5106.7
1193	2790.6		
12597	105.2	2764477	22409.5
		1458945	16728.4
		10232	962.0
		4290	225.4
193638	3951.5	237693	1984.6
		433407	1.8
		3229010	4880.9
136795	37888.6	1889556	592.6
		1756855	9392.7
334930	2783.9	3054446	7042.6
16212	8693.8	3981550	2530.0
49697	23352.0	533381	25167.0
9880	16.9	61123	111.7
		10880	583.9
5258	6917.8	930307	45269.4
		432562712	241413.1

地理国情

Geographic Situation

单位：GB

地区/单位	Region/Unit	合计 Total	地形地貌数据 Topographic Data	遥感影像数据 Remote Sensing Image Data	遥感影像解译样本数据 Remote Sensing Image Interpretation Sample Data
总　计	**Total**	**566039.8**	**1548.9**	**551391.1**	**1556.0**
北　京	Beijing				
天　津	Tianjin	1.1			
河　北	Hebei	6937.6			
山　西	Shanxi				
内蒙古	Inner Mongolia	141859.3	316.5	141411.8	28.8
辽　宁	Liaoning	62301.2	177.8	61162.2	873.2
吉　林	Jilin				
黑龙江	Heilongjiang	7.4			
上　海	Shanghai				
江　苏	Jiangsu	5.4	5.4		
浙　江	Zhejiang	6849.6		6379.0	
安　徽	Anhui	20.4	0.2		
福　建	Fujian	7373.6		7360.0	
江　西	Jiangxi				
山　东	Shandong	81.7			
河　南	Henan	20165.5		20127.1	
湖　北	Hubei	399.8	39.4		
湖　南	Hunan				
广　东	Guangdong	3800.9		824.0	617.0
广　西	Guangxi	19.3			
海　南	Hainan	23171.5		23150.8	
重　庆	Chongqing	12.0			
四　川	Sichuan	50012.5		49649.1	2.1
贵　州	Guizhou	8090.5	538.9	7458.6	
云　南	Yunnan	3826.7	0.1	3614.1	0.4
西　藏	Tibet	17169.3		17146.9	
陕　西	Shaanxi	16490.9	35.5	16356.6	
甘　肃	Gansu	5730.1		5730.1	
青　海	Qinghai	39479.0	230.0	39172.7	20.4
宁　夏	Ningxia	1821.0		1729.8	14.1
新　疆	Xinjiang	21062.2	72.2	20971.5	
青　岛	Qingdao				
大　连	Dalian				
宁　波	Ningbo	1.0	1.0		
深　圳	Shenzhen	1.0			
厦　门	Xiamen				
国家基础地理信息中心	National Geomatics Center of China	129349.5	132.0	129146.9	

数据提供（2018年）

Data Provision（2018）

Unit:GB

地表覆盖数据 Land Cover Data	地理国情要素数据 Geographical Conditions Element Data	专题数据 Thematic Data	地理国情统计分析数据 Statistical Analysis Data of Geographical Conditions
1219.2	**7547.9**	**2538.4**	**238.2**
0.5	0.5		
372.7	6564.9		
59.9	42.4		
43.7	43.7		0.6
6.2	1.2		
191.6		279.0	
1.0	13.0	6.2	
5.4	6.4	1.9	
81.7			
	38.4		
	121.9	16.6	222.0
39.2	78.4	2231.7	10.6
12.9	6.4		
13.7	7.0		
3.7	5.6	2.7	
181.3	180.0		
74.2	18.6	0.3	
2.8	209.3		
	22.4		
36.8	62.0		
24.9	31.0		
	72.2		5.0
0.6	17.9		
0.5	0.4		0.1
66.0	4.6		

地图审核情况（2018年）

Map Review（2018）

地 区	Region	地图审核/件 Map Review/number			地图内容审查 Map Content Review							
		收到送审数 Number Received for Approval	受理审核数 Number of Accepted Audits	批准通过数 Number of Approvals	地图（集/册/幅）/幅 Map (set/book/sheet)	教学教辅地图/幅 Teaching Assistant Map/sheet	图书报纸期刊插附地图/幅 Maps of books, Newspapers and Periodicals/Sheet	进口地图/幅 Import Map/sheet	地球仪/种 Globe/kind	导航电子地图/件 Navigation Electronic Map/number	互联网地图/件 Internet Map/number	其他地图/幅 Other Maps/sheet
总 计	**Total**	**11142**	**11087**	**9598**	**43474**	**3540**	**378509**	**30566**	**216**	**181**	**237**	**3442**
北 京	Beijing	42	42	39	160	24	117				2	6
天 津	Tianjin	14	14	14	332		528					
河 北	Hebei	72	72	72	45						27	
山 西	Shanxi	62	62	62	57		12				2	
内蒙古	Inner Mongolia	58	58	58	3		3					
辽 宁	Liaoning	98	98	91	515							
吉 林	Jilin	81	80	80	2198		467					
黑龙江	Heilongjiang	138	138	135	130	5						
上 海	Shanghai	123	123	123	887		91				3	
江 苏	Jiangsu	42	41	38	228		8				1	4
浙 江	Zhejiang	166	166	166	712	82	322				16	31
安 徽	Anhui	43	43	43	29	1	7				6	
福 建	Fujian	188	188	185	92		78				15	
江 西	Jiangxi	106	106	106	100						6	
山 东	Shandong	168	168	168	162						6	
河 南	Henan	40	40	39	349		110				2	
湖 北	Hubei	14	14	14	15							
湖 南	Hunan	262	257	257	8604		32				5	27
广 东	Guangdong	22	22	17	251		1062	2			3	
广 西	Guangxi	169	169	169	553		143				12	456
海 南	Hainan	80	80	80	33	2560	540				2	
重 庆	Chongqing	73	61	61	522		127				2	
四 川	Sichuan	127	127	127	698	26	670				6	77
贵 州	Guizhou	17	17	12	12							
云 南	Yunnan	73	73	73	50		61					12
西 藏	Tibet	25	25	24	10		15					
陕 西	Shaanxi	33	33	32	90		457				1	
甘 肃	Gansu	52	51	28	1393	60	354					
青 海	Qinghai	92	92	92	348		733					1
宁 夏	Ningxia	12	12	12	191		105				1	1
新 疆	Xinjiang	84	69	66	383		487			1	1	112
自然资源部	NMR	8566	8546	7115	24322	782	371980	30564	216	180	118	2715

注：表中数据包括国家、省级和新疆生产建设兵团自然资源主管部门数据。其中陕西省、黑龙江省、四川省、海南省数据由自然资源部派出机构陕西测绘地理信息局、黑龙江测绘地理信息局、四川测绘地理信息局和海南测绘地理信息局负责，自然资源部地图内容审查数据来源于自然资源部地图技术审查中心。

Note: the data in the table include the data of national, provincial and Xinjiang production and Construction Corps natural resources authorities. Among them, the data of Shaanxi Province, Heilongjiang Province, Sichuan Province and Hainan Province are in the charge of Shaanxi surveying and mapping Geographic Information Bureau, Heilongjiang surveying and mapping Geographic Information Bureau, Sichuan surveying and mapping Geographic Information Bureau and Hainan surveying and mapping Geographic Information Bureau, which are dispatched by the Ministry of natural resources. The map content review data of the Ministry of natural resources comes from the map technology review center of the Ministry of natural resources.

主要统计指标解释

测绘资质单位数量 指报告期末持有经自然资源部或者省级自然资源主管部门颁发《测绘资质证书》的单位总数。

测绘服务总值 指从事测绘及相关活动的单位报告期内完成各种测绘项目或提供各种测绘服务实现的总值（总产出），根据单位财务统计数据计算得出。

测绘资质单位年末从业人员数 指年末测绘资质单位实有的测绘从业人员数。从业人员指在本单位工作，并取得工资或其他形式的劳动报酬的全部人员。对于专门从事测绘活动的单位，填报整个单位年末从业人员总数；对于除从事测绘活动外还从事其他活动（如规划、勘察、设计、施工等）的单位，填报具有相对独立建制的测绘生产机构的年末从业人员总数。

获得注册测绘师资格 指经过考核认定和注册测绘师资格考试取得《中华人民共和国注册测绘师资格证书》的人员。

注册测绘师 指经过考核认定和注册测绘师资格考试取得《中华人民共和国注册测绘师资格证书》，并依法进行注册的人员。

GNSS GNSS（Global Navigation Satellite System）即全球导航卫星系统，包括GPS、GLONASS、GALILEO、北斗等。统计报告期内完成观测成果的各等级网点数。

水准测量 指观测的各等级网点数与观测长度。

重力测量 指观测的重力基准点和基本点数。

似大地水准面精化 指由GNSS、水准、重力等综合技术精化的本地高精度、高分辨率似大地水准面。

数字线划图（DLG） 指以点、线、面形式或地图特定图形符号形式，表达地形要素的地理信息矢量数据集。点要素在矢量数据中表示为一组坐标及相应的属性值；线要素表示为一串坐标组及相应的属性值；面要素表示为首尾点重合的一串坐标组及相应的属性值。数字线划图是国家基础地理信息数字成果的主要组成部分。

数字高程模型（DEM） 指在一定范围内通过规则格网点描述地面高程信息的数据集。用于反映区域地貌形态的空间分布，数字高程模型是国家基础地理信息数字成果的主要组成部分。

数字正射影像（DOM） 指将地表航空航天影像经垂直投影而生成的影像数据集。参照地形图要求对正射影像数据按图幅范围进行裁剪，配以图廓整饰，即成为数字正射影像图，它具有相片的影像特征和地图的几何精度，是国家基础地理信息数字成果的主要组成部分。

地形图 指地表起伏形态和地物位置、形状在水平面上的投影图。该指标统计纸质形式的地形图，包括模拟地形图和用地形图制图数据喷绘的纸图，按1∶500、1∶1000、1∶2000、1∶5000、1∶1万、1∶2.5万、1∶5万、1∶10万、1∶25万、1∶50万、1∶100万和其他比例尺分别进行统计。

数字测绘成果 包括数字线划地图（DLG）、数字高程模型（DEM）、数字栅格地图（DRG）、数字正射影像（DOM）和其他地理信息数据。

Explanatory Notes on Main Statistical Indicators

The Number of Units With Surveying and Mapping Qualification—refers to the total number of units holding the Surveying and mapping qualification issued by the Ministry of Natural Resources or the provincial natural resources departments at the end of the reporting period.

Total Value of Surveying and Mapping Services—refers to the total value （total output） of various mapping projects or various mapping services provided by units engaged in mapping and related activities during the reporting period， which is calculated based on their financial statistics.

The Number of Employees in Surveying and Mapping Units at the End of the Year—refers to the actual number of employees working in qualified mapping units at the end of the year. Employees refer to all personnel who work in their own units and receive wages or other forms of labor remuneration. Units specialized in mapping should fill in the total number of employees at the end of the year; Units engaged in other activities （such as planning， survey， design， construction， etc.） besides mapping should fill in the total number of employees working in mapping institutions with relatively independent system at the end of the year.

Obtaining the Qualification of Registered Surveyor—refers to those who have obtained the qualification certificate of certified surveyors of the people's Republic of China through examination and certification and the qualification examination of certified surveyors.

Registered Surveyor—refer to those who have obtained the certificate of qualification for certified surveyors of the people's Republic of China through assessment and qualification examination for certified surveyors and are registered according to law.

GNSS （Global Navigation Satellite System）—is a global navigation satellite system， including GPS， GLONASS， GALILEO， Beidou， etc. All levels of networks that completed observations in the reporting period should be counted.

Leveling—refers to the number of observation points and observation length.

Gravity Measurement—refers to the observed gravity datum and basic points.

Quasi Geoid Refinement—refers to the local high-precision and high-resolution quasi geoid refined by GNSS， leveling， gravity and other comprehensive technologies.

Digital Line Graphic （DLG）—refers to the geographic information vector data set that expresses terrain features in the form of point， line， surface or specific graphic symbols of map. In vector data points are represented as a set of coordinates and corresponding attribute values; lines are represented as a set of coordinate groups and corresponding attribute values; surfaces are represented as a series of coordinate groups with coincident heads and tails and corresponding attribute values. DLG is the main component of digital achievements of national basic geographic information.

Digital Elevation Model （DEM）—refers to the data set that describes the ground elevation information through regular grid points in a certain range. It is used to reflect the spatial distribution of regional geomorphology. DEM is the main component of digital achievements of national basic geographic information.

Digital Orthophoto Map （DOM）—refers to the image data set generated by vertical projection of surface aerospace images. According to the requirements of topographic map, the orthophoto data is cropped according to the scope of map and decorated with the map outline, and that is a digital orthophoto map. It has the image feature of the photo and the geometric accuracy of the map, and is the main component of digital achievements of national basic geographic information.

Topographic Map—refers to the projection map with surface relief, location and shape on the horizontal plane. This index is used to count paper-based topographic maps, including simulated topographic maps and paper maps painted with topographic mapping data. The statistics are carried out at 1 : 500, 1 : 1000, 1 : 2000, 1 : 5000, 1 : 10000, 1 : 25000, 1 : 50000, 1 : 100000, 1 : 250000, 1 : 500000, 1 : 1000000 and other scales.

Digital Surverying and Mapping Results—Include digital line graph （DLG）, digital elevation model （DEM）, digital raster Graph （DRG）, digital orthophoto map （DOM） and other geographic data.

三、国土空间规划和用途管制情况

Chapter 3　Planning and Use Control of Land Space

农用地转用

Approval of Agricultural

单位：公顷

年份/地区	Year/Region	批准建设用地面积合计 Total Area of Construction-Used Land Approved	农用地转用 Conversion of Agricultural Land	耕地 Cultivated Land
	2016	**452750.35**	**303516.70**	**174200.53**
	2017	**318381.70**	**230060.99**	**135617.56**
	2018	**379217.09**	**265097.76**	**156975.18**
北 京	Beijing	1588.49	671.45	111.19
天 津	Tianjin	3363.91	2460.18	1407.77
河 北	Hebei	20344.79	15255.38	11852.11
山 西	Shanxi	6594.83	4541.73	3364.65
内蒙古	Inner Mongolia	11751.47	7412.71	2416.27
辽 宁	Liaoning	6855.24	5202.21	3557.06
吉 林	Jilin	6264.05	4803.16	4001.03
黑龙江	Heilongjiang	5883.10	5068.03	3368.39
上 海	Shanghai	3008.86	1636.61	1336.68
江 苏	Jiangsu	26465.19	17082.17	12146.40
浙 江	Zhejiang	22937.74	15914.52	10208.34
安 徽	Anhui	11791.62	7975.48	5854.88
福 建	Fujian	8239.28	6691.98	2746.70
江 西	Jiangxi	17065.15	12985.25	5930.75
山 东	Shandong	35965.10	23478.74	17466.57
河 南	Henan	17224.39	12642.50	10390.14
湖 北	Hubei	14529.41	11966.21	7143.95
湖 南	Hunan	14450.06	12203.71	5974.64
广 东	Guangdong	17188.85	13688.73	3052.74
广 西	Guangxi	13283.71	11115.61	5276.31
海 南	Hainan	1927.11	1581.61	510.92
重 庆	Chongqing	8020.83	7313.54	4510.04
四 川	Sichuan	12226.94	8064.34	5164.43
贵 州	Guizhou	19817.06	14560.40	8418.22
云 南	Yunnan	30778.74	19226.61	9137.38
西 藏	Tibet	1044.56	746.82	275.94
陕 西	Shaanxi	10596.09	7072.74	5043.88
甘 肃	Gansu	2993.00	1710.71	1454.94
青 海	Qinghai	3333.20	1641.95	489.24
宁 夏	Ningxia	4734.60	3261.52	1382.82
新 疆	Xinjiang	18949.73	7121.15	2980.79

批准情况

Land Conversion

Unit: hm^2

国务院批准建设用地 Land for Construction Approved by the State Council			省级政府批准建设用地 Land for Construction Approved by Provincial Governments		
	农用地转用 Conversion of Agricultural Land			农用地转用 Conversion of Agricultural Land	
		耕地 Cultivated Land			耕地 Cultivated Land
236781.22	**149839.93**	**85532.55**	**215969.10**	**153676.74**	**88667.99**
108345.73	**82445.90**	**51473.14**	**210035.97**	**147615.09**	**84144.42**
105682.32	**77494.13**	**45999.03**	**273534.77**	**187603.63**	**110976.16**
375.00	110.00	20.00	1213.49	561.45	91.19
526.94	457.18	270.31	2836.96	2003.00	1137.46
3013.44	2853.17	2562.41	17331.36	12402.20	9289.70
819.60	586.40	452.23	5775.23	3955.33	2912.42
2338.97	1652.15	300.74	9412.50	5760.56	2115.53
3288.24	2480.61	1798.46	3567.01	2721.59	1758.59
1509.35	1149.59	1018.62	4754.69	3653.57	2982.41
1663.71	1512.71	919.05	4219.39	3555.33	2449.34
198.70	80.75	68.49	2810.16	1555.86	1268.19
10868.11	7348.64	5180.99	15597.08	9733.53	6965.42
7923.69	6034.22	3846.24	15014.05	9880.30	6362.10
4423.39	3524.87	2850.79	7368.24	4450.60	3004.10
1276.47	938.42	488.82	6962.81	5753.56	2257.88
753.45	231.47	164.14	16311.70	12753.78	5766.61
8558.40	7738.67	5935.06	27406.70	15740.07	11531.51
4235.77	3574.51	2980.81	12988.62	9067.98	7409.34
2465.63	1928.54	1334.28	12063.77	10037.68	5809.67
3132.29	2537.83	1301.31	11317.78	9665.88	4673.34
5303.29	4783.35	1333.53	11885.56	8905.39	1719.21
3530.03	2917.62	1219.21	9753.68	8197.99	4057.09
977.12	894.95	301.41	949.98	686.65	209.51
2113.93	1897.22	1075.91	5906.90	5416.32	3434.13
4572.01	2929.66	1736.27	7654.93	5134.68	3428.16
1605.28	1174.58	668.77	18211.79	13385.81	7749.44
22494.24	12594.28	5399.55	8284.50	6632.33	3737.83
1044.56	746.82	275.94			
1928.66	1467.36	804.64	8667.43	5605.38	4239.24
96.74	72.36	36.72	2896.26	1638.35	1418.22
408.11	257.89	202.97	2925.09	1384.06	286.26
1686.27	1441.35	519.92	3048.32	1820.17	862.90
2550.93	1576.94	931.43	16398.80	5544.21	2049.36

农用地转用

Approval of Agricultural

单位：公顷

年份/地区	Year/Region	城镇村建设用地 Land for Construction in City, Town and Village				
			商服用地 Land for Commercial and Service Uses	工矿仓储用地 Land for Industry, Mining and Warehousing	住宅用地 Land for Residential Uses	公共管理与公共服务用地 Land for Public Management and Public Services
	2016	**211375.08**	**29865.55**	**77495.04**	**42425.81**	**34150.21**
	2017	**203719.76**	**27485.66**	**71364.31**	**38461.85**	**36794.78**
	2018	**264442.43**	**87271.56**	**87009.00**	**57139.06**	**45904.54**
北 京	Beijing	1584.12	48.09	66.19	443.16	636.59
天 津	Tianjin	2443.27	150.73	997.98	940.47	193.91
河 北	Hebei	19325.84	1947.37	8758.35	5201.39	2316.13
山 西	Shanxi	5641.31	462.68	2160.30	1389.61	990.44
内蒙古	Inner Mongolia	6895.75	744.44	2967.54	766.24	1897.21
辽 宁	Liaoning	5398.01	475.10	2790.94	1001.82	524.00
吉 林	Jilin	5592.76	629.36	1658.68	1425.20	908.55
黑龙江	Heilongjiang	3814.17	373.49	2212.48	421.45	445.79
上 海	Shanghai	2450.29	40.71	1.65	369.66	500.05
江 苏	Jiangsu	14794.47	2328.95	6009.91	3218.44	1835.26
浙 江	Zhejiang	16545.89	1555.92	4259.16	4485.39	3235.11
安 徽	Anhui	6955.20	788.84	2149.92	1805.69	1133.00
福 建	Fujian	6193.24	377.64	2079.21	1382.84	1379.98
江 西	Jiangxi	14634.79	1474.95	4895.27	2680.98	3530.34
山 东	Shandong	28651.43	3347.63	9789.52	8891.00	4722.74
河 南	Henan	15008.43	2392.17	4327.80	5136.70	1709.64
湖 北	Hubei	12437.58	666.39	2083.41	1521.70	735.34
湖 南	Hunan	12007.03	1670.82	3289.88	2140.51	2365.30
广 东	Guangdong	10836.61	1566.34	4580.25	1407.47	1835.09
广 西	Guangxi	9318.02	1269.00	3797.94	1671.11	1705.77
海 南	Hainan	1111.36	149.50	244.26	149.84	379.61
重 庆	Chongqing	5917.30	274.17	2373.27	720.94	1207.08
四 川	Sichuan	7441.31	790.90	2483.14	1914.06	1439.17
贵 州	Guizhou	18772.09	4850.25	3984.92	3566.43	4299.72
云 南	Yunnan	8169.45	1693.31	2407.00	1148.50	2301.95
西 藏	Tibet	767.28	161.00	130.57	109.23	206.24
陕 西	Shaanxi	9161.41	2439.76	2534.68	1174.83	1796.41
甘 肃	Gansu	2563.45	595.21	560.98	721.26	437.24
青 海	Qinghai	770.45	128.61	144.58	131.58	188.18
宁 夏	Ningxia	2649.06	42.68	803.68	56.90	71.13
新 疆	Xinjiang	6591.06	956.50	2728.09	1144.66	977.56

批准情况 续表

Land Conversion Continued

Unit: hm^2

	单独选址建设用地 Land for Construction at Separated Selected Sites			
交通运输用地 Land for Transport		交通运输用地 Land for Transport	水利设施用地 Land for Water Conservancy Facilities	能源用地 Land for Energy Projects
21881.80	**241375.25**	**109244.03**	**104488.12**	**18277.95**
22527.55	**114661.94**	**69849.70**	**17896.86**	**20132.98**
27187.18	**114774.65**	**67968.35**	**9203.82**	**27991.56**
355.10	4.36		4.36	
149.81	920.64	809.10	2.96	4.31
937.56	1018.95	595.07	8.77	211.54
591.77	953.52	361.44		281.57
445.50	4855.73	3409.33	52.33	708.52
577.89	1457.23	773.99	22.56	490.66
926.20	671.29	416.29	168.24	4.72
318.65	2068.93	1357.16	479.43	133.29
571.52	558.57	471.92		
1175.83	11670.72	9723.63	1467.03	145.48
2608.87	6391.85	5153.21	1093.25	33.98
1013.69	4836.42	2235.16	2449.85	13.66
849.36	2046.04	1645.60		317.56
1879.39	2430.36	2149.29	83.65	42.69
1695.80	7313.67	6477.11	347.29	297.86
1317.21	2215.96	1515.51	459.82	133.85
823.20	2091.83	1879.57		28.34
2505.86	2443.03	1786.46	485.90	33.02
811.10	6352.24	6312.27		39.96
798.12	3965.69	3261.49	50.88	43.70
155.40	815.75	815.75		
1274.83	2103.53	1508.28	61.68	59.49
744.71	4785.64	3251.43	301.29	1231.68
1903.64	1044.97	817.71	124.64	102.62
505.82	22609.29	2639.78	1279.00	18076.74
160.24	277.28			277.28
1072.87	1434.68	842.69		565.28
198.56	429.54	151.51		35.76
127.51	2562.75	506.48		1934.02
68.28	2085.53	714.77	92.37	1236.65
622.88	12358.67	6386.33	168.53	1507.34

土地
Land

单位：公顷

年份/地区	Year/Region	土地征收面积合计 The Total of Requisitioned Land Area	农用地 Agricultural Land	耕地 Cultivated Land
	2016	**328164.84**	**256135.76**	**155511.28**
	2017	**288269.01**	**217785.45**	**136356.99**
	2018	**287398.41**	**217394.53**	**131938.37**
北京	Beijing	390.26	227.67	58.66
天津	Tianjin	3023.53	2380.92	1544.90
河北	Hebei	15858.87	11765.16	9212.19
山西	Shanxi	6811.76	4421.70	3308.49
内蒙古	Inner Mongolia	8855.06	5947.57	2138.16
辽宁	Liaoning	4590.98	3573.71	2572.96
吉林	Jilin	4581.13	3525.88	3089.76
黑龙江	Heilongjiang	3412.25	2983.47	2499.05
上海	Shanghai	970.44	674.96	567.48
江苏	Jiangsu	21623.67	15045.99	10688.59
浙江	Zhejiang	18222.53	13413.72	8592.62
安徽	Anhui	9615.47	6670.22	5020.03
福建	Fujian	7182.26	5747.08	2319.96
江西	Jiangxi	15295.91	11931.16	5446.79
山东	Shandong	29975.29	21138.38	15613.94
河南	Henan	15223.52	10894.55	8817.53
湖北	Hubei	11224.38	9496.95	5634.10
湖南	Hunan	12796.08	11095.18	5349.51
广东	Guangdong	12525.31	10752.00	2345.94
广西	Guangxi	9998.16	8601.19	4074.39
海南	Hainan	1080.25	825.96	340.78
重庆	Chongqing	5989.53	5592.13	3461.90
四川	Sichuan	10006.33	7726.04	5042.81
贵州	Guizhou	17495.16	12936.71	7357.86
云南	Yunnan	24533.16	18661.35	8961.79
西藏	Tibet			
陕西	Shaanxi	9249.00	6263.06	4552.11
甘肃	Gansu	2025.65	1337.00	1207.33
青海	Qinghai	409.98	318.55	289.53
宁夏	Ningxia	2795.52	2237.27	1030.57
新疆	Xinjiang	1636.95	1208.99	798.61

征收情况

Requisition

Unit: hm^2

国务院批准 Requisitioned Land Area Approved by the State Council			省级政府批准 Requisitioned Land Area Approved by the Provincial Government		
	农用地 Agricultural Land			农用地 Agricultural Land	
		耕 地 Cultivated Land			耕 地 Cultivated Land
148348.98	**121148.15**	**72143.37**	**179815.86**	**134987.62**	**83367.95**
76438.23	**62731.91**	**37929.69**	**211830.76**	**155053.51**	**98427.29**
76551.20	**63278.02**	**35781.52**	**210847.21**	**154116.51**	**96156.85**
5.47			384.80	227.67	58.66
776.75	655.96	405.79	2246.78	1724.97	1139.10
1732.65	1654.91	1433.33	14126.22	10110.25	7778.86
1649.19	997.38	718.91	5162.57	3424.32	2589.58
1976.75	1548.74	251.31	6878.30	4398.82	1886.85
1755.29	1517.65	1206.13	2835.69	2056.06	1366.83
843.50	687.96	549.54	3737.63	2837.92	2540.22
743.48	664.46	533.18	2668.78	2319.01	1965.87
49.09	30.38	27.92	921.36	644.58	539.57
7877.49	6169.64	4284.52	13746.18	8876.35	6404.07
6187.08	5360.12	3353.67	12035.45	8053.60	5238.95
3658.77	3220.86	2629.95	5956.70	3449.36	2390.08
1135.78	735.50	351.49	6046.48	5011.57	1968.46
460.05	308.78	180.00	14835.86	11622.38	5266.79
7752.09	6982.51	4956.85	22223.21	14155.87	10657.09
2949.59	2270.34	1720.67	12273.93	8624.21	7096.86
971.88	835.88	529.55	10252.50	8661.07	5104.56
2018.38	1775.91	847.63	10777.70	9319.27	4501.88
5669.88	5265.72	1243.11	6855.43	5486.28	1102.83
2380.28	2161.25	900.82	7617.88	6439.94	3173.57
313.79	307.91	155.53	766.46	518.05	185.25
824.88	786.31	427.99	5164.65	4805.82	3033.92
3236.43	2943.40	1810.15	6769.90	4782.65	3232.66
1402.84	965.05	429.29	16092.33	11971.66	6928.57
16716.93	12455.90	5350.56	7816.23	6205.45	3611.23
1054.98	937.23	511.35	8194.02	5325.83	4040.76
142.78	83.12	47.82	1882.87	1253.88	1159.51
29.70	17.20	14.98	380.28	301.35	274.56
1622.93	1398.99	501.84	1172.59	838.29	528.73
612.51	538.98	407.63	1024.44	670.01	390.98

海域使用权审批情况
Approval of Sea Area

海域使用类型	Types of Sea Area Use	新增宗海数量/宗 Number of Newly Added Sea Areas/plot	经营性项目 Profit Projects
总 计	**Total**	**1237**	**1056**
辽 宁	Liaoning	185	176
河 北	Hebei	74	74
天 津	Tianjin	3	3
山 东	Shandong	300	294
江 苏	Jiangsu	81	57
上 海	Shanghai	1	1
浙 江	Zhejiang	153	103
福 建	Fujian	266	207
广 东	Guangdong	133	113
广 西	Guangxi	22	17
海 南	Hainan	11	3
省（自治区、直辖市）外	Outside the Province (Autonomous Region, Municipality)	8	8

注：海域使用权审批包括海域使用权申请审批、招标、拍卖、挂牌。

Note: The approval of sea area use right includes examination and approval of application for sea area use right, bidding, auction and listing.

——按地区分列（2018年）
Use Right by Region (2018)

	新增宗海面积/公顷 Newly-Added Seas Area/hm²		
非经营性项目 Non-Profit Projects		经营性项目 Profit Projects	非经营性项目 Non-Profit Projects
181	**104873.51**	**100024.09**	**4849.42**
9	25178.98	24294.07	884.91
	1224.94	1224.94	
	121.37	121.37	
6	39967.12	39921.70	45.42
24	16252.45	14854.21	1398.24
	266.97	266.97	
50	5837.70	5671.74	165.96
59	7450.54	6600.97	849.57
20	3710.00	3517.97	192.04
5	2440.89	1157.70	1283.19
8	1833.38	1803.30	30.08
0	589.16	589.16	

海域使用权审批情况
Approval of Sea Area Use

海域使用类型	Types of Sea Area Use	新增宗海数量/宗 Number of Newly Added Sea Areas/plot	经营性项目 Profit Projects
总 计	**Total**	**1237**	**1056**
渔业用海	Fishery Sea	838	825
工业用海	Industrial Sea	72	71
交通运输用海	Sea for Transportation	184	90
旅游娱乐用海	Sea for Tourism and Entertainment	25	18
海底工程用海	Sea for Submarine Engineering	33	28
排污倾倒用海	Sewage Dumping Sea	7	4
造地工程用海	Sea for Land Engineering	13	13
特殊用海	Special Sea Use	46	
其他用海	Other Sea Use	19	7

注：海域使用权审批包括海域使用权申请审批、招标、拍卖、挂牌。

Note: The examination and approval of sea area use right includes examination and approval of application for sea area use right, bidding, auction and listing..

——按海域使用类型分列（2018年）

Right by the Type of Sea Area Use （2018）

	新增宗海面积/公顷 Newly-Added Seas Area/hm²		
非经营性项目 Non-Profit Projects		经营性项目 Profit Projects	非经营性项目 Non-Profit Projects
181	**104873.51**	**100024.09**	**4849.42**
13	87308.64	86817.83	490.81
1	7921.63	7921.40	0.24
94	2440.00	1705.33	734.68
7	278.11	199.52	78.59
5	2879.17	2794.76	84.41
3	189.41	92.04	97.38
	402.38	402.38	
46	2731.25		2731.25
12	722.92	90.85	632.07

无居民海岛审批使用情况（2018年）
Approval Use of Uninhabited Islands （2018）

地 区	Region	海岛数量/个 Number of Islands/number	用岛面积/公顷 Island Area/hm^2
总 计	**Total**	**8**	**19.15**
辽 宁	Liaoning		
河 北	Hebei		
天 津	Tianjin		
山 东	Shandong	1	5.60
江 苏	Jiangsu		
上 海	Shanghai		
浙 江	Zhejiang	3	11.74
福 建	Fujian	2	1.67
广 东	Guangdong		
广 西	Guangxi	2	0.14
海 南	Hainan		
省（自治区、直辖市）外	Outside the Province (Autonomous Region, Municipality City)		

海底电缆管道路由调查（勘测）、铺设施工审批情况（2018年）
Approval of Submarine Cable Pipeline Route Survey and Laying Construction（2018）

指标名称	Indicators	长度/千米 Length/km
批准的海底电缆管道路由调查（勘测）长度	**The Approved Total Length of Submarine Cable and Pipeline Route Survey**	**1231.98**
海底电缆	Submarine Cable	921.1
海底管道	Submarine Pipeline	276.62
混合用途	Mixed Use	34.26
批准的海底电缆管道路由铺设施工长度	**The Approved Total Length of Submarine Cables and Pipelines Laying**	**1454.42**
海底电缆	Submarine Cable	1320.66
海底管道	Submarine Pipeline	56.65
混合用途	Mixed Use	77.11

主要统计指标解释

批准建设用地合计 指省级以上政府（包括省级人民政府授权设区的市、自治州人民政府）依法批准的建设用地面积。

国务院批准建设用地 指依法经自然资源部审查，报国务院批准的建设用地面积。

省级政府批准建设用地 指依法经省、自治区、直辖市人民政府自然资源主管部门审查，经同级人民政府批准的建设用地面积，省级人民政府授权设区的市、自治州人民政府批准的用地面积亦统计在内。

农用地转用 指批准用地面积中的农用地面积。

耕地 指批准用地面积中的耕地面积。

土地征收 指国家基于公共利益的需要，将农民集体所有的土地收归国有，并对被征收人给予合理补偿的行为。

征收面积 指经国务院和省级政府自然资源行政主管部门审查，报同级人民政府批准征收的土地面积。

批准的海底电缆管道路由调查（勘测）长度 指统计报告期内经自然资源主管部门批准批复的准许铺设海底电缆管道前对其经过海域进行的海洋地质、地球物理及水文要素的调查的总长度。

批准的海底电缆管道路由铺设施工长度 指统计报告期内经自然资源主管部门批准批复的准许铺设施工的海底电缆管道总长度。

Explanatory Notes on Main Statistical Indicators

Total area of Construction-Used Land Approved—refers to the area of construction–used land approved according to law by governments at the provincial level (including governments of cities and autonomous prefectures authorized by provincial–level people' s government).

Land for Construction Approved by the State Council—refers to the area of construction–used land examined by the MNR according to law and submitted to the State Council for approval.

Land for Construction Approved by Provincial Governments—refers to the area of construction–used land examined by natural and resources administration departments of the people' s governments of provinces, autonomous regions, and municipalities directly under the Central government and approved by the people' s governments of the corresponding levels. It also includes the areas approved by people' s government of cities and autonomous prefectures authorized by provincial–level governments.

Conversion of Agricultural Land—refers to the area of farmland in the area of land approved.

Cultivated Land—refers to the area of cultivated land in the area of land approved.

Land Requisition—refers to the act of taking back to the state the land owned by farmer collectives based on the needs of public interests and paying reasonable land compensation to the requisitioned land.

Requisitioned Land Area—refers to the area of requisitioned land examined by the State Council and land administration departments of provincial–level governments and approved by the people' s governments of the same level.

The Approved Total Length of Submarine Cable and Pipeline Route Survey—refers to the total length of marine geological, geophysical and hydrological elements survey in the sea area before submarine cable and pipeline laying is approved and replied by natural resources authorities in the statistical period.

The Approved Total Length of Submarine Cables and Pipelines Laying—refers to the total length of submarine cables and pipelines laying approved and replied by the natural resources authorities within the statistical period.

四、自然资源保护与自然灾害情况

Chapter 4　Natural Resources Protection and Natural Disasters

耕地占补
Balance of Cultivated Land

地 区	Region	占用情况 Occupancy		
		占用耕地面积/公顷 Area of Cultivated Land Occupied/hm^2		需补充标准粮食产能/吨 Supplementary Standard Grain Production Capacity/t
			占用水田面积 Area of Paddy Field Occupied	
总 计	**Total**	**151384.13**	**46268.54**	**1527421.43**
北 京	Beijing	209.71		2123.13
天 津	Tianjin	1387.80	7.61	11831.92
河 北	Hebei	10518.57	114.83	88200.71
山 西	Shanxi	3582.40	12.14	25909.70
内蒙古	Inner Mongolia	2267.28		6484.96
辽 宁	Liaoning	2774.01	557.26	21437.48
吉 林	Jilin	3767.80	465.31	32852.73
黑龙江	Heilongjiang	3591.77	537.84	25267.35
上 海	Shanghai	1444.68	987.83	21099.80
江 苏	Jiangsu	9221.86	5799.59	136347.70
浙 江	Zhejiang	9679.95	7814.70	116620.58
安 徽	Anhui	3709.92	1800.44	40433.58
福 建	Fujian	2808.21	1878.94	34446.44
江 西	Jiangxi	6095.85	3808.96	61041.65
山 东	Shandong	14631.19	195.12	164774.62
河 南	Henan	10332.83	308.19	123375.68
湖 北	Hubei	7080.51	2701.21	112115.04
湖 南	Hunan	5466.25	2898.79	46909.67
广 东	Guangdong	2808.91	653.57	38575.96
广 西	Guangxi	5205.96	1556.86	52180.29
海 南	Hainan	377.26	111.77	3381.33
重 庆	Chongqing	4436.82	1667.08	40257.72
四 川	Sichuan	11384.35	5588.45	119002.72
贵 州	Guizhou	9041.03	3445.78	61434.96
云 南	Yunnan	5854.23	2656.98	52004.52
西 藏	Tibet			
陕 西	Shaanxi	5462.94	498.47	37745.34
甘 肃	Gansu	3029.00	30.25	15436.61
青 海	Qinghai	632.61		3264.85
宁 夏	Ningxia	958.84	170.31	8744.80
新 疆	Xinjiang	3621.60	0.26	24119.59

平衡情况（2018年）
Occupation and Compensation（2018）

补充耕地情况 Supplementary Cultivated Land		
补充耕地面积/公顷 Area of Supplementary Cultivated Land/hm^2		实际补充后新增标准粮食产能/吨 New Standard Grain Production Capacity After Actual Supplement/t
	补充水田面积 Area of Supplementary Paddy Field	
152041.78	**51003.88**	**1610988.03**
209.71		2198.34
1387.80	112.62	12276.36
10524.69	342.37	90011.83
3587.02	12.53	26648.34
2267.30	22.12	9620.25
2829.20	664.42	22039.85
3770.92	829.23	35612.94
3591.77	1149.54	26819.91
1449.03	1124.67	21344.83
9221.86	7013.07	145244.47
9681.51	7909.47	118594.16
3712.08	1971.41	42147.13
2808.21	1972.05	34543.76
6142.28	3822.58	65740.49
14683.93	246.59	171780.64
10360.33	469.39	128940.30
7168.51	2760.22	115020.78
5749.45	2956.70	50250.03
2836.59	653.71	39817.01
5234.78	1578.34	52886.34
377.26	111.77	3695.14
4436.82	1724.18	41859.12
11400.62	6313.33	133493.55
9042.07	3466.52	66663.20
5854.23	2656.98	55362.68
5463.78	887.21	41493.79
3036.99	31.30	16130.40
632.61		3264.90
958.84	201.58	8880.73
3621.60		28606.78

永久基本农田

Protection of Permanent

单位：公顷

地 区	Region	永久基本农田 Permanent Prime Farmland
总 计	**Total**	**103380148.45**
北 京	Beijing	101092.47
天 津	Tianjin	278495.34
河 北	Hebei	5180197.40
山 西	Shanxi	3261012.40
内蒙古	Inner Mongolia	6220546.91
辽 宁	Liaoning	3685982.79
吉 林	Jilin	4924978.30
黑龙江	Heilongjiang	11177955.84
上 海	Shanghai	169475.87
江 苏	Jiangsu	3920103.46
浙 江	Zhejiang	1599669.05
安 徽	Anhui	4928578.63
福 建	Fujian	1073031.29
江 西	Jiangxi	2462576.94
山 东	Shandong	6391586.94
河 南	Henan	6815474.50
湖 北	Hubei	3925323.03
湖 南	Hunan	3299963.36
广 东	Guangdong	2142437.19
广 西	Guangxi	3660053.69
海 南	Hainan	606991.72
重 庆	Chongqing	1616124.21
四 川	Sichuan	5203418.30
贵 州	Guizhou	2563709.23
云 南	Yunnan	4729004.68
西 藏	Tibet	1409894.30
陕 西	Shaanxi	2998828.88
甘 肃	Gansu	4092410.62
青 海	Qinghai	449371.48
宁 夏	Ningxia	934073.50
新 疆	Xinjiang	3557786.14

保护情况（2018年）

Prime Farmland （2018）

Unit：hm^2

2018年审批占用永久基本农田面积 Area of Permanent Prime Farmland Occupied Approved in 2018	2018年补划永久基本农田面积 Area of Supplementary Permanent Prime Farmland in 2018
925.44	**1026.62**
20.45	20.61
364.19	401.12
417.70	477.20
26.49	28.27
9.64	10.27
86.24	88.36
0.72	0.79

全国耕地质量

Arable Land

单位：公顷

地区	Region	1等 First Level	2等 Second Level	3等 Third Level	4等 Fourth Level	5等 Fifth Level	6等 Sixth Level	7等 Seventh Level	8等 Eighth Level
总计	**Total**	**442919.48**	**594194.05**	**1145456.22**	**1744003.49**	**3703824.09**	**8949634.26**	**11509428.94**	**11912046.22**
北京	Beijing							1188.73	126417.29
天津	Tianjin								43.41
河北	Hebei					27867.95	102976.07	337980.42	742937.12
山西	Shanxi					3885.84	7130.71	34704.63	109500.66
内蒙古	Inner Mongol						64.39	1127.23	6012.12
辽宁	Liaoning							461.80	29261.42
吉林	Jilin						10039.21	24129.16	130472.57
黑龙江	Heilongjiang							47.55	50127.70
上海	Shanghai				5678.10	50674.09	124861.32	13499.70	510.02
江苏	Jiangsu				2975.16	529462.52	3297039.18	762699.26	3098.29
浙江	Zhejiang		1684.26	10440.71	47792.09	80991.94	211221.00	306341.61	372542.24
安徽	Anhui			27974.34	92311.28	256636.14	420322.02	684304.75	938732.54
福建	Fujian			466.84	11537.63	54339.81	160366.61	269919.29	287344.46
江西	Jiangxi			9062.78	112818.28	360830.36	595683.72	699311.43	561358.00
山东	Shandong				315.34	70031.43	483349.32	1560954.30	2387951.40
河南	Henan				14598.15	182263.46	968964.52	3901303.38	1980586.24
湖北	Hubei	234047.99	410714.62	628757.75	836984.87	927555.61	715929.05	350845.32	356491.41
湖南	Hunan	199688.19	107833.65	238585.66	188946.93	276050.37	223434.92	248183.49	533965.77
广东	Guangdong	8749.14	73961.52	216527.62	391824.78	636141.94	645400.41	355243.02	168382.51
广西	Guangxi				8940.29	72787.54	520185.78	813405.19	551141.42
海南	Hainan			212.90	4799.27	70576.47	95690.75	110576.41	136341.87
重庆	Chongqing						1061.44	31752.13	291494.91
四川	Sichuan			1.16	2881.16	34082.59	123611.12	538709.99	1353252.24
贵州	Guizhou							6076.80	79307.15
云南	Yunnan	434.16		13426.46	16979.74	29993.12	110310.86	149823.47	249403.63
西藏	Tibet								
陕西	Shaanxi				4620.42	39382.05	115669.90	222794.58	303010.73
甘肃	Gansu								483.81
青海	Qinghai								
宁夏	Ningxia					270.87	15684.26	74067.90	127184.86
新疆	Xinjiang						637.70	9977.41	34690.44

等别面积（2018年）
Quality Level (2018)

Unit：hm²

9等 Nineth Level	10等 Tenth Level	11等 Eleventh Level	12等 Twelfth Level	13等 Thirteenth Level	14等 Fourteenth Level	15等 Fifteenth Level	总计 Total	平均等 Level Average
14074179.85	**17723858.74**	**20372975.93**	**18885721.01**	**11289743.60**	**7678439.94**	**4867878.14**	**134894304.02**	**9.95**
29484.96	41804.56	14440.19					213335.74	8.73
75908.91	228764.77	112041.95	21247.65	31.56			438038.26	10.18
887245.24	907115.88	753616.83	910865.38	877436.22	923236.32	60968.67	6532246.10	10.81
244057.98	363600.72	452666.14	954452.05	1193284.47	696054.86		4059338.07	12.00
57359.23	159660.03	346639.02	672906.93	1374123.59	1998197.28	4580629.89	9196719.74	13.98
286833.96	746066.38	2084315.84	1694717.07	131264.99	671.54		4973593.00	11.11
1300041.34	1938255.52	1411457.12	1650665.81	447367.62	76402.84		6988831.20	10.67
515750.18	1937433.06	5349343.10	4976164.05	2712968.40	387136.99		15928971.05	11.53
							195223.23	5.76
							4595274.41	6.05
379545.15	361248.37	188421.40	26338.04	107.15			1986673.96	8.28
1765145.67	1485576.30	215183.72	8998.46				5895185.22	8.44
247380.76	176539.32	89256.96	35227.34	5630.16			1338009.18	8.18
328794.86	192000.11	141252.40	77977.36	16913.94	92.80		3096096.03	7.37
1678987.69	1012782.68	288120.75	106071.94				7588564.85	8.30
674984.94	361772.18	89751.21	245.78				8174469.86	7.42
342821.53	236845.43	135262.30	57654.61	11239.52			5245150.01	5.40
429822.09	495292.41	464296.74	400062.24	222835.64	129460.07	7856.98	4166315.14	8.20
82775.41	20587.38	267.12					2599860.85	5.47
964546.23	1203546.77	257708.16	8.78				4392270.16	8.46
87818.74	64648.07	61139.68	74451.13	16082.92	1146.90		723485.11	8.35
636389.13	773881.18	569382.81	71886.60				2375848.20	9.75
1687808.35	1816693.00	848632.42	289137.18	41552.38			6736361.60	9.24
343825.98	751370.43	1136854.14	1463523.32	722098.44	22970.60	148.47	4526175.31	11.28
495870.75	1366863.09	2330223.42	1432194.44	21154.77			6216677.91	10.49
	12633.00	45780.70	90913.42	48565.90	1126.84		199019.86	11.90
246423.65	258825.17	435748.63	717422.83	874392.62	767212.07		3985502.64	11.34
36416.31	287489.74	440168.21	725573.02	1295350.28	2377217.06	218274.13	5380972.56	13.04
		11594.21	128041.88	358061.83	94223.34		591921.25	12.90
150812.76	103382.22	116001.87	238917.27	418753.81	56794.64		1301870.46	11.06
97328.04	419180.97	1983408.89	2060056.43	500527.39	146495.79		5252303.06	11.52

地质灾害

Situation of

地 区	Region	发生地质灾害数量/处 Quantity of Geohazards/place			
			崩塌 Avalanche	滑坡 Landslide	泥石流 Mudflow
总 计	**Total**	**2966**	**858**	**1631**	**339**
北 京	Beijing	21	19	2	
天 津	Tianjin	1	1		
河 北	Hebei	10	6	4	
山 西	Shanxi	10	8	1	
内蒙古	Inner Mongolia	2	2		
辽 宁	Liaoning	1	1		
吉 林	Jilin	6	6		
黑龙江	Heilongjiang	3	2	1	
上 海	Shanghai				
江 苏	Jiangsu	8	3	3	
浙 江	Zhejiang	32	16	12	3
安 徽	Anhui	109	67	38	3
福 建	Fujian	29	18	10	
江 西	Jiangxi	133	23	89	6
山 东	Shandong	7	3	3	
河 南	Henan	7	2	2	
湖 北	Hubei	39	14	20	
湖 南	Hunan	276	31	208	4
广 东	Guangdong	230	157	59	4
广 西	Guangxi	130	70	24	2
海 南	Hainan				
重 庆	Chongqing	157	97	53	3
四 川	Sichuan	563	199	238	125
贵 州	Guizhou	22	3	17	
云 南	Yunnan	235	14	183	33
西 藏	Tibet	67	9	18	39
陕 西	Shaanxi	258	24	215	15
甘 肃	Gansu	479	41	351	75
青 海	Qinghai	100	15	76	9
宁 夏	Ningxia	3	1	1	
新 疆	Xinjiang	28	6	3	18

灾情（2018年）

Geohazards（2018）

	造成伤亡人数/人 Casualties/person				造成直接经济损失/万元 Direct Economic Loss/10^4yuan
地面塌陷 Ground Collapse		死亡 Deaths	失踪 Missing	受伤 Injuries	
122	**185**	**105**	**7**	**73**	**147128.25**
					458.30
	2	2			10.00
	1			1	9.51
1	10	10			293.00
					6.20
					0.50
	1	1			13.50
					100.00
2					830.20
1					445.20
1					433.40
1	6	6			199.30
15	2			2	555.16
1					272.00
2					893.70
5	6	5		1	1327.50
29	20	9	1	10	6564.50
8	11	10		1	2626.00
34	19	10		9	2178.87
4	21	14		7	4263.00
1	24	6		18	37955.13
2	1			1	1612.00
3	23	8	4	11	18214.42
1	5	4		1	3787.35
3	6	5		1	9874.10
6	22	12		10	48691.69
	4	3	1		5047.27
1					60.00
1	1		1		406.45

地质灾害防治
Geohazards Prevention

地 区	Region	成功避让地质灾害/处 Geohazards Avoided Successfully/place
总 计	**Total**	**496**
北 京	Beijing	1
天 津	Tianjin	
河 北	Hebei	2
山 西	Shanxi	2
内蒙古	Inner Mongolia	1
辽 宁	Liaoning	4
吉 林	Jilin	
黑龙江	Heilongjiang	
上 海	Shanghai	
江 苏	Jiangsu	1
浙 江	Zhejiang	4
安 徽	Anhui	2
福 建	Fujian	
江 西	Jiangxi	3
山 东	Shandong	
河 南	Henan	2
湖 北	Hubei	5
湖 南	Hunan	17
广 东	Guangdong	34
广 西	Guangxi	6
海 南	Hainan	
重 庆	Chongqing	149
四 川	Sichuan	98
贵 州	Guizhou	15
云 南	Yunnan	54
西 藏	Tibet	8
陕 西	Shaanxi	13
甘 肃	Gansu	75
青 海	Qinghai	
宁 夏	Ningxia	
新 疆	Xinjiang	

情况（2018年）

and Control （2018）

地质灾害预报预警 Prediction and Early-Warning of the Geohazards	
避免伤亡人员/人 Casualties Avoided/person	避免直接经济损失/万元 Direct Economic Loss Avoided/10^4yuan
23560	**95504**
28	450
25	65
62	147
	5
49	1200
50	400
33	105
30	110
19	
8	2
168	305
225	1158
696	1570
586	274
1551	17269
4445	25371
887	1251
3380	5610
945	463
862	4707
9511	35042

地下水监测

Groundwater

单位：个

地区	Region	地下水监测井数按级别分类 Number of Groundwater Monitoring Wells, Classified According to the Level				地下水监测井按自动化程度分类 Number of Groundwater Monitoring Wells, Classified According to the Automatic Level		地下水监测井数按监测内容分类/个 Number of Groundwater Monitoring Wells Classified According to the Monitored Content		
			国家级监测井数 Number of State Level Monitoring Wells	省级监测井数 Number of Provincial Level Monitoring Wells	地区级监测井数 Number of Prefecture Level Monitoring Wells	人工监测井数 Number of Manual Monitoring Wells	自动化监测井数 Number of Automatic Monitoring Wells		水位水质共同监测井数 Number of Monitoring Wells for Water Level and Quality	流量水质共同监测点数 Number of Spring Flow Monitoring Sites
总 计	**Total**	**17389**	**11442**	**4433**	**1514**	**5783**	**11606**	**17389**	**17138**	**251**
北 京	Beijing	289	289				289	289	289	
天 津	Tianjin	260	260				260	260	260	
河 北	Hebei	866	692	174		259	607	866	866	
山 西	Shanxi	414	414			76	338	414	414	
内蒙古	Inner Mongolia	500	500				500	500	500	
辽 宁	Liaoning	1321	535	118	668	860	461	1321	1298	23
吉 林	Jilin	1100	660	60	380	542	558	1100	1082	18
黑龙江	Heilongjiang	821	589	232		264	557	821	821	
上 海	Shanghai	650	301	349		156	494	650	650	
江 苏	Jiangsu	646	395	251		310	336	646	646	
浙 江	Zhejiang	634	290	56	288	189	445	634	634	
安 徽	Anhui	485	386	99		46	439	485	483	2
福 建	Fujian	430	268	111	51	181	249	430	406	24
江 西	Jiangxi	407	281	123	3	140	267	407	407	
山 东	Shandong	2141	741	1400		1155	986	2141	2126	15
河 南	Henan	742	642	100		157	585	742	742	
湖 北	Hubei	468	309	68	91	213	255	468	468	
湖 南	Hunan	304	226	64	14	30	274	304	302	2
广 东	Guangdong	565	249	297	19	230	335	565	559	6
广 西	Guangxi	673	312	361		351	322	673	663	10
海 南	Hainan	264	152	112		25	239	264	264	
重 庆	Chongqing	90	90				90	90	89	1
四 川	Sichuan	333	313	20		56	277	333	331	2
贵 州	Guizhou	371	218	153		153	218	371	267	104
云 南	Yunnan	223	223				223	223	181	42
西 藏	Tibet	128	119	9		18	110	128	128	
陕 西	Shaanxi	498	399	99		122	376	498	498	
甘 肃	Gansu	500	500				500	500	500	
青 海	Qinghai	266	266				266	266	266	
宁 夏	Ningxia	590	413	177		250	340	590	588	2
新 疆	Xinjiang	410	410				410	410	410	

情况（2018年）

Monitoring （2018）

Unit：number

地下水监测数据量 Data Volume of Groundwater Monitoring					地下水质量情况 Ground Water Quality				
	水位监测数据量 Water Level Monitoring Data Volume	水质监测数据量 Water Quality Monitoring Data Volume	水温监测数据量 Water Temperature Monitoring Data Volume	泉流量监测数据量 Spring Flow Monitoring Data Volume	地下水优良级 Excellent Grade of Groundwater	地下水良好级 Good Grade of Groundwater	地下水较好级 Medium Grade of Groundwater	地下水较差级 Poor Grade of Groundwater	地下水极差级 Extremely Poor Grade of Groundwater
89204866	**44424563**	**355740**	**44424563**	**1176**	**217**	**1119**	**194**	**6951**	**1683**
4212755	2101320	10115	2101320		5	21	3	246	14
3123984	1557442	9100	1557442			10	2	125	123
5644469	2811612	21245	2811612		23	109	10	290	175
3931056	1959613	11830	1959613		10	79	16	186	47
2865342	1423921	17500	1423921		12	98	25	290	75
4551119	2267597	15925	2267597	12		13	10	404	28
6677842	3330206	17430	3330206	168	2	28	12	429	27
5222936	2602788	17360	2602788		1	2	16	459	18
3983669	1987477	8715	1987477					101	148
148086	68163	11760	68163		3	18	1	262	52
4453504	2221677	10150	2221677			1	2	150	137
200712	93881	12950	93881	24	5	30	2	306	27
3999709	1995497	8715	1995497	84		7	8	208	26
2836337	1413496	9345	1413496		6	33	23	201	4
438424	208012	22400	208012	60				409	231
351189	167107	16975	167107			32		367	86
3835298	1913624	8050	1913624		3	13	4	203	7
3641614	1816852	7910	1816852	24	4	48	4	153	17
3982594	1987377	7840	1987377		3	27	5	158	31
768853	379929	8995	379929	120	5	18	3	222	9
1349776	672403	4970	672403			3	1	129	9
556618	276734	3150	276734	12		16		71	3
1129943	560124	9695	560124	24	7	42	7	209	12
716838	354604	7630	354604	228				215	3
767573	379884	7805	379884	420	6	13	1	183	20
831980	414065	3850	414065			94	3	13	
3180389	1583982	12425	1583982		5	32	10	255	53
5952692	2967596	17500	2967596			109		254	137
2870016	1430353	9310	1430353		26	107	6	117	10
3531167	1760211	10745	1760211		5	28	2	171	101
3448382	1717016	14350	1717016		86	88	18	165	53

海洋灾情
Marine

灾害类型 Types of Disasters	地区	Region	发生次数/次 Frequency of Occurrence/ number	受灾人口/人 Disaster-Affected Population/person	因灾死亡人口/人 Death Caused by Disasters/person	因灾失踪人口/人 Missing People Due To Marine Disasters/person
总 计		**Total**	**28**	**1158830**	**38**	**35**
风暴潮 Storm Surge	辽 宁	Liaoning	1			
	河 北	Hebei	2	1710		
	天 津	Tianjin				
	山 东	Shandong	3	50		
	江 苏	Jiangsu	3			
	上 海	Shanghai	1			
	浙 江	Zhejiang	5	615521		
	福 建	Fujian	2	145848		
	广 东	Guangdong	2	318097		
	广 西	Guangxi	1	77604		
海浪 Sea Wave	辽 宁	Liaoning				
	河 北	Hebei				
	天 津	Tianjin				
	山 东	Shandong				
	江 苏	Jiangsu	3			
	上 海	Shanghai				
	浙 江	Zhejiang	6			
	福 建	Fujian	7			
	广 东	Guangdong	2			
	广 西	Guangxi				
海冰 Sea Ice	辽 宁	Liaoning	1			
海岸侵蚀 Coastal Erosion	辽 宁	Liaoning				
	河 北	Hebei				
	天 津	Tianjin				
	山 东	Shandong				
	江 苏	Jiangsu				
	上 海	Shanghai				
	浙 江	Zhejiang				
	福 建	Fujian				
	广 东	Guangdong				
	广 西	Guangxi				
	海 南	Hainan				

损失情况（2018年）

Disaster Loss (2018)

受损海堤、护岸数量/处 Number of Damaged Seawalls and Revetments/spot	受损海堤、护岸长度/千米 Length of Damaged Seawall and Revetment/km	直接经济损失/万元 Direct Economic Losses/10^4yuan			
			海岸防护工程直接经济损失 Direct Economic Losses of Coastal Protection	海岸线生态修复工程直接经济损失 Direct Economic Losses of Coastline Ecological Restoration Project	海洋观测设施直接经济损失 Direct Economic Losses of Marine Observation Facilities
212	**134.20**	**477794.30**	**32242.10**		
		9320.53			
2	2.88	6193.01	1241.57		
	24.70	8043.03	3139.13		
		5362.14			
137	70.25	57072.70	17341.30		
3	8.72	114063.60	4117.10		
70	24.99	237014.40	6403.00		
	2.66	8520.49			
		482.50			
		1737.00			
		1346.00			
		100.00			
		18100.00			
		7500.00			
		13.30			
		900.00			
		900.00			
		11.50			
		800.00			
		14.10			
		300.00			

海洋减灾应对

Investment in Marine

地 区	Region	新建观测站点数量/个 Number of New Observation Stations/number	发布警报期数/期 Number of Alert Periods Issued/ period unit	已完成海洋灾害风险评估与区划县（区）数量/处 Number of Counties （Districts） that have Completed the Delimitation of Key Defense Areas for Marine Disasters/spot			
					风暴潮 Storm Surge	海啸 Tsunami	其他灾种 Other Disasters
总 计	**Total**	**9**	**258**	**122**	**83**	**39**	
辽 宁	Liaoning	2			3		
河 北	Hebei				3		
天 津	Tianjin				1		
山 东	Shandong	2			35		
江 苏	Jiangsu				1	1	
上 海	Shanghai				5	5	
浙 江	Zhejiang	1			26	26	
福 建	Fujian				3	2	
广 东	Guangdong	2			3	2	
广 西	Guangxi				2	2	
海 南	Hainan	2			1	1	

投入情况（2018年）
Disaster Reduction (2018)

已完成风暴潮灾害重点防御区划定县数量/个 Number of Counties(Districts) that have Completed the Marine Disaster Risk Assessment/number	已排查风险隐患点数量/处 Number of Counties that have Completed the Delimitation of Key Defense Areas for Marine Disasters/spot
5	**60**
1	22
4	
	6
	13
	19

国家级绿色矿山试点单位情况（2018年）
State Level Green Mine Pilot Units（2018）

地　区	Region	绿色矿山单位数量/个 Unit Number of Green Mines/number
总　计	**Total**	**661**
北　京	Beijing	13
天　津	Tianjin	
河　北	Hebei	39
山　西	Shanxi	34
内蒙古	Inner Mongolia	36
辽　宁	Liaoning	28
吉　林	Jilin	28
黑龙江	Heilongjiang	28
上　海	Shanghai	
江　苏	Jiangsu	26
浙　江	Zhejiang	23
安　徽	Anhui	33
福　建	Fujian	14
江　西	Jiangxi	22
山　东	Shandong	49
河　南	Henan	35
湖　北	Hubei	36
湖　南	Hunan	22
广　东	Guangdong	11
广　西	Guangxi	17
海　南	Hainan	2
重　庆	Chongqing	11
四　川	Sichuan	15
贵　州	Guizhou	10
云　南	Yunnan	28
西　藏	Tibet	2
陕　西	Shaanxi	24
甘　肃	Gansu	27
青　海	Qinghai	8
宁　夏	Ningxia	14
新　疆	Xinjiang	26

注：以上为2011—2014年，原国土资源部公布的国家级绿色矿山试点单位数量。

Note: The above are the numbers of national green mine pilot units published by the former Ministry of Land and Resources from 2011 to 2014.

主要统计指标解释

占用耕地面积 指非农建设经批准占用的耕地面积。

补充耕地面积 指非农建设经批准占用耕地，由占用耕地的单位负责开垦的耕地面积。

补充水田面积 指非农建设经批准占用耕地，由占用耕地的单位负责开垦的水田面积。

永久基本农田 指为保障国家粮食安全，按照一定时期人口和经济社会发展对农产品的需求，依据国土空间规划确定的不得占用的耕地。永久基本农田一经划定，任何单位和个人不得擅自占用或改变用途。

水田 指用于种植水稻、莲藕等水生农作物的耕地。包括实行水生、旱生农作物轮种的耕地。

审批占用永久基本农田面积 指重大项目建设允许占用永久基本农田的面积。

补划永久基本农田面积 指根据土地管理法、基本农田保护条例及相关规定，对依法批准或认定的建设项目占用基本农田或因生态退耕、灾害损毁等原因导致基本农田减少，按照规定程序确定补充的基本农田面积。

耕地质量等别 指按照《农用地质量分等规程》（GB/T 28407—2012），从气候条件、地形状况、土壤状况、农田基础设施条件、土地利用水平等方面综合评定的耕地利用等别。其中，1等耕地质量最高，15等耕地质量最低。

地质灾害预报预警 指报告期内通过群测群防、专业监测、气象预警等对地质灾害发生的地点、时间及其灾害影响范围、强度进行预报预警。

成功避让地质灾害 指报告期内根据预报预警信息而成功避让的地质灾害数。

避免伤亡人员 指如不搬迁避让可能造成的伤亡人员。

避免直接经济损失 指报告期内根据预报预警信息，采取防范措施，避免的能够用货币衡量的地质灾害直接财产损失。要按照实际情况确定，以地质灾害实际影响范围测定，如倒塌房屋内居住人员或灾害现场活动人员等。

地质灾害 包括自然因素或人为活动引发的危害人民生命和财产安全的山体崩塌、滑坡、泥石流、地面塌陷、地面沉降等与地质作用有关的灾害。地质灾害数量的计量单位统一用“处”，对于难以区分确切数量的同一次降雨（或其他因素）引发的群发性地质灾害归为1处灾害。地裂缝、地面沉降、海水入侵数量只统计报告期内发现的或报告期之前发现且报告期内继续发展的。

崩塌 指陡坡上大块的岩土体在重力作用下突然脱离母体崩落的物理地质现象。

滑坡 指斜坡上不稳定的岩土体在重力作用下沿一定软弱面（或滑动带）整体向下滑动的物理地质现象。

泥石流 指山地突然爆发的饱含大量泥沙、石块的特殊洪流。

地面塌陷 指地表岩土体在自然或人为因素作用下向下陷落，并在地面形成塌陷坑（洞）的一种动力地质现象。

造成伤亡人数 指因发生各类地质灾害造成的人员受伤、死亡和失踪情况。

失踪 指根据证据推断人员已经死亡，但是没有找到或确认死者的尸体。

造成直接经济损失 指用货币衡量的直接财产损失。

水位水质共同监测井数 指同一监测井中既监测地下水水位又监测地下水水质的监测井数。

水位监测数据量 指全部地下水水位监测井本年度所取得的水位数据的总个数。

水质监测数据量 指全部地下水水质监测井本年度所取得的水质数据的总个数，本数据量为分析化验取得的水质各项指标的总和而非实际采取样品的件数。

水温监测数据量 指全部地下水水温监测井本年度所取得的水温数据的总个数。

泉流量监测数据量 指全部泉流量监测点本年度所取得的泉流量数据的总个数。

受灾人口 指填报单位辖区内因海洋灾害遭受损失的人口数量，包括统计行政区域的常住人口，临时居住的外地人口，以及处于该行政区域范围内，但在行政上不受该行政区域政府领导管理的行政单位、企事业单位或团体的人口。统计时可采用人口密度与受灾面积的乘积计算。

因灾死亡人口 指以海洋灾害为直接原因导致死亡的人口数量（含非常住人口），主要包括两类情形：一是海洋灾害发生期间，灾害直接造成立即死亡的人员，如溺亡等；二是灾害未造成立即死亡，但在送往医院的途中或送往医院后短期内抢救无效而死亡的人员。对于海洋灾害发生期间严重受伤，长期治疗后死亡的人员，不纳入因灾死亡人口中。

因灾失踪人口 指以海洋灾害为直接原因导致下落不明，暂时无法确认死亡的人口数量（含非常住人口），海洋灾害发生期间，应注意及时更新失踪人口状态，当发现其仍然存活时应该及时予以核减；如果确认其已经死亡，需要及时更正，核减失踪人口，核增死亡人口。

受损海堤、护岸数量 指因海洋灾害造成损坏的海堤数量。

受损海堤、护岸长度 指因海洋灾害造成损坏的海堤长度。

直接经济损失 指受灾体遭受海洋灾害后，自身价值降低或丧失所造成的损失。直接经济损失的基本计算方法是受灾体损毁前的实际价值与损毁率的乘积。

海岸防护工程直接经济损失 指因海洋灾害造成海堤、护岸、港口外的防波堤等海岸防护工程的直接经济损失。

海岸线生态修复工程直接经济损失 指因海洋灾害造成的海洋主管部门负责的防护林、湿地、生态景观等海岸线生态修复工程的直接经济损失。

海洋观测设施直接经济损失 指因海洋灾害造成海洋观测设施的直接经济损失。

已完成海洋灾害风险评估与区划县（区）数量 指按照《海洋灾害重点防御区划定技术导则》的要求，统计完成海洋灾害重点防御区划定的沿海县数量。

已排查风险隐患点数量 指按照《海洋灾害隐患排查技术规程》的要求，沿海各县开展海洋灾害隐患排查，统计的各类海洋灾害隐患点数量。

Explanatory Notes on Main Statistical Indicators

Area of Cultivated Land Occupied—refers to the area of cultivated land occupied by non–agricultural construction.

Area of Supplementary Cultivated Land—refers to the area of cultivated land reclaimed by the unit occupying the cultivated land approved for non–agricultural construction.

Area of Supplementary Paddy Field—refers to the area of paddy field area reclaimed by the unit occupying the cultivated land approved for non–agricultural construction.

Permanent Prime Farmland—refers to the cultivated land that cannot be occupied according to the demand of population and economic and social development for agricultural products in a certain period and the land space planning in order to ensure national food security. Once permanent Prime farmland is demarcated, no units or individuals may occupy or change its use without authorization.

Paddy Field—refers to the cultivated land used to grow aquatic crops such as rice and lotus root, including the cultivated land for rotation planting of aquatic and xerophytic crop.

Area of Permanent Prime Farmland Occupied—refers to the area of permanent Prime farmland allowed for the construction of major projects.

Area of Supplementary Permanent Prime Farmland—refers to the Prime farmland added for being occupied by construction projects which are legally approved or recognized, or for its deduction due to ecological conversion and disaster damage, in accordance with laws or regulations on Prime farmland protection.

Cultivated Land Quality Level—refers to the Cultivated land use level evaluated in terms of climate, topography, soil, farmland infrastructures and land use level in accordance with the Agricultural Land Quality Classification Regulations （GB/T 28407—2012）. Among them, grade 1 means the highest quality and grade 15 means the lowest quality.

Prediction and Early-Warning of the Geohazards—refers to the prediction and early–warning of the site and time of occurrence of a geohazard and its scope of influence and intensity through monitoring and control by the masses, professional monitoring, and meteorological early–warning of the geohazard during the reporting period.

Geohazards Avoided Successfully—refers to the number geohazards avoided successfully according to the information of prediction and early–warning during the reporting period.

Casualties Avoided—refers to the number of injuries and deaths caused possibly if the people do not move away and avoid the geohazard.

Direct Economic Loss Avoided—refers to the direct economic loss of a geohazard to properties avoided by taking precautionary measures according to the information provided by prediction and early–warning during the reporting period. The loss can be measured by currency. The measurement must be made according to the actual conditions and the actual influence scope of the geohazard, e.g. inhabitants in collapsed houses.

Geohazards—refers to sudden geohazards such as landslides, avalanches, mudflow, and ground collapse and delayed geohazards such as land subsidence, ground cracks, and seawater invasion. "Site" is used as the unit of measurements of the quantity of geohazards, and the group-occurring geohazards induced by the same rain (or other factors), whose accurate quantity is difficult to determine, are considered as one site of hazards. For the quantities of ground cracks, land subsidence, and seawater invasion, only those that are discovered during or before the reporting period and continue to develop during the reporting period are calculated.

Avalanche—refers to the physical-geological phenomenon that a large mass of soil or rock on steep slopes is suddenly divorced from its parent mass and falls under the force of gravity.

Landslide—refers to the physical-geological phenomenon of en-masse downward slide of unstable soil and rock material on slopes along particular surfaces of weakness (or slide zones) under the force of gravity.

Mudflow—refers to the sudden rush of flood torrents containing large amounts of mud and rock debris that suddenly moves downslope in mountains.

Ground Collapse—refers to a dynamic geological phenomenon of downward collapse of surface rock and soil and formation of collapse pits (caves) at the ground surface under the action of natural or human factors.

Casualties—refers to injuries, deaths, and missing caused by various kinds of geohazard.

Missing—refers to the case of a missing person who is inferred according to evidence to be dead but whose corpse has not been found or identified.

Direct Economic Loss—refers to direct losses of properties, expressed as currency.

Number of Monitoring Wells for Water Level and Quality—refers to the number of monitoring wells that monitor both groundwater level and quality.

Water Level Monitoring Data Volume—refers to the total number of water level data obtained by all the groundwater level monitoring wells this year.

Water Quality Monitoring Data Volume—refers to the total number of water quality data obtained by all the groundwater quality monitoring wells this year. This data volume is the sum of all water quality indicators obtained by analysis and test rather than the number of samples actually taken.

Water Temperature Monitoring Data Volume—refers to the total number of water temperature data obtained by all the groundwater temperature monitoring wells this year.

Spring Flow Monitoring Data Volume—refers to the total number of spring flow data obtained by all the spring flow monitoring points this year.

Disaster-Affected Population—refers to the number of people who suffered marine disasters within the jurisdiction of the reporting unit, including the permanent and temporary residents within this region, and the residents from administrative units, enterprises, institutions and organizations that are located in this region but not administratively managed by the government of this region. Multiplication of the population density and disaster area can be used for statistics.

Death Caused by Disasters—refers to the number of people (including temporary residents) who died as a direct result of marine disasters. It mainly includes two situations: first, those who died immediately during the marine disaster, such as drowning; second, those who died because of the failure of rescue on the way to the hospital or after being sent to the hospital. Those who were seriously injured during the marine disaster and died after long-term medical treatment are not included in the disaster-related deaths.

Missing People Due to Marine Disasters—refers to the number of persons (including temporary residents) whose whereabouts are unknown and whose death cannot be confirmed temporarily due to marine disasters. During the occurrence of marine disasters, attention should be paid to timely updating the status of missing people. Timely reduction should be made when they are found to be still alive. Timely correction should be made to reduce the missing people and increase the dead ones when they are found to be dead.

Number of Damaged Seawalls and Revetments—refers to the number of seawalls damaged by marine disasters.

Length of Damaged Seawall and Revetment—refers to the length of the seawall damaged by marine disasters.

Direct Economic Losses—refers to the losses caused by the reduction or loss of one's own value following a marine disaster. Its basic calculation method is the multiplication of the actual value of victims before they are destroyed and their damage rate.

Direct Economic Losses of Coastal Protection—refers to the direct economic losses of coastal protection projects such as seawalls, revetments and breakwaters outside ports caused by marine disasters.

Direct Economic Losses of Coastline Ecological Restoration Project—refers to the direct economic losses of the coastal ecological restoration projects, such as shelter forest, wetlands, ecological landscapes, etc. which are in the charge of the marine authorities due to the marine disasters.

Direct Economic Losses of Marine Observation Facilities—refers to the direct economic losses of marine observation facilities caused by marine disasters.

Number of Counties(Districts) that have Completed the Delimitation of Key Defense Areas for Marine Disasters—refers to the number of coastal counties that have completed the delimitation of key defense areas for marine disasters in accordance with the requirements of The technical guidelines for delimitation of key defense areas for marine disasters.

Number of Counties that have Completed the Delimitation of Key Defense Areas for Marine Disasters—refers to the number of potential marine disasters that have been investigated by coastal counties in accordance with the requirements of The technical specification for investigation of potential marine disasters.

五、自然资源依法行政情况

Chapter 5 Legal Administration of Natural Resources

土地违法案件查处情况
Cases Handling of Violations

案件类型	Case Category	合计 Total		
		件数/件 Number of Cases/case	涉及土地面积/公顷 Land Area Involved/hm²	耕地 Cultivated Land
上年未结案件	**Cases Unsettled Last Year**	**14748**	**6674.14**	**2013.66**
本年发现违法	**Violations of Law Discovered in the Current Year**	**63729**	**51653.80**	**8816.35**
本年发生	Cases Occurring This Year	32875	15920.35	2967.73
历年隐漏	Cases Concealed and Not Discovered Over the Years	30854	35733.45	5848.62
本年立案	**Filling This Year**	**43274**	**47344.46**	**7353.71**
本年发生案件立案	The Cases Filling This Year	17831	12917.18	2016.30
买卖或非法转让	Purchase and Sale or Illegal Transfer	39	6.85	1.23
破坏耕地	Damage of Cultivated Land	680	99.02	68.96
非法占地	Unlawful Encroachment of Land	16856	11893.41	1916.68
非法批地	Unlawful Approval of Land Occupancy	9	6.59	2.33
低价出让土地	Granting of Land at a Lower Price			
其他	Others	247	911.30	27.10
隐漏案件立案	Cases Concealed and Not Discovered	25443	34427.28	5337.40
本年结案	**Cases Settled This Year**	**36225**	**41304.77**	**6660.48**
处理本年发生案件	This Year's Cases Handled	9647	8233.29	1137.30
买卖或非法转让	Purchase and Sale and Illegal Transfer	17	4.79	0.73
破坏耕地	Damage of Cultivated Land	400	50.09	37.52
非法占地	Unlawful Encroachment of Land	9019	7288.13	1081.29
非法批地	Unlawful Approval of Land Occupancy	3	1.43	0.06
低价出让土地	Granting of Land at a Lower Price			
其他	Others	208	888.84	17.70
处理上年未结案	Last Year's Unsettled Cases Handled	8305	3275.35	1074.37
处理隐漏案件	Concealed and Not Discovered Cases Handled	18273	29796.13	4448.81
本年未结案件	**Cases Unsettled This Year**	**21797**	**12713.82**	**2706.89**

——按地区分列（2018年）
of Land Law by Region (2018)

北京 Beijing			天津 Tianjin			河北 Hebei		
件数/件 Number of Cases/case	涉及土地面积/公顷 Land Area Involved/hm²	耕地 Cultivated Land	件数/件 Number of Cases/case	涉及土地面积/公顷 Land Area Involved/hm²	耕地 Cultivated Land	件数/件 Number of Cases/case	涉及土地面积/公顷 Land Area Involved/hm²	耕地 Cultivated Land
909	**472.66**	**61.79**	**536**	**95.89**	**30.92**	**1113**	**976.05**	**275.92**
551	**240.18**	**35.20**	**769**	**149.35**	**48.87**	**1090**	**444.54**	**191.28**
125	64.43	4.32	51	7.74	0.93	783	199.94	84.23
426	175.75	30.88	718	141.62	47.94	307	244.59	107.05
105	**61.56**	**2.69**	**682**	**125.43**	**37.72**	**898**	**372.60**	**140.69**
4	1.35		15	0.55	0.34	619	144.36	47.30
						2	0.22	
						3	0.08	0.08
4	1.35		15	0.55	0.34	612	143.40	46.68
						1	0.54	0.54
						1	0.13	
101	60.21	2.69	667	124.87	37.38	279	228.24	93.39
192	**63.91**	**5.05**	**700**	**128.67**	**46.69**	**527**	**181.79**	**64.94**
			4	0.16		138	45.98	12.72
						1	0.01	0.01
			4	0.16		137	45.97	12.72
155	48.06	4.01	370	61.83	22.67	258	52.76	30.20
37	15.85	1.04	326	66.68	24.02	131	83.05	22.02
822	**470.31**	**59.44**	**518**	**92.64**	**21.96**	**1484**	**1166.87**	**351.67**

土地违法案件查处情况

Cases Handling of Violations of

案件类型	Case Category	山西 Shanxi		
		件数/件 Number of Cases/case	涉及土地面积/公顷 Land Area Involved/hm^2	耕地 Cultivated Land
上年未结案件	**Cases Unsettled Last Year**	**171**	**68.43**	**18.04**
本年发现违法	**Violations of Law Discovered in the Current Year**	**862**	**458.85**	**143.28**
本年发生	Cases Occurring This Year	253	199.83	77.28
历年隐漏	Cases Concealed and Not Discovered Over the Years	609	259.02	66.00
本年立案	**Filling This Year**	**857**	**460.49**	**142.73**
本年发生案件立案	The Cases Filling This Year	244	199.19	76.72
买卖或非法转让	Purchase and Sale or Illegal Transfer			
破坏耕地	Damage of Cultivated Land	3	0.73	0.53
非法占地	Unlawful Encroachment of Land	240	198.33	76.19
非法批地	Unlawful Approval of Land Occupancy			
低价出让土地	Granting of Land at a Lower Price			
其他	Others	1	0.13	
隐漏案件立案	Cases Concealed and Not Discovered	613	261.30	66.00
本年结案	**Cases Settled This Year**	**765**	**387.90**	**87.85**
处理本年发生案件	This Year's Cases Handled	164	116.94	19.88
买卖或非法转让	Purchase and Sale and Illegal Transfer			
破坏耕地	Damage of Cultivated Land	3	0.73	0.53
非法占地	Unlawful Encroachment of Land	160	116.07	19.35
非法批地	Unlawful Approval of Land Occupancy			
低价出让土地	Granting of Land at a Lower Price			
其他	Others	1	0.13	
处理上年未结案	Last Year's Unsettled Cases Handled	107	39.30	9.63
处理隐漏案件	Concealed and Not Discovered Cases Handled	494	231.67	58.34
本年未结案件	**Cases Unsettled This Year**	**263**	**141.01**	**72.91**

——按地区分列（2018年） 续表1
Land Law by Region (2018) Continued 1

内蒙古 Inner Mongolia			辽宁 Liaoning			吉林 Jilin		
件数/件 Number of Cases/case	涉及土地面积/公顷 Land Area Involved/hm²	耕地 Cultivated Land	件数/件 Number of Cases/case	涉及土地面积/公顷 Land Area Involved/hm²	耕地 Cultivated Land	件数/件 Number of Cases/case	涉及土地面积/公顷 Land Area Involved/hm²	耕地 Cultivated Land
173	**124.53**	**46.55**	**83**	**23.98**	**7.66**	**395**	**169.21**	**50.44**
343	**5395.82**	**16.57**	**478**	**159.60**	**61.98**	**1212**	**623.89**	**245.23**
235	5011.91	4.43	111	44.24	9.15	478	261.66	105.37
108	383.91	12.15	367	115.37	52.83	734	362.23	139.86
244	**5292.11**	**16.49**	**478**	**159.61**	**62.01**	**1211**	**623.69**	**245.03**
137	4908.33	4.34	111	44.24	9.15	477	261.46	105.17
2	0.27	0.27	4	1.41	1.41	28	13.63	11.98
134	4907.97	3.97	102	41.88	7.68	448	244.57	89.93
			1	0.06	0.06			
1	0.09	0.09	4	0.88		1	3.26	3.26
107	383.77	12.15	367	115.38	52.86	734	362.23	139.86
224	**3285.69**	**29.30**	**323**	**102.46**	**38.72**	**870**	**373.15**	**157.15**
84	3139.92	3.15	49	24.93	3.67	190	130.18	44.97
2	0.27	0.27	1	0.04	0.04	16	11.72	10.39
81	3139.55	2.78	43	23.94	3.56	173	115.20	31.32
			1	0.06	0.06			
1	0.09	0.09	4	0.88		1	3.26	3.26
53	32.42	15.12	71	21.60	7.23	237	65.20	22.52
87	113.35	11.03	203	55.94	27.82	443	177.78	89.66
193	**2130.95**	**33.73**	**238**	**81.13**	**30.95**	**736**	**419.75**	**138.31**

土地违法案件查处情况

Cases Handling of Violations of

案件类型	Case Category	黑龙江 Heilongjiang		
		件数/件 Number of Cases/case	涉及土地面积/公顷 Land Area Involved/hm²	耕地 Cultivated Land
上年未结案件	**Cases Unsettled Last Year**	**343**	**211.68**	**60.46**
本年发现违法	**Violations of Law Discovered in the Current Year**	**1745**	**1167.12**	**445.43**
本年发生	Cases Occurring This Year	396	438.64	199.00
历年隐漏	Cases Concealed and Not Discovered Over the Years	1349	728.48	246.42
本年立案	**Filling This Year**	**1732**	**1160.18**	**442.25**
本年发生案件立案	The Cases Filling This Year	394	438.10	199.00
买卖或非法转让	Purchase and Sale or Illegal Transfer			
破坏耕地	Damage of Cultivated Land	5	1.52	1.37
非法占地	Unlawful Encroachment of Land	385	435.15	197.08
非法批地	Unlawful Approval of Land Occupancy			
低价出让土地	Granting of Land at a Lower Price			
其他	Others	4	1.43	0.55
隐漏案件立案	Cases Concealed and Not Discovered	1338	722.08	243.25
本年结案	**Cases Settled This Year**	**1677**	**1110.19**	**440.52**
处理本年发生案件	This Year's Cases Handled	256	349.14	177.88
买卖或非法转让	Purchase and Sale and Illegal Transfer			
破坏耕地	Damage of Cultivated Land	3	1.14	1.14
非法占地	Unlawful Encroachment of Land	251	347.18	176.31
非法批地	Unlawful Approval of Land Occupancy			
低价出让土地	Granting of Land at a Lower Price			
其他	Others	2	0.82	0.44
处理上年未结案	Last Year's Unsettled Cases Handled	325	194.62	58.88
处理隐漏案件	Concealed and Not Discovered Cases Handled	1096	566.43	203.76
本年未结案件	**Cases Unsettled This Year**	**398**	**261.66**	**62.19**

——按地区分列（2018年） 续表2
Land Law by Region (2018) Continued 2

上海 Shanghai			江苏 Jiangsu			浙江 Zhejiang		
件数/件 Number of Cases/case	涉及土地面积/公顷 Land Area Involved/hm²	耕地 Cultivated Land	件数/件 Number of Cases/case	涉及土地面积/公顷 Land Area Involved/hm²	耕地 Cultivated Land	件数/件 Number of Cases/case	涉及土地面积/公顷 Land Area Involved/hm²	耕地 Cultivated Land
11	**5.71**	**1.47**	**377**	**601.81**	**276.45**	**2118**	**316.68**	**125.53**
160	**53.69**	**2.56**	**961**	**1095.90**	**312.59**	**3718**	**864.17**	**337.13**
46	7.93	0.46	785	845.56	212.72	1615	406.53	171.93
114	45.76	2.10	176	250.35	99.87	2103	457.63	165.20
27	**16.77**	**0.66**	**595**	**910.94**	**202.01**	**2540**	**478.24**	**161.58**
2	1.09		444	677.54	112.20	577	140.91	54.12
			9	11.05	8.08	27	7.29	3.02
2	1.09		432	662.21	103.91	545	132.34	51.09
						1	0.17	
			3	4.29	0.21	4	1.12	
25	15.68	0.66	151	233.40	89.81	1963	337.33	107.46
28	**20.24**	**1.99**	**680**	**1188.23**	**380.26**	**1928**	**296.34**	**112.91**
1	0.96		267	466.03	74.63	228	34.61	9.93
						18	5.98	2.46
1	0.96		265	461.87	74.55	210	28.63	7.47
			2	4.16	0.08			
9	5.37	1.47	306	518.46	223.25	723	97.51	41.45
18	13.90	0.52	107	203.73	82.37	977	164.22	61.53
10	**2.24**	**0.14**	**292**	**324.52**	**98.21**	**2730**	**498.58**	**174.20**

土地违法案件查处情况

Cases Handling of Violations of

案件类型	Case Category	安徽 Anhui		
		件数/件 Number of Cases/case	涉及土地面积/公顷 Land Area Involved/hm²	耕地 Cultivated Land
上年未结案件	**Cases Unsettled Last Year**	**10**	**37.88**	**24.71**
本年发现违法	**Violations of Law Discovered in the Current Year**	**1860**	**401.10**	**184.94**
本年发生	Cases Occurring This Year	802	181.44	100.08
历年隐漏	Cases Concealed and Not Discovered Over the Years	1058	219.66	84.87
本年立案	**Filling This Year**	**1222**	**260.17**	**94.08**
本年发生案件立案	The Cases Filling This Year	315	70.97	26.26
买卖或非法转让	Purchase and Sale or Illegal Transfer			
破坏耕地	Damage of Cultivated Land	3	0.74	0.74
非法占地	Unlawful Encroachment of Land	308	65.61	23.78
非法批地	Unlawful Approval of Land Occupancy	2	2.37	1.73
低价出让土地	Granting of Land at a Lower Price			
其他	Others	2	2.25	
隐漏案件立案	Cases Concealed and Not Discovered	907	189.20	67.82
本年结案	**Cases Settled This Year**	**679**	**142.97**	**63.38**
处理本年发生案件	This Year's Cases Handled	89	20.15	8.67
买卖或非法转让	Purchase and Sale and Illegal Transfer			
破坏耕地	Damage of Cultivated Land	2	0.23	0.23
非法占地	Unlawful Encroachment of Land	86	19.29	8.44
非法批地	Unlawful Approval of Land Occupancy	1	0.63	
低价出让土地	Granting of Land at a Lower Price			
其他	Others			
处理上年未结案	Last Year's Unsettled Cases Handled	4	15.47	10.42
处理隐漏案件	Concealed and Not Discovered Cases Handled	586	107.34	44.29
本年末结案件	**Cases Unsettled This Year**	**553**	**155.08**	**55.41**

——按地区分列（2018年） 续表3

Land Law by Region (2018) Continued 3

福建 Fujian			江西 Jiangxi			山东 Shandong		
件数/件 Number of Cases/case	涉及土地面积/公顷 Land Area Involved/hm^2	耕地 Cultivated Land	件数/件 Number of Cases/case	涉及土地面积/公顷 Land Area Involved/hm^2	耕地 Cultivated Land	件数/件 Number of Cases/case	涉及土地面积/公顷 Land Area Involved/hm^2	耕地 Cultivated Land
425	**45.06**	**14.14**	**64**	**77.49**	**25.38**	**411**	**147.49**	**56.18**
1833	**313.19**	**29.47**	**4120**	**2073.41**	**690.08**	**2101**	**614.53**	**185.47**
1060	88.39	8.16	1182	449.09	117.30	1347	418.83	139.94
773	224.81	21.31	2938	1624.32	572.78	754	195.70	45.53
1260	**255.17**	**24.72**	**2107**	**1414.94**	**507.87**	**1432**	**386.85**	**110.52**
492	29.50	4.08	379	254.97	80.68	730	201.28	69.93
26	1.79	1.28	7	0.80	0.80	11	2.17	1.23
466	27.71	2.80	359	235.10	68.36	718	198.46	68.70
						1	0.65	
			13	19.07	11.51			
768	225.66	20.64	1728	1159.97	427.19	702	185.58	40.59
1065	**156.96**	**25.22**	**1954**	**1251.51**	**448.06**	**1230**	**361.16**	**118.58**
330	18.72	3.09	318	185.26	63.99	415	106.32	45.87
22	1.65	1.22	4	0.22	0.22	6	0.52	0.48
308	17.08	1.87	306	176.53	58.58	409	105.80	45.39
			8	8.51	5.19			
299	31.88	10.31	33	19.83	5.28	359	130.31	48.65
436	106.35	11.82	1603	1046.42	378.79	456	124.52	24.06
620	**143.27**	**13.64**	**217**	**240.92**	**85.19**	**613**	**173.19**	**48.12**

土地违法案件查处情况

Cases Handling of Violations of

案件类型	Case Category	河南 Henan		
		件数/件 Number of Cases/case	涉及土地面积/公顷 Land Area Involved/hm²	耕地 Cultivated Land
上年未结案件	**Cases Unsettled Last Year**	**825**	**277.77**	**99.42**
本年发现违法	**Violations of Law Discovered in the Current Year**	**1770**	**663.57**	**210.75**
本年发生	Cases Occurring This Year	1319	395.34	143.20
历年隐漏	Cases Concealed and Not Discovered Over the Years	451	268.23	67.56
本年立案	**Filling This Year**	**1487**	**592.35**	**173.31**
本年发生案件立案	The Cases Filling This Year	1014	302.20	102.53
买卖或非法转让	Purchase and Sale or Illegal Transfer	4	0.45	0.31
破坏耕地	Damage of Cultivated Land	12	3.27	0.63
非法占地	Unlawful Encroachment of Land	990	298.06	101.55
非法批地	Unlawful Approval of Land Occupancy			
低价出让土地	Granting of Land at a Lower Price			
其他	Others	8	0.42	0.04
隐漏案件立案	Cases Concealed and Not Discovered	473	290.15	70.78
本年结案	**Cases Settled This Year**	**1218**	**482.34**	**144.94**
处理本年发生案件	This Year's Cases Handled	491	158.91	60.64
买卖或非法转让	Purchase and Sale and Illegal Transfer	2	0.11	
破坏耕地	Damage of Cultivated Land	4	0.34	0.09
非法占地	Unlawful Encroachment of Land	479	158.27	60.52
非法批地	Unlawful Approval of Land Occupancy			
低价出让土地	Granting of Land at a Lower Price			
其他	Others	6	0.19	0.04
处理上年未结案	Last Year's Unsettled Cases Handled	518	190.18	54.09
处理隐漏案件	Concealed and Not Discovered Cases Handled	209	133.25	30.21
本年未结案件	**Cases Unsettled This Year**	**1094**	**387.78**	**127.79**

——按地区分列（2018年） 续表4
Land Law by Region (2018) Continued 4

湖北 Hubei			湖南 Hunan			广东 Guangdong		
件数/件 Number of Cases/case	涉及土地面积/公顷 Land Area Involved/hm^2	耕地 Cultivated Land	件数/件 Number of Cases/case	涉及土地面积/公顷 Land Area Involved/hm^2	耕地 Cultivated Land	件数/件 Number of Cases/case	涉及土地面积/公顷 Land Area Involved/hm^2	耕地 Cultivated Land
223	**178.28**	**48.88**	**106**	**206.39**	**75.48**	**3251**	**518.80**	**183.38**
1165	**755.84**	**228.82**	**1027**	**890.27**	**156.43**	**13031**	**1761.70**	**546.61**
476	248.40	73.70	449	252.16	46.49	8437	1217.20	412.37
689	507.43	155.12	578	638.11	109.94	4594	544.50	134.24
966	**715.18**	**215.96**	**819**	**865.64**	**133.33**	**10531**	**1332.48**	**391.08**
288	216.27	61.57	296	219.55	23.14	6665	896.95	293.03
2	0.84		5	2.48	0.01	7	1.27	0.72
2	0.11	0.11	8	2.60	0.47	418	29.16	22.17
283	213.76	61.46	279	214.11	22.57	6136	816.52	259.04
1	1.56							
			4	0.36	0.09	104	50.00	11.10
678	498.90	154.39	523	646.09	110.19	3866	435.53	98.05
443	**334.28**	**78.28**	**586**	**583.52**	**93.02**	**9244**	**1164.43**	**345.43**
45	37.24	4.27	184	169.44	14.50	3544	423.42	130.93
			4	2.44	0.01	7	1.27	0.72
			1	0.18		277	18.08	13.17
45	37.24	4.27	177	166.79	14.49	3173	359.62	108.69
			2	0.03		87	44.45	8.35
143	121.31	23.84	35	14.67	6.77	2913	453.60	157.11
255	175.73	50.17	367	399.41	71.75	2787	287.41	57.39
746	**559.18**	**186.56**	**339**	**488.51**	**115.79**	**4538**	**686.84**	**229.03**

土地违法案件查处情况

Cases Handling of Violations of

案件类型	Case Category	广西 Guangxi		
		件数/件 Number of Cases/case	涉及土地面积/公顷 Land Area Involved/hm²	耕地 Cultivated Land
上年未结案件	**Cases Unsettled Last Year**	**1503**	**339.43**	**117.38**
本年发现违法	**Violations of Law Discovered in the Current Year**	**9741**	**1652.97**	**611.21**
本年发生	Cases Occurring This Year	7706	655.33	161.05
历年隐漏	Cases Concealed and Not Discovered Over the Years	2035	997.64	450.16
本年立案	**Filling This Year**	**4073**	**1241.77**	**499.99**
本年发生案件立案	The Cases Filling This Year	2166	271.80	73.16
买卖或非法转让	Purchase and Sale or Illegal Transfer	12	0.18	0.06
破坏耕地	Damage of Cultivated Land	63	2.47	2.25
非法占地	Unlawful Encroachment of Land	2090	268.64	70.86
非法批地	Unlawful Approval of Land Occupancy	1	0.50	
低价出让土地	Granting of Land at a Lower Price			
其他	Others			
隐漏案件立案	Cases Concealed and Not Discovered	1907	969.97	426.82
本年结案	**Cases Settled This Year**	**2517**	**973.34**	**465.60**
处理本年发生案件	This Year' s Cases Handled	925	104.63	19.50
买卖或非法转让	Purchase and Sale and Illegal Transfer			
破坏耕地	Damage of Cultivated Land			
非法占地	Unlawful Encroachment of Land	925	104.63	19.50
非法批地	Unlawful Approval of Land Occupancy			
低价出让土地	Granting of Land at a Lower Price			
其他	Others			
处理上年未结案	Last Year' s Unsettled Cases Handled	477	163.95	59.54
处理隐漏案件	Concealed and Not Discovered Cases Handled	1115	704.76	386.57
本年未结案件	**Cases Unsettled This Year**	**3059**	**607.86**	**151.76**

——按地区分列（2018年） 续表5

Land Law by Region (2018) Continued 5

海南 Hainan			重庆 Chongqing			四川 Sichuan		
件数/件 Number of Cases/case	涉及土地面积/公顷 Land Area Involved/hm²	耕地 Cultivated Land	件数/件 Number of Cases/case	涉及土地面积/公顷 Land Area Involved/hm²	耕地 Cultivated Land	件数/件 Number of Cases/case	涉及土地面积/公顷 Land Area Involved/hm²	耕地 Cultivated Land
471	**386.83**	**90.90**	**98**	**83.81**	**33.39**	**210**	**79.88**	**33.48**
489	**515.91**	**210.94**	**3671**	**1299.66**	**605.60**	**1050**	**358.28**	**96.98**
42	173.50	108.59	282	440.30	222.33	606	159.99	36.75
447	342.41	102.35	3389	859.36	383.26	444	198.29	60.23
478	**513.47**	**211.02**	**1251**	**939.54**	**424.16**	**516**	**238.91**	**64.62**
36	171.89	108.46	160	343.59	185.06	155	64.41	15.02
			5	5.40	3.95	4	5.73	1.18
36	171.89	108.46	154	338.10	181.11	149	57.89	13.84
			1	0.09		2	0.79	
442	341.58	102.56	1091	595.95	239.09	361	174.50	49.59
405	**331.80**	**63.17**	**1160**	**903.53**	**422.34**	**347**	**159.29**	**43.70**
15	47.09	0.37	118	304.71	174.17	55	35.47	4.16
			1	0.29				
15	47.09	0.37	116	304.33	174.17	55	35.47	4.16
			1	0.09				
230	162.17	25.93	61	49.59	17.75	85	23.66	9.63
160	122.54	36.88	981	549.23	230.42	207	100.17	29.91
544	**568.50**	**238.75**	**189**	**119.81**	**35.21**	**379**	**159.50**	**54.39**

土地违法案件查处情况

Cases Handling of Violations of

案件类型	Case Category	贵州 Guizhou		
		件数/件 Number of Cases/case	涉及土地面积/公顷 Land Area Involved/hm²	耕地 Cultivated Land
上年未结案件	**Cases Unsettled Last Year**	**125**	**103.24**	**52.42**
本年发现违法	**Violations of Law Discovered in the Current Year**	**2544**	**2074.12**	**1188.68**
本年发生	Cases Occurring This Year	1638	228.54	123.28
历年隐漏	Cases Concealed and Not Discovered Over the Years	906	1845.57	1065.40
本年立案	**Filling This Year**	**1001**	**1886.51**	**1077.95**
本年发生案件立案	The Cases Filling This Year	140	82.42	21.89
买卖或非法转让	Purchase and Sale or Illegal Transfer			
破坏耕地	Damage of Cultivated Land	1	0.25	0.25
非法占地	Unlawful Encroachment of Land	139	82.17	21.64
非法批地	Unlawful Approval of Land Occupancy			
低价出让土地	Granting of Land at a Lower Price			
其他	Others			
隐漏案件立案	Cases Concealed and Not Discovered	861	1804.09	1056.07
本年结案	**Cases Settled This Year**	**1091**	**1973.02**	**1123.44**
处理本年发生案件	This Year's Cases Handled	135	80.38	20.55
买卖或非法转让	Purchase and Sale and Illegal Transfer			
破坏耕地	Damage of Cultivated Land	1	0.25	0.25
非法占地	Unlawful Encroachment of Land	134	80.13	20.30
非法批地	Unlawful Approval of Land Occupancy			
低价出让土地	Granting of Land at a Lower Price			
其他	Others			
处理上年未结案	Last Year's Unsettled Cases Handled	119	100.15	50.71
处理隐漏案件	Concealed and Not Discovered Cases Handled	837	1792.49	1052.19
本年未结案件	**Cases Unsettled This Year**	**35**	**16.73**	**6.93**

——按地区分列（2018年） 续表6

Land Law by Region (2018) Continued 6

云南 Yunnan			西藏 Tibet			陕西 Shaanxi		
件数/件 Number of Cases/case	涉及土地面积/公顷 Land Area Involved/hm^2	耕地 Cultivated Land	件数/件 Number of Cases/case	涉及土地面积/公顷 Land Area Involved/hm^2	耕地 Cultivated Land	件数/件 Number of Cases/case	涉及土地面积/公顷 Land Area Involved/hm^2	耕地 Cultivated Land
25	**8.63**	**6.18**	**1**	**4.00**		**223**	**39.60**	**28.35**
1024	**2848.47**	**989.52**	**25**	**412.80**	**2.76**	**948**	**355.38**	**134.77**
262	827.70	143.67	22	391.58	2.70	610	212.34	83.49
762	2020.77	845.85	3	21.22	0.06	338	143.04	51.27
982	**2662.67**	**995.38**	**4**	**3.40**		**746**	**300.49**	**97.96**
239	821.81	143.20	3	3.25		431	163.54	47.43
						1	0.21	
3	0.67	0.52				1	0.80	0.80
236	821.14	142.68	3	3.25		423	159.28	46.38
						6	3.25	0.25
743	1840.86	852.19	1	0.15		315	136.96	50.52
707	**2154.51**	**944.24**	**3**	**6.96**		**570**	**240.78**	**81.90**
173	557.54	136.49	1	2.81		280	119.68	37.24
						1	0.21	
3	0.67	0.52				1	0.80	0.80
170	556.87	135.97	1	2.81		272	115.42	36.19
						6	3.25	0.25
12	2.78	2.13	1	4.00		58	14.41	8.56
522	1594.19	805.62	1	0.15		232	106.69	36.10
300	**516.79**	**57.32**	**2**	**0.44**		**399**	**99.32**	**44.40**

土地违法案件查处情况

Cases Handling of Violations of

案件类型	Case Category	甘肃 Gansu		
		件数/件 Number of Cases/case	涉及土地面积/公顷 Land Area Involved/hm²	耕地 Cultivated Land
上年未结案件	**Cases Unsettled Last Year**	**24**	**89.28**	**1.41**
本年发现违法	**Violations of Law Discovered in the Current Year**	**453**	**706.30**	**124.75**
本年发生	Cases Occurring This Year	168	74.53	17.98
历年隐漏	Cases Concealed and Not Discovered Over the Years	285	631.78	106.77
本年立案	**Filling This Year**	**412**	**692.49**	**120.68**
本年发生案件立案	The Cases Filling This Year	148	67.70	14.94
买卖或非法转让	Purchase and Sale or Illegal Transfer			
破坏耕地	Damage of Cultivated Land	15	0.85	0.85
非法占地	Unlawful Encroachment of Land	125	65.95	14.09
非法批地	Unlawful Approval of Land Occupancy			
低价出让土地	Granting of Land at a Lower Price			
其他	Others	8	0.90	
隐漏案件立案	Cases Concealed and Not Discovered	264	624.79	105.75
本年结案	**Cases Settled This Year**	**419**	**296.91**	**47.68**
处理本年发生案件	This Year's Cases Handled	143	67.26	14.82
买卖或非法转让	Purchase and Sale and Illegal Transfer			
破坏耕地	Damage of Cultivated Land	15	0.85	0.85
非法占地	Unlawful Encroachment of Land	120	65.51	13.97
非法批地	Unlawful Approval of Land Occupancy			
低价出让土地	Granting of Land at a Lower Price			
其他	Others	8	0.90	
处理上年未结案	Last Year's Unsettled Cases Handled	22	1.25	0.88
处理隐漏案件	Concealed and Not Discovered Cases Handled	254	228.41	31.99
本年未结案件	**Cases Unsettled This Year**	**17**	**484.86**	**74.41**

——按地区分列（2018年） 续表7

Land Law by Region (2018) Continued 7

青海 Qinghai			宁夏 Ningxia			新疆 Xinjiang		
件数/件 Number of Cases/case	涉及土地面积/公顷 Land Area Involved/hm^2	耕地 Cultivated Land	件数/件 Number of Cases/case	涉及土地面积/公顷 Land Area Involved/hm^2	耕地 Cultivated Land	件数/件 Number of Cases/case	涉及土地面积/公顷 Land Area Involved/hm^2	耕地 Cultivated Land
77	**174.53**	**81.99**	**33**	**15.37**	**1.13**	**414**	**793.76**	**84.23**
1360	**1864.88**	**558.25**	**477**	**136.58**	**11.11**	**3151**	**21301.73**	**209.08**
284	436.28	118.87	403	92.63	8.60	902	1488.36	29.35
1076	1428.60	439.37	74	43.95	2.50	2249	19813.37	179.74
1291	**1845.78**	**546.90**	**123**	**85.48**	**2.15**	**3204**	**21449.55**	**208.16**
224	419.57	108.08	41	29.91	0.35	885	1468.46	29.15
						6	1.21	0.13
6	1.56	1.56				14	4.68	3.42
211	415.09	106.52	40	29.90	0.35	792	641.93	25.61
1	0.74							
6	2.18		1	0.01		73	820.64	
1067	1426.21	438.82	82	55.57	1.80	2319	19981.09	179.00
1288	**1747.77**	**556.21**	**121**	**71.50**	**1.64**	**3264**	**20829.62**	**228.24**
182	203.98	39.89	33	19.72	0.23	790	1261.69	11.11
						3	0.77	
6	1.56	1.56				13	4.56	3.29
170	200.26	38.33	32	19.71	0.23	701	435.73	7.81
1	0.74							
5	1.42		1	0.01		73	820.64	
77	174.53	81.99	28	13.37	0.52	217	451.13	63.84
1029	1369.27	434.33	60	38.41	0.90	2257	19116.80	153.30
80	**272.54**	**72.69**	**35**	**29.34**	**1.64**	**354**	**1413.70**	**64.14**

土地违法案件及查处情况
Cases Handling of Violations of Land Law

案件类型	Case Category	合计 Total		
		件数/件 Number of Cases/case	涉及土地面积/公顷 Land Area Involved/hm^2	耕地 Cultivated Land
上年未结案	**Cases Unsettled Last Year**	**14748**	**6674.14**	**2013.66**
本年发现违法	**Violations of Law Discovered in the Current Year**	**63729**	**51653.80**	**8816.35**
本年发生	Cases Occurring This Year	32875	15920.35	2967.73
历年隐漏	Cases Concealed and Not Discovered Over the Years	30854	35733.45	5848.62
本年立案	**Filling This Year**	**43274**	**47344.46**	**7353.71**
本年发生本年立案	The Cases Filling This Year	17831	12917.18	2016.30
买卖或非法转让	Purchase and Sale and Illegal Transfer	39	6.85	1.23
破坏耕地	Damage of Cultivated Land	680	99.02	68.96
非法占地	Unlawful Encroachment of Land	16856	11893.41	1916.68
非法批地	Unlawful Approval of Land Occupancy	9	6.59	2.33
低价出让土地	Granting of Land at a Lower Price			
其他	Others	247	911.30	27.10
历年隐漏案件立案	Cases Concealed and Not Discovered	25443	34427.28	5337.40
本年结案	**Cases Settled This Year**	**36225**	**41304.77**	**6660.48**
处理本年发生案件	This Year's Cases Handled	9647	8233.29	1137.30
买卖或非法转让	Purchase and Sale and Illegal Transfer	17	4.79	0.73
破坏耕地	Damage of Cultivated Land	400	50.09	37.52
非法占地	Unlawful Encroachment of Land	9019	7288.13	1081.29
非法批地	Unlawful Approval of Land Occupancy	3	1.43	0.06
低价出让土地	Granting of Land at a Lower Price			
其他	Others	208	888.84	17.70
处理上年未结案	Last Year's Unsettled Cases Handled	8305	3275.35	1074.37
处理历年隐漏案	Concealed and Not Discovered Cases Handled	18273	29796.13	4448.81
本年未结案件	**Cases Unsettled This Year**	**21797**	**12713.82**	**2706.89**

——按涉案主体级别分列（2018年）
by Level of Involved Subjects (2018)

省级机关 Provincial Level			市级机关 Municipal Level			县级机关 County Level		
件数/件 Number of Cases/case	涉及土地面积/公顷 Land Area Involved/hm²	耕地 Cultivated Land	件数/件 Number of Cases/case	涉及土地面积/公顷 Land Area Involved/hm²	耕地 Cultivated Land	件数/件 Number of Cases/case	涉及土地面积/公顷 Land Area Involved/hm²	耕地 Cultivated Land
6	**8.58**	**1.57**	**24**	**47.05**	**18.28**	**105**	**119.04**	**68.72**
27	**452.87**	**134.38**	**204**	**1847.45**	**109.14**	**927**	**1825.05**	**598.77**
9	11.31	5.28	76	1596.02	42.00	257	578.92	234.54
18	441.56	129.10	128	251.43	67.13	670	1246.13	364.24
15	**345.39**	**129.03**	**166**	**1444.44**	**68.63**	**811**	**1653.58**	**514.36**
1	0.55		46	1202.56	6.98	191	507.27	192.14
			1	0.04				
						2	2.89	2.46
1	0.55		41	1195.20	6.98	185	501.43	187.34
			4	7.32		4	2.95	2.34
14	344.84	129.03	120	241.88	61.65	620	1146.31	322.22
15	**345.81**	**126.33**	**129**	**1376.27**	**63.26**	**704**	**1339.53**	**513.23**
1	0.55		27	1153.98	3.47	103	284.38	144.94
			1	0.04				
						1	2.46	2.46
1	0.55		22	1146.62	3.47	100	281.46	142.48
			4	7.32		2	0.46	
4	8.44	1.50	18	22.83	6.08	69	92.72	61.21
10	336.82	124.83	84	199.46	53.71	532	962.44	307.08
6	**8.16**	**4.26**	**61**	**115.22**	**23.65**	**212**	**433.08**	**69.86**

土地违法案件及查处情况
Cases Handling of Violations of Land Law

案件类型	Case Category	乡级机关 Township Level		
		件数/件 Number of Cases/case	涉及土地面积/公顷 Land Area Involved/hm²	耕地 Cultivated Land
上年未结案	**Cases Unsettled Last Year**	**121**	**158.85**	**79.88**
本年发现违法	**Violations of Law Discovered in the Current Year**	**601**	**562.06**	**226.96**
本年发生	Cases Occurring This Year	189	192.95	60.42
历年隐漏	Cases Concealed and Not Discovered Over the Years	412	369.11	166.53
本年立案	**Filling This Year**	**490**	**485.22**	**196.79**
本年发生本年立案	The Cases Filling This Year	120	128.78	36.24
买卖或非法转让	Purchase and Sale and Illegal Transfer			
破坏耕地	Damage of Cultivated Land	1	0.17	0.15
非法占地	Unlawful Encroachment of Land	109	122.48	33.60
非法批地	Unlawful Approval of Land Occupancy	3	3.93	1.73
低价出让土地	Granting of Land at a Lower Price			
其他	Others	7	2.20	0.75
历年隐漏案件立案	Cases Concealed and Not Discovered	370	356.44	160.56
本年结案	**Cases Settled This Year**	**447**	**504.16**	**220.30**
处理本年发生案件	This Year's Cases Handled	81	96.08	32.85
买卖或非法转让	Purchase and Sale and Illegal Transfer			
破坏耕地	Damage of Cultivated Land	1	0.17	0.15
非法占地	Unlawful Encroachment of Land	72	93.08	31.95
非法批地	Unlawful Approval of Land Occupancy	1	0.63	
低价出让土地	Granting of Land at a Lower Price			
其他	Others	7	2.20	0.75
处理上年未结案	Last Year's Unsettled Cases Handled	72	112.44	55.43
处理历年隐漏案	Concealed and Not Discovered Cases Handled	294	295.63	132.02
本年未结案件	**Cases Unsettled This Year**	**164**	**139.92**	**56.37**

——按涉案主体级别分列（2018年） 续表
by Level of Involved Subjects (2018) Continued

村（组）集体 Village and Collective Level			企事业单位 Enterprises and Institutions			个人 Individuals		
件数/件 Number of Cases/case	涉及土地面积/公顷 Land Area Involved/hm²	耕地 Cultivated Land	件数/件 Number of Cases/case	涉及土地面积/公顷 Land Area Involved/hm²	耕地 Cultivated Land	件数/件 Number of Cases/case	涉及土地面积/公顷 Land Area Involved/hm²	耕地 Cultivated Land
1878	**619.88**	**181.20**	**3116**	**3874.01**	**1055.56**	**9498**	**1846.72**	**608.46**
5379	**1465.91**	**534.82**	**13846**	**21853.67**	**5254.58**	**42745**	**23646.79**	**1957.70**
2418	627.04	234.26	5109	8639.95	1285.52	24817	4274.16	1105.71
2961	838.87	300.56	8737	13213.72	3969.06	17928	19372.64	851.99
3836	**988.56**	**357.81**	**11745**	**20336.94**	**4804.80**	**26211**	**22090.33**	**1282.29**
1342	327.81	98.54	3551	7640.55	1048.40	12580	3109.66	634.01
6	3.44	0.25	3	0.45		29	2.92	0.98
46	8.98	6.17	65	24.84	13.86	566	62.14	46.32
1267	306.86	89.27	3412	7513.76	1018.21	11841	2253.13	581.28
			3	1.41		3	1.25	0.60
23	8.53	2.85	68	100.09	16.33	141	790.21	4.82
2494	660.75	259.27	8194	12696.39	3756.40	13631	18980.67	648.28
3476	**924.85**	**350.61**	**10228**	**16250.32**	**4460.44**	**21226**	**20563.82**	**926.31**
641	190.72	54.14	2089	4464.11	656.22	6705	2043.47	245.67
4	2.60	0.25	2	0.32		10	1.83	0.48
39	8.14	5.48	29	9.66	4.95	330	29.66	24.48
581	174.04	46.84	2003	4364.82	639.06	6240	1227.56	217.49
			1	0.74		1	0.06	0.06
17	5.94	1.56	54	88.57	12.22	124	784.36	3.16
983	240.14	90.26	1849	2166.57	603.77	5310	632.22	256.12
1852	494.00	206.21	6290	9619.64	3200.44	9211	17888.14	424.52
2238	**683.59**	**188.39**	**4633**	**7960.64**	**1399.92**	**14483**	**3373.23**	**964.44**

土地违法案件

Handling Results of Cases of

地区	Region	拆除构建物/平方米 Demolition of Buildings and Structures/m²	没收构建物/平方米 Confiscation of Buildings and Structures/m²
总计	**Total**	**9854915**	**32951168**
北京	Beijing	100630	55241
天津	Tianjin	37232	58392
河北	Hebei	1551409	276714
山西	Shanxi	286284	343214
内蒙古	Inner Mongolia	23530	575205
辽宁	Liaoning	12609	185076
吉林	Jilin	92836	164370
黑龙江	Heilongjiang	116579	271002
上海	Shanghai	612	1422
江苏	Jiangsu	486319	2669588
浙江	Zhejiang	149597	863869
安徽	Anhui	335197	507495
福建	Fujian	49603	216845
江西	Jiangxi	476289	899797
山东	Shandong	240759	692302
河南	Henan	248923	274057
湖北	Hubei	32322	852191
湖南	Hunan	239155	1898642
广东	Guangdong	511530	375486
广西	Guangxi	821959	5857831
海南	Hainan	334003	1331486
重庆	Chongqing	254543	3330679
四川	Sichuan	251145	741639
贵州	Guizhou	1488945	8838858
云南	Yunnan	296537	709105
西藏	Tibet	3115	100
陕西	Shaanxi	588107	649935
甘肃	Gansu	87563	22231
青海	Qinghai	175912	92730
宁夏	Ningxia	1839	163845
新疆	Xinjiang	559832	31821

查处结果（2018年）

Violations of Land Law（2018）

收回土地/公顷 Land Retrieval/hm^2		罚没款/万元 Fines/10^4 yuan
	耕地Cultivated Land	
5457.28	**1368.34**	**132883.84**
		119.58
0.14	0.14	340.68
115.27	42.76	1853.82
6.61	0.05	2662.79
22.89	0.25	11121.45
2.57	0.27	711.70
34.12	6.68	1125.01
30.91	0.54	6020.68
2.22		49.27
162.41	46.23	3667.52
98.93	40.48	3575.65
147.48	35.01	1333.23
37.08	3.00	3390.81
225.14	121.72	7262.84
21.70	10.11	4669.14
18.79	16.78	2903.01
108.34	12.29	10720.01
431.75	5.05	4838.19
60.90	2.16	2472.94
42.33	25.63	4513.97
2.60	0.01	5378.19
710.45	211.23	8650.49
635.38	83.27	1686.06
375.96	212.65	14666.95
56.59	0.99	9301.47
0.10		40.96
42.46	21.18	2511.56
3.73	1.43	914.78
241.77	1.83	3983.21
96.30	0.27	338.04
1722.34	466.31	12059.83

矿产违法案件查处情况
Investigation and Treatment of Illegal

单位：件

案件类型	Case Category	合计 Total	北京 Beijing	天津 Tianjin	河北 Hebei	山西 Shanxi	内蒙古 Inner Mongolia	辽宁 Liaoning
上年未结案件	**Cases Unsettled Last Year**	**676**	**18**		**9**	**2**	**17**	**18**
本年立案	**Cases Filed This Year**	**5685**	**7**	**25**	**61**	**86**	**141**	**48**
勘查	Exploration	74			3	4	3	
无证勘查	Exploration without Any License	58			3	4	1	
越界勘查	Cross-Border Exploration	11					1	
非法转让探矿权	Illegal Transfer of Exploration Right							
其他	Others	5					1	
开采	Mining	5424	7	25	58	79	137	47
无证开采	Mining without Any License	3985	7	25	50	42	94	37
越界开采	Cross-Border Mining	1344			7	35	40	10
非法转让采矿权	Illegal Transfer of Mining Right	3					1	
破坏性开采	Destructive Mining	20				1	2	
其他	Others	72			1	1		
非法批准	Illegal Approval							
违法发证	Unlawful Issuance of License							
勘查许可证	Exploration License							
采矿许可证	Mining License							
其他	Others	187				3	1	1
本年结案	**Cases Settled This Year**	**5075**	**7**	**25**	**57**	**86**	**137**	**60**
处理上年未结案	Last Year' s Unsettled Cases Handled	428	5		8	2	11	18
勘查	Exploration	70				4	3	
无证勘查	Exploration without Any License	54				4	1	
越界勘查	Cross-Border Exploration	11					1	
非法转让探矿权	Illegal Transfer of Exploration Right							
其他	Others	5					1	
开采	Mining	4421	2	25	49	77	122	41
无证开采	Mining without Any License	3123	2	25	42	41	80	31
越界开采	Cross-Border Mining	1220			6	34	39	10
非法转让采矿权	Illegal Transfer of Mining Right	3					1	
破坏性开采	Destructive Mining	14				1	2	
其他	Others	61			1	1		
非法批准	Illegal Approval							
违法发证	Unlawful Issuance of License							
勘查许可证	Exploration License							
采矿许可证	Mining License							
其他	Others	156				3	1	1
本年未结案件	**Cases Unsettled This Year**	**1286**	**18**		**13**	**2**	**21**	**6**

——按地区分列（2018年）

Mineral Cases by Region（2018）

Unit: case

吉林 Jilin	黑龙江 Heilongjiang	上海 Shanghai	江苏 Jiangsu	浙江 Zhejiang	安徽 Anhui	福建 Fujian	江西 Jiangxi	山东 Shandong	河南 Henan	湖北 Hubei	湖南 Hunan
13	**75**		**5**	**118**	**10**		**1**	**21**	**2**	**8**	**24**
152	**308**		**14**	**371**	**126**	**26**	**289**	**227**	**149**	**97**	**335**
1											9
											3
											6
1											
151	295		14	363	124	21	286	200	144	94	317
128	165		12	343	123	19	151	186	128	63	136
21	125			9			134	12	9	31	179
1											
				5		2					
1	5		2	6	1		1	2	7		2
	13			8	2	5	3	27	5	3	9
105	**283**		**15**	**150**	**91**	**18**	**270**	**174**	**110**	**55**	**284**
3	70		1	29	5		1	19	1	5	5
1											9
											3
											6
1											
101	203		14	118	85	14	266	138	106	47	267
89	91		12	108	85	14	137	125	93	26	107
11	107			5			128	11	7	21	158
1											
				2							
	5		2	3			1	2	6		2
	10			3	1	4	3	17	3	3	3
60	**100**		**4**	**339**	**45**	**8**	**20**	**74**	**41**	**50**	**75**

矿产违法案件查处情况

Investigation and Treatment of Illegal

单位：件

案件类型	Case Category	广东 Guangdong	广西 Guangxi	海南 Hainan	重庆 Chongqing	四川 Sichuan	贵州 Guizhou
上年未结案件	**Cases Unsettled Last Year**	**6**	**56**	**23**	**31**	**32**	**19**
本年立案	**Cases Filed This Year**	**31**	**503**	**114**	**171**	**184**	**149**
勘查	Exploration		3				
无证勘查	Exploration without Any License						
越界勘查	Cross-Border Exploration		3				
非法转让探矿权	Illegal Transfer of Exploration Right						
其他	Others						
开采	Mining	31	490	114	170	166	142
无证开采	Mining without Any License	27	426	107	152	101	94
越界开采	Cross-Border Mining	3	52	7	17	63	44
非法转让采矿权	Illegal Transfer of Mining Right				1		
破坏性开采	Destructive Mining	1				1	2
其他	Others		12			1	2
非法批准	Illegal Approval						
违法发证	Unlawful Issuance of License						
勘查许可证	Exploration License						
采矿许可证	Mining License						
其他	Others		10		1	18	7
本年结案	**Cases Settled This Year**	**34**	**456**	**105**	**165**	**158**	**160**
处理上年未结案	Last Year's Unsettled Cases Handled	5	30	14	30	22	18
勘查	Exploration		3				
无证勘查	Exploration without Any License						
越界勘查	Cross-Border Exploration		3				
非法转让探矿权	Illegal Transfer of Exploration Right						
其他	Others						
开采	Mining	29	413	91	134	120	135
无证开采	Mining without Any License	26	369	85	118	69	88
越界开采	Cross-Border Mining	3	35	6	15	49	43
非法转让采矿权	Illegal Transfer of Mining Right				1		
破坏性开采	Destructive Mining					1	2
其他	Others		9			1	2
非法批准	Illegal Approval						
违法发证	Unlawful Issuance of License						
勘查许可证	Exploration License						
采矿许可证	Mining License						
其他	Others		10		1	16	7
本年未结案件	**Cases Unsettled This Year**	**3**	**103**	**32**	**37**	**58**	**8**

——按地区分列（2018年）续表
Mineral Cases by Region（2018）Continued

Unit：case

云南 Yunnan	西藏 Tibet	陕西 Shaanxi	甘肃 Gansu	青海 Qinghai	宁夏 Ningxia	新疆 Xinjiang
5		**29**	**23**	**26**	**43**	**42**
722		**73**	**133**	**107**	**125**	**911**
2		1		1		47
1		1				45
				1		
1						2
693		65	131	104	125	831
498		53	96	78	114	530
194		8	35	26	9	274
					1	5
1		4			1	22
27		7	2	2		33
650		**73**	**154**	**122**	**144**	**927**
3		18	23	26	34	22
2				1		47
1						45
				1		
1						2
619		48	129	93	110	825
429		40	94	73	99	525
190		4	35	20	9	274
					1	5
		4			1	21
26		7	2	2		33
77		**29**	**2**	**11**	**24**	**26**

矿产违法案件查处情况

Investigation and Treatment of Illegal

单位：件

案件类型	Case Category	合计 total	国家机关 State Organs	省级 Provincial Level	市级 Municipal Level	县级 County Level
上年未结案	**Cases Unsettled Last Year**	**676**	**2**			**2**
本年立案	**Cases Filed This Year**	**5685**	**40**	**5**	**2**	**33**
勘查	Exploration	74				
无证勘查	Exploration without Any License	58				
越界勘查	Cross-Border Exploration	11				
非法转让探矿权	Illegal Transfer of Exploration Right					
其他	Others	5				
开采	Mining	5424	40	5	2	33
无证开采	Mining without Any License	3985	13			13
越界开采	Cross-Border Mining	1344	21	1	1	19
非法转让开采权	Illegal Transfer of Mining Right	3				
破坏性开采	Destructive Mining	20	1			1
其他	Others	72	5	4	1	
非法批准	Illegal Approval					
违法发证	Unlawful Issuance of License					
勘查许可证	Exploration License					
采矿许可证	Mining License					
其他	Others	187				
本年结案	**Cases Settled This Year**	**5075**	**30**	**4**	**2**	**24**
处理上年未结案	Last Year' s Unsettled Cases Handled	428	1			1
勘查	Exploration	70				
无证勘查	Exploration without Any License	54				
越界勘查	Cross-Border Exploration	11				
非法转让探矿权	Illegal Transfer of Exploration Right					
其他	Others	5				
开采	Mining	4421	29	4	2	23
无证开采	Mining without Any License	3123	6			6
越界开采	Cross-Border Mining	1220	17		1	16
非法转让开采权	Illegal Transfer of Mining Right	3				
破坏性开采	Destructive Mining	14	1			1
其他	Others	61	5	4	1	
非法批准	Illegal Approval					
违法发证	Unlawful Issuance of License					
勘查许可证	Exploration License					
采矿许可证	Mining License					
其他	Others	156				
本年未结案件	**Cases Unsettled This Year**	**1286**	**12**	**1**		**11**

——按涉案主体级别分列（2018年）

Mineral Cases by Level of Involved Subjects （2018）

Unit:case

企事业单位 Enterprises And Institutions		集体 Collective		个人 Individual
	外商 Foreign-Funded		乡村 Township	
177		**10**	**2**	**487**
1722	**10**	**60**	**23**	**3863**
37		2	1	35
23		2	1	33
10				1
4				1
1624	10	54	20	3706
700	3	33	19	3239
878	7	19	1	426
2				1
10		1		8
34		1		32
61		4	2	122
1649	**10**	**45**	**10**	**3351**
109		7		311
36		2	1	32
22		2	1	30
10				1
4				1
1450	10	35	8	2907
611	3	18	7	2488
797	7	17	1	389
2				1
9				4
31				25
54		1	1	101
250		**25**	**15**	**999**

矿产违法案件查处
Investigation and Treatment Results

地 区	Region	吊销勘查许可证/件 Revoked Exploration Licenses/case
总 计	**Total**	**9**
北 京	Beijing	
天 津	Tianjin	
河 北	Hebei	
山 西	Shanxi	
内蒙古	Inner Mongolia	
辽 宁	Liaoning	
吉 林	Jilin	
黑龙江	Heilongjiang	
上 海	Shanghai	
江 苏	Jiangsu	
浙 江	Zhejiang	
安 徽	Anhui	
福 建	Fujian	
江 西	Jiangxi	5
山 东	Shandong	
河 南	Henan	
湖 北	Hubei	
湖 南	Hunan	1
广 东	Guangdong	1
广 西	Guangxi	
海 南	Hainan	
重 庆	Chongqing	1
四 川	Sichuan	
贵 州	Guizhou	
云 南	Yunnan	
西 藏	Tibet	
陕 西	Shaanxi	1
甘 肃	Gansu	
青 海	Qinghai	
宁 夏	Ningxia	
新 疆	Xinjiang	

结果（2018年）
of Illegal Mineral Cases（2018）

本年结案 Cases Closed This Year	
吊销采矿许可证/件 Revoked Mining Licenses/case	罚没款/万元 Fine/10^4yuan
8	**25162.51**
	8.95
	11.70
	148.07
	321.48
	304.04
	167.94
	258.59
	1566.72
	60.43
	431.79
	72.91
	31.73
6	1311.65
	400.44
	492.15
	180.58
1	1386.74
	232.16
	1968.55
	267.88
	624.38
	421.16
	638.03
1	1916.82
	112.27
	266.94
	237.88
	2766.67
	8553.86

自然资源行政复议情况
Administrative Reconsideration

单位：件

地　区	Region	上期结转/件 Cases Transferred from Last Year	本期新收 New Receipts in This Period			
			总计 Total	受理 Cases Accepted	不予受理 Inadmissibility	其他 Others
总　计	**Total**	**735**	**6012**	**4957**	**818**	**237**
自然资源部	MNR	342	1118	816	207	95
北　京	Beijing					
天　津	Tianjin	2	112	112		
河　北	Hebei	14	345	304	30	11
山　西	Shanxi	1	100	80	18	2
内蒙古	Inner Mongolia	1	34	33	1	
辽　宁	Liaoning	2	111	109	2	
吉　林	Jilin		58	45	13	
黑龙江	Heilongjiang	4	31	22	9	
上　海	Shanghai		186	133	53	
江　苏	Jiangsu	145	407	322	58	27
浙　江	Zhejiang	22	379	307	64	8
安　徽	Anhui	22	233	202	29	2
福　建	Fujian	22	262	213	49	
江　西	Jiangxi	1	102	74	24	4
山　东	Shandong					
河　南	Henan	5	217	203	14	
湖　北	Hubei	19	182	152	18	12
湖　南	Hunan	21	348	313	35	
广　东	Guangdong	24	521	415	62	44
广　西	Guangxi	17	190	155	16	19
海　南	Hainan	5	68	55	13	
重　庆	Chongqing	32	175	154	13	8
四　川	Sichuan	28	490	414	71	5
贵　州	Guizhou	3	62	57	5	
云　南	Yunnan	2	53	48	5	
西　藏	Tibet		1	1		
陕　西	Shaanxi	1	145	141	4	
甘　肃	Gansu		44	44		
青　海	Qinghai		1	1		
宁　夏	Ningxia		3	1	2	
新　疆	Xinjiang		34	31	3	

注：行政复议案件数是各级自然资源主管部门为复议审理机关的案件数，不包括地方各级人民政府为复议审理机关的案件数。

Note: The number of administrative reconsideration cases refers to the number of cases in which the natural resources departments at various levels

——按地区分列（2018年）

of Natural Resources by Region (2018)

Unit: case

被申请人 The Respondent								
乡镇政府 Township Government	县级政府部门 County Government Departments	县级政府 County Government	地市级政府部门 Municipal Government Departments	地市级政府 Municipal Government	省级政府部门 Provincial Government Departments	省级政府 Provincial Government	国务院部门 Department of the State Council	其他 Others
22	**2752**	**28**	**1786**	**44**	**834**	**19**	**344**	**183**
3	6	6	6	1	724	19	344	9
			112					
	230		107					8
	48	2	21					29
	27		7					
	57		47					7
	41		17					
	10		21					
			144					42
	219		157		2			29
7	194	9	116	42				11
12	143	2	71					5
	174		87					1
	57		45					
	145		70					2
	100		82					
	240	3	104					1
	157		345					19
	128		56		4			2
	32		30		6			
	175							
	370	3	116	1				
	62							
	46		4					3
			1					
	42	3	4		82			14
	27		1		16			
	1							
			2					1
	21		13					

are the reconsideration organs, excluding the number of cases in which the local people's governments at various levels are the reconsideration organs.

自然资源行政复议情况

Administrative Reconsideration of Natural

单位：件

地 区	Region	复议机关 Reconsideration Organ				
		地市级政府部门 Municipal Government Departments	省级政府部门 Provincial Government Departments	自然资源部 Ministry of Natural Resources	信息公开 Information Disclosure	举报投诉 Report Complaints
总 计	**Total**	**2561**	**2329**	**1122**	**2233**	**562**
自然资源部	MNR			1118	506	236
北 京	Beijing					
天 津	Tianjin		112		26	15
河 北	Hebei	238	107		163	43
山 西	Shanxi	79	21		37	7
内蒙古	Inner Mongolia	27	7		10	
辽 宁	Liaoning	69	42		34	7
吉 林	Jilin	41	17		25	4
黑龙江	Heilongjiang	12	19		7	3
上 海	Shanghai		186		78	1
江 苏	Jiangsu	248	159		184	47
浙 江	Zhejiang	217	162		111	41
安 徽	Anhui	163	70		48	21
福 建	Fujian	175	87		77	22
江 西	Jiangxi	61	41		44	11
山 东	Shandong					
河 南	Henan	130	87		82	23
湖 北	Hubei	101	81		75	2
湖 南	Hunan	91	257		77	9
广 东	Guangdong	176	345		206	30
广 西	Guangxi	133	57		49	3
海 南	Hainan		64	4	9	4
重 庆	Chongqing	10	165		40	2
四 川	Sichuan	372	118		263	24
贵 州	Guizhou	62			16	1
云 南	Yunnan	47	6		16	
西 藏	Tibet		1			
陕 西	Shaanxi	58	87		24	6
甘 肃	Gansu	28	16		23	
青 海	Qinghai	1				
宁 夏	Ningxia	1	2		1	
新 疆	Xinjiang	21	13		2	

——按地区分列（2018年）续表1

Resources by Region（2018）Continued 1

Unit: case

复议事项 Reconsideration Matters								
不动产登记 Real Estate Registration	行政处罚 Administrative Sanction	行政强制 Administrative Compulsion	行政征收 Administrative Expropriation	行政许可 Administrative Licensing	行政确认 Administrative Confirmation	行政确权 Administrative Confirmation	行政不作为 Administrative Omission	其他 Others
651	**545**	**166**	**658**	**257**	**120**	**58**	**297**	**465**
89	3		111	36		2	9	126
	6			9	8		42	6
31	34	2	2	16		5	20	29
7	19		12	3			1	14
6	9			5			4	
15	24		4	7			4	16
	7	7	6	1	2		4	2
4	8	1			2	2	2	2
35	2	4	5	26	1		12	22
76	15		50	5		4	12	14
47	13	5	54	16	7		48	37
30	30	36	31	4	4	2	12	15
46	26	1	30	8	5	9	20	18
22	7	1	4	6		1	1	5
21	35	1	17	11		2	9	16
25	14		10	13	21	1	8	13
9	33	7	153	11	10	10	16	13
96	58		17	53	14	5	12	30
22	15	42	13	3	17	4	6	16
20	9	15		4			7	
11	31	30	42	4	6			9
21	26		78	6			27	45
7	4		10	1	22			1
3	13	2	3	6		3	2	5
	1							
8	66	5	5	3		7	12	9
	7	4	1		1		7	1
						1		
	2							
	28	3						1

自然资源行政复议情况

Administrative Reconsideration of Natural

单位：件

地 区	Region	审理情况 Trial Situation					
		已审结 Concluded Cases					
		合计 Total	驳回 Rejection	维持 Maintenance	责令履行 Ordering to Execution	变更 Change	确认违法 Confirmation of a Malfeasance
总 计	**Total**	**4599**	**1017**	**1797**	**357**	**13**	**216**
自然资源部	MNR	835	278	323	29		7
北 京	Beijing						
天 津	Tianjin	112	23	62	2		2
河 北	Hebei	259	57	62	71		13
山 西	Shanxi	67	7	23	20	1	4
内蒙古	Inner Mongolia	27	2	9	5		3
辽 宁	Liaoning	99	29	23	28		1
吉 林	Jilin	41	17	14	1		
黑龙江	Heilongjiang	22	2	2	3		1
上 海	Shanghai	118	26	76			
江 苏	Jiangsu	404	66	236	8		24
浙 江	Zhejiang	270	52	107	23		10
安 徽	Anhui	187	21	46	3	1	25
福 建	Fujian	206	69	69	15		6
江 西	Jiangxi	71	4	35	10		4
山 东	Shandong						
河 南	Henan	194	38	56	52		11
湖 北	Hubei	127	23	29	5		14
湖 南	Hunan	204	50	59	21	1	7
广 东	Guangdong	344	65	155	5	3	36
广 西	Guangxi	147	18	60	8	3	21
海 南	Hainan	50	7	26	3		1
重 庆	Chongqing	121	21	45	9		6
四 川	Sichuan	408	88	164	22		15
贵 州	Guizhou	39		20	4		
云 南	Yunnan	48	4	22	4	2	3
西 藏	Tibet	1					
陕 西	Shaanxi	133	29	50	3	2	2
甘 肃	Gansu	34	19	9	3		
青 海	Qinghai	1					
宁 夏	Ningxia	1		1			
新 疆	Xinjiang	29	2	14			

——按地区分列（2018年）续表2

Resources by Region（2018）Continued 2

Unit: case

				行政复议意见书 Administrative Reconsideration Opinion		行政赔偿 Administrative Compensation	
撤销 Withdraw	撤回申请 Cancellation	其他 Others	未审结 Cases Whose Trials Have Not Been Concluded	制发数 Issued Number	落实数 Real Number	件数 Number of Cases	赔偿数额/元 Amount of Compensation/yuan
697	**259**	**243**	**1093**	**246**	**195**	**10**	**12827313**
72	15	111	323	7	2		
11		12	2				
39	13	4	59	12	11		
7	5		14	21	21	3	8701313
8			7	2	1		
18			12	27	14		
2	7		4	12	12		
10	2	2	4	9	8		
8		8	15				
34	33	3	63	14	14		
49	25	4	59	10	10	7	4060000
57	27	7	37	11	11		
27	10	10	29				
5	5	8	4	8	8		
22	5	10	14	23	14		
27	23	6	44	6	5		
44	17	5	130	10	3		
62	12	6	95	20	20		
31	6		25	1	1		
8		5	10				
24	16		65	2	2		
91	16	12	34	7	6		
10	1	4	21				
12	1		2	29	23		
1				1	1		
4	18	25	9	2	2		
2		1	10	8	3		
1				1	1		
				1			66000
11	2		2	2	2		

自然资源行政复议
Administrative Reconsideration

单位：件

类别	Category	上期结转 Carry Forward of Previous Period	本期新收 New Income in This Period				
			总计 Total	受理 Acceptance	不予受理 Inadmissibility	其他 Others	乡镇政府 Township Government
合计	**Total**	**735**	**6012**	**4957**	**818**	**237**	**22**
规划	Planning	14	281	244	36	1	
土地	Land Resources	636	5374	4403	746	225	10
矿产	Mineral Resources	32	115	106	6	3	
海洋	Ocean Resources	4	26	25	1		
其他	Others	49	216	179	29	8	12

类别	Category	复议机关 Reconsideration Organ					
		地市级政府 Municipal Government	省级政府部门 Provincial Government Departments	自然资源部 MNR	信息公开 Information Disclosure	举报投诉 Report Complaints	不动产登记 Real Estate Registration
合计	**Total**	**2561**	**2329**	**1122**	**2233**	**562**	**651**
规划	Planning	167	107	7	111	4	
土地	Land Resources	2224	2102	1048	2054	545	583
矿产	Mineral Resources	60	26	29	4	1	
海洋	Ocean Resources	3	16	7	4	2	
其他	Others	107	78	31	60	10	68

类别	Category	审理情况 Trial Situation						
		已审结 Cases Whose Trails Have Been Concluded/case						
		合计 Total	驳回 Rejection	维持 Maintenance	责令履行 Ordering to Execution	变更 Change	确认违法 Confirmation of A Malfeasance	撤销 Withdraw
合计	**Total**	**4599**	**1017**	**1797**	**357**	**13**	**216**	**697**
规划	Planning	227	38	93	21		11	40
土地	Land Resources	4093	928	1606	322	11	199	584
矿产	Mineral Resources	92	16	23	7	1	2	32
海洋	Ocean Resources	26	2	16	1			7
其他	Others	161	33	59	6	1	4	34

注：行政复议案件数是各级自然资源主管部门为复议审理机关的案件数，不包括地方各级人民政府为复议审理机关的案件数。

Note: The number of administrative reconsideration cases refers to the number of cases in which the natural resources departments at various levels

情况——按行政管理类别分列（2018年）
of Natural Resources by Administrative Category （2018）

Unit: case

被申请人 The Respondent							
县级政府部门 County Government Departments	县级政府 County Government	地市级政府部门 Municipal Government Departments	地市级政府 Municipal Government	省级政府部门 Provincial Government Departments	省级政府 Provincial Government	国务院部门 Department of The State Council	其他 Others
2752	**28**	**1786**	**44**	**834**	**19**	**344**	**183**
163		104		7			7
2382	28	1622	44	775	19	330	164
62		22		27		3	1
17		2		4		3	
128		36		21		8	11

复议事项 Reconsideration Matters							
行政处罚 Administrative Sanction	行政强制 Administrative Compulsion	行政征收 Administrative Expropriation	行政许可 Administrative Licensing	行政确认 Administrative Confirmation	行政确权 Administrative Confirmation	行政不作为 Administrative Omission	其他 Others
545	**166**	**658**	**257**	**120**	**58**	**297**	**465**
17	5		110			14	20
491	118	656	83	91	55	277	421
29		1	48	21	1	1	9
2	15		2				1
6	28	1	14	8	2	5	14

			行政复议意见书 Administrative Reconsideration Opinion		行政赔偿 Administrative Compensation	
撤回申请 Cancellation	其他 Others	未审结 Cases Whose Trials Have Not Been Concluded/case	制发数 Issued Number	落实数 Real Number	件数 Number of Cases	赔偿数额/元 Amount of Compensation/yuan
259	**243**	**1093**	**246**	**195**	**10**	**12827313**
12	12	31	8	7		
218	225	946	217	175	10	12761313
11		46	10	5		66000
		3	3	3		
18	6	67	8	5		

are the reconsideration organs, excluding the number of cases in which the local people's governments at various levels are the reconsideration organs.

自然资源行政诉讼
Administrative Litigation

单位：件

地区	Region	上期结转 Cases Transferred From Last Year	本期发生 Occurred in This Period
总计	**Total**	**3155**	**23998**
自然资源部	MNR	41	653
北京	Beijing	90	1088
天津	Tianjin		196
河北	Hebei	49	854
山西	Shanxi	4	253
内蒙古	Inner Mongolia	10	209
辽宁	Liaoning	82	881
吉林	Jilin	4	251
黑龙江	Heilongjiang	41	243
上海	Shanghai	111	336
江苏	Jiangsu	242	1494
浙江	Zhejiang	305	1982
安徽	Anhui	67	629
福建	Fujian	55	575
江西	Jiangxi	27	530
山东	Shandong	182	1451
河南	Henan	68	1582
湖北	Hubei	147	751
湖南	Hunan	249	1825
广东	Guangdong	632	2185
广西	Guangxi	96	891
海南	Hainan	29	613
重庆	Chongqing	254	1274
四川	Sichuan	77	1490
贵州	Guizhou	231	586
云南	Yunnan	11	369
西藏	Tibet		1
陕西	Shaanxi	20	379
甘肃	Gansu	1	125
青海	Qinghai	2	29
宁夏	Ningxia	9	138
新疆	Xinjiang	19	135

情况——按地区分列（2018年）
of Natural Resources by Region（2018）

Unit: case

对规范性文件附带审查 Additional Review of Normative Documents	应诉机关 Respondence Organ		
	原行为机关单独应诉 The Original Agency Should Answer the Lawsuit Separately	复议机关单独应诉 The Administrative Organ for Reconsideration Shall Answer the Lawsuit Separately	共同应诉 Joint Response
112	**19845**	**749**	**3404**
	276	161	216
	993		95
	180		16
1	549	35	270
	202	5	46
	120		89
	810	2	69
1	223	6	22
	166	66	11
	262	5	69
	1290	32	172
1	1740	40	202
3	519	6	104
3	434	8	133
	451	22	57
	1312	1	138
18	1402	15	165
14	661	5	85
29	1570	41	214
	1978	20	187
	650	130	111
	480	4	129
	1149	33	92
24	1049	49	392
11	430	3	153
5	324	1	44
			1
	282	53	44
2	106		19
	22		7
	111		27
0	104	6	25

自然资源行政诉讼情况

Administrative Litigation of Natural

单位：件

地 区	Region				
		信息公开 Information Disclosure	举报投诉 Report Complaints	不动产登记 Real Estate Registration	行政许可 Administrative Licensing
总 计	**Total**	**2592**	**768**	**9137**	**1114**
自然资源部	MNR	329	116	14	5
北 京	Beijing	81	109	683	94
天 津	Tianjin	23	9	107	5
河 北	Hebei	84	77	129	57
山 西	Shanxi	10	4	130	11
内蒙古	Inner Mongolia	7	1	59	21
辽 宁	Liaoning	38	14	471	31
吉 林	Jilin	28		122	7
黑龙江	Heilongjiang	9	17	171	2
上 海	Shanghai	87		158	29
江 苏	Jiangsu	159	54	869	42
浙 江	Zhejiang	252	80	559	132
安 徽	Anhui	54	21	279	11
福 建	Fujian	53	16	255	21
江 西	Jiangxi	30	12	146	14
山 东	Shandong	152	26	654	70
河 南	Henan	105	46	850	60
湖 北	Hubei	75	7	270	74
湖 南	Hunan	163	23	364	56
广 东	Guangdong	133	28	1024	196
广 西	Guangxi	63	9	362	42
海 南	Hainan	9	7	289	17
重 庆	Chongqing	117	16	220	31
四 川	Sichuan	446	62	244	30
贵 州	Guizhou	13	5	206	17
云 南	Yunnan	10		277	18
西 藏	Tibet				
陕 西	Shaanxi	35	1	94	8
甘 肃	Gansu	17	5	36	1
青 海	Qinghai	2		17	
宁 夏	Ningxia	1		22	6
新 疆	Xinjiang	7	3	56	6

——按地区分列（2018年） 续表1

Resources by Regions（2018） Continued 1

Unit: case

诉讼事项 Litigation Matters							
行政处罚 Administrative Sanction	行政强制 Administrative Compulsion	行政确认 Administrative Confirmation	行政确权 Administrative Confirmation	行政征收 Administrative Expropriation	行政赔偿 Administrative Compensation	行政不作为 Administrative Omission	其他 Others
1161	**740**	**628**	**829**	**3111**	**708**	**967**	**2243**
3			1		18	2	165
19	5			12	7	17	61
2				4	2	2	42
94	151	24	23	58	20	32	105
18	1	13	3	23	7	14	19
7	2	3	3	80	3	14	9
62		26	32	36	131	10	30
20	31	4	2	21	8	3	5
11		1	4	2	8	5	13
	23		1			19	19
34	13	5	5	87	15	49	162
117	87	60	39	250	40	84	282
52	32	8	25	39	13	40	55
24	21	11	5	88	23	29	29
12	13	7	121	113	12	14	36
67	45	56	101	65	35	79	101
71	14	57	140	92	18	63	66
35	8	23	12	37	12	53	145
59	34	60	49	832	46	69	70
107	34	109	64	148	116	84	142
52	49	58	26	90	13	30	97
66	6	14	89	29	14	45	28
41	74	11	16	503	39	33	173
47	26		17	382	56	75	105
28	15	37	30	35	21	34	145
12	4	1	3	16	7	8	13
				1			
60	20	5	6	25	6	49	70
10	10	10		15	7	10	4
		1	2	2	4		1
6	21	19	3	16	1	1	42
25	1	5	7	10	6	0	9

自然资源行政诉讼情况

Administrative Litigation of Natural

单位：件

地　区	Region	应诉机关级别 Level of Respondence Organ						
		县级政府部门 County Government Departments	地市级政府部门 Municipal Government Departments	省级政府部门 Provincial Government Departments	国家级行政主管部门 National Administrat-ive Department	其他 Others	合计 Total	驳回诉讼请求 Rejection of Claims
总　计	**Total**	**11200**	**9303**	**2902**	**4**	**589**	**10398**	**7505**
自然资源部	MNR			653			164	143
北　京	Beijing			1088			158	49
天　津	Tianjin			196			65	55
河　北	Hebei	434	396	20		4	363	234
山　西	Shanxi	101	147	5			121	68
内蒙古	Inner Mongolia	136	62	11			53	42
辽　宁	Liaoning	142	701	38			382	187
吉　林	Jilin	73	174	4			117	98
黑龙江	Heilongjiang	44	178	20		1	147	76
上　海	Shanghai		148	30		158	169	161
江　苏	Jiangsu	578	728	108		80	468	426
浙　江	Zhejiang	1233	659	86		4	658	489
安　徽	Anhui	346	259	23		1	360	268
福　建	Fujian	199	340	33	1	2	344	299
江　西	Jiangxi	443	51	26		10	319	189
山　东	Shandong	668	723	59		1	581	372
河　南	Henan	906	575	24	3	74	668	436
湖　北	Hubei	340	303	28		80	387	291
湖　南	Hunan	1270	497	55		3	806	656
广　东	Guangdong	738	1253	37		157	1115	844
广　西	Guangxi	354	524	10		3	406	254
海　南	Hainan	306	271	32		4	310	204
重　庆	Chongqing	906	170	194		4	446	373
四　川	Sichuan	943	547				874	753
贵　州	Guizhou	408	165	13			431	225
云　南	Yunnan	317	46	6			81	57
西　藏	Tibet		1					
陕　西	Shaanxi	129	163	85		2	186	102
甘　肃	Gansu	61	54	10			68	55
青　海	Qinghai	8	21				30	21
宁　夏	Ningxia	75	57	5		1	63	35
新　疆	Xinjiang	42	90	3			58	43

——按地区分列（2018年） 续表2

Resources by Regions（2018） Continued 2

Unit: case

已审结 Cases Whose Trails Have Been Concluded								未审结 Cases Whose Trials Have Not Been Concluded	二审案件 Second Instance Cases	再审案件 Case of Retrial Instituted Through Adjudicatory Supervision Procedure
判决 Sentence				裁定 Rule						
撤销 Withdraw	变更 Change	责令履行 Order to Execution	确认违法或无效 Confirmation of Illegality or Invalidity	合计 Total	驳回起诉 Rejection of Prosecution	准予撤诉 Withdrawal Granted	终结诉讼 Termination of Litigation			
1484	**77**	**466**	**866**	**10405**	**7147**	**3063**	**195**	**6350**	**6780**	**1268**
15		1	5	381	299	82		149	352	54
94	10		5	507	494	13		513		
8		1	1	67	45	22		64	81	1
68		38	23	287	218	66	3	253	200	45
36	1	9	7	82	65	16	1	54	66	4
6		1	4	117	105	12		49	107	2
140	3	29	23	429	303	118	8	152	152	9
6	1	6	6	84	38	21	25	54	77	12
62	2	6	1	80	41	37	2	57	83	13
6			2	129	90	36	3	149	152	61
19	4	6	13	742	509	228	5	526	556	132
84		21	64	917	542	361	14	712	564	99
46	4	22	20	238	130	107	1	98	143	17
21		7	17	195	131	61	3	91	265	82
20	1	15	94	167	131	35	1	71	97	86
119	5	41	44	584	340	242	2	468	422	86
121	3	52	56	801	513	283	5	181	410	97
50	2	23	21	345	240	98	7	166	134	17
66	7	44	33	849	555	283	11	419	528	61
159	10	27	75	935	721	206	8	767	839	96
52	5	10	85	411	288	83	40	170	153	31
65	4	19	18	208	142	61	5	124	207	13
26		19	28	661	473	166	22	421	374	82
61	10	15	35	417	289	127	1	276	588	134
46	2	17	141	253	78	168	7	133	111	10
13		5	6	252	226	16	10	47	16	2
				1	1				1	
37	3	24	20	128	67	55	6	85	37	7
8		2	3	39	22	15	2	19	20	5
4		4	1	1		1			11	
14		1	13	42	14	25	3	42	14	5
12		1	2	56	37	19		40	20	5

自然资源行政诉讼情况
Administrative Litigation of Natural

单位：件

类别	Category	上期结转 Cases Transferred From Last Year	本期发生 Occurred in This Period	对规范性文件附带审查 Additional Review of Normative Documents
合计	**Total**	**3155**	**23998**	**112**
规划	Planning	249	1194	3
土地	Land Resources	2430	20150	104
矿产	Mineral Resources	22	208	
海洋	Ocean Resources		58	
其他	Others	454	2388	5

类别	Category	诉讼事项 Litigation Matters						
		信息公开 Information Disclosure	举报投诉 Report Complaints	不动产登记 Real Estate Registration	行政许可 Administrative Licensing	行政处罚 Administrative Sanction	行政强制 Administrative Compulsion	行政确认 Administrative Confirmation
合计	**Total**	**2592**	**768**	**9137**	**1114**	**1161**	**740**	**628**
规划	Planning	160	31	3	401	34	137	26
土地	Land Resources	2360	732	7537	568	1052	562	559
矿产	Mineral Resources	6	1	1	100	24	4	7
海洋	Ocean Resources	12	1		16	6	8	
其他	Others	54	3	1596	29	45	29	36

类别	Category	已审结 Cases Whose Trails Have Been Concluded/case					
		判决 Sentence					
		合计 Total	驳回诉讼请求 Rejection of Claims	撤销 Withdraw	变更 Change	责令履行 Order to Execution	确认违法或无效 Confirmation of Illegality or Invalidity
合计	**Total**	**10398**	**7505**	**1484**	**77**	**466**	**866**
规划	Planning	590	525	31		9	25
土地	Land Resources	8731	6312	1232	74	406	707
矿产	Mineral Resources	98	74	9		9	6
海洋	Ocean Resources	14	10	4			
其他	Others	965	584	208	3	42	128

——按行政管理类别分列（2018年）

Resources by Administrative Category（2018）

Unit: case

应诉机关 Respondence Organ		
原行为机关单独应诉 The Original Agency Should Answer The Lawsuit Separately	复议机关单独应诉 The Administrative Organ for Reconsideration Shall Answer the Lawsuit Separately	共同应诉 Joint Response
19845	**749**	**3404**
961	12	221
16559	688	2903
172	12	24
52	1	5
2101	36	251

					应诉机关级别 Level of Respondence Organ				
行政确权 Administrative Confirmation	行政征收 Administrative Expropriation	行政赔偿 Administrative Compensation	行政不作为 Administrative Omission	其他 Others	县级政府部门 County Government Departments	地市级政府部门 Municipal Government Departments	省级政府部门 Provincial Government Departments	国家级行政主管部门 National Administrative Department	其他 Others
829	**3111**	**708**	**967**	**2243**	**11200**	**9303**	**2902**	**4**	**589**
1	1	212	79	109	349	655	165		25
691	2977	433	816	1863	9938	7249	2494	3	466
1		27	9	28	86	53	69		
1	5	2	2	5	22	25	9		2
135	128	34	61	238	805	1321	165	1	96

裁定 Rule				未审结 Cases Whose Trials Have Not Been Concluded/case	二审案件 Second Instance Cases	再审案件 Case Of Retrial Instituted Through Adjudicatory Supervision Procedure
合计 Total	驳回起诉 Rejection of Prosecution	准予撤诉 Withdrawal Granted	终结诉讼 Termination of Litigation			
10405	**7147**	**3063**	**195**	**6350**	**6780**	**1268**
517	425	85	7	336	411	79
8616	5995	2450	171	5233	5531	1094
61	40	21		71	61	11
14	8	6		30	12	
1197	679	501	17	680	765	84

主要统计指标解释

土地违法案件 指违反土地管理法律法规，应当追究法律责任的案件。

省级、市级、县级、乡级 指发生违反土地管理法律法规规定的各级党政军机关、人民团体。中央党政军机关、人民团体在外地的派出机构违反土地管理法律法规有关规定的案件，按机关级别归类到相应级别机关内。各级党政军机关、人民团体所属企事业单位违反土地管理法律法规的，应统计在“企事业单位”栏内。

涉及土地面积 指各级机关、村（组）集体、企事业单位和个人等发生违反土地管理法律、法规行为，所牵涉的土地面积。

上年未结案件 指上年未结案需要转到本年继续处理的案件。

本年发现违法 指报告期内发现的土地违法行为。

历年隐漏 指报告期以前发生而在报告期内发现的土地违法行为。

本年立案 指报告期内，经批准由自然资源主管部门立案查处的全部土地违法案件。

本年发生案件立案 指报告期内发生的土地违法行为，经批准由自然资源主管部门立案查处的全部土地违法案件。

买卖或非法转让 买卖土地是指以牟利为目的，违反土地管理法律法规，无限期地将土地所有权和使用权转移给他人的行为；非法转让土地是指违反土地管理法律法规，将土地使用权有限期转移给他人的行为。

破坏耕地 指单位或个人未经批准擅自占用耕地建窑、建坟，未经批准擅自在耕地上建房、挖砂、采石、采矿、取土等，使土地种植条件遭到破坏的违法行为。

非法占地 指单位或个人未经批准擅自占用土地、采取欺骗手段骗取批准占用土地以及超过批准的数量多占土地的违法行为。

非法批地 指没有批准权的单位或个人批准用地，虽有批准权但超越了批准权限批准用地，违反土地利用总体规划批准用地和违反法律规定的程序批准用地的违法行为。

低价出让土地 指违反土地管理法律法规，滥用职权，以低于国家规定的价格出让国有土地使用权，造成国有土地资产流失的违法行为。

其他（本年发生案件立案） 指除买卖或非法转让、破坏耕地、未经批准占地、非法批地、低价出让土地以外的土地违法案件。

隐漏案件立案 指报告期内对历年隐漏的土地违法行为，经批准由自然资源主管部门立案查处的全部土地违法案件。

本年结案 指报告期内经过自然资源主管部门处理已结案的土地违法案件。

处理本年发生案件 指报告期内发生并经过自然资源主管部门处理，已结案的土地违法案件。

其他（处理本年发生案件） 指除买卖和非法转让、破坏耕地、非法占地、非法批地、低价出让土地以外本年已结案的土地违法案件。

处理上年未结案件 指报告期内对上年未结案件经过自然资源主管部门处理并已结案的土地违法案件。

处理隐漏案件 指报告期内对隐漏案件经过自然资源主管部门处理并已结案的土地违法案件。

本年未结案件 指当年不能结案需要转到下一年度继续处理的案件。

拆除构建物 指对非法占地者所建的建筑物、构筑物依法拆除的面积。

没收构建物 指对非法占地者所建的建筑物、构筑物依法没收的面积。

收回土地 指在报告期内自然资源主管部门依法收回并已结案的土地面积。

罚没款 指自然资源主管部门依法对报告期内已结案的案件进行经济处罚的实收金额。

上年未结案件 指上一年度对勘查、开采登记范围的案件已经立案，但尚未查处或未查处完毕，需在本年继续查处的案件数。

本年立案 指本年度对勘查、开采登记违法案件立案查处的案件数。分为勘查和开采两类。以“件”计量。

无证勘查 指未依法取得勘查许可证而进行勘查的活动。

越界勘查 指探矿权人超越批准勘查的区块范围进行的勘查活动。

非法转让探矿权 指违反《探矿权采矿权转让管理办法》规定的探矿权转让行为。

非法批准 指负责矿产资源监督管理工作的国家工作人员或其他有关国家工作人员违反矿产资源法律法规的规定，擅自批准勘查、开采矿产资源和颁发勘查许可证、采矿许可证的行为。

其他（勘查） 指上述各项之外的其他违法勘查活动。

无证开采 指未依法取得采矿许可证的非法采矿活动。

越界开采 指采矿权人超越批准的矿区范围进行的采矿活动，包括越层开采。

非法转让采矿权 指违反《探矿权采矿权转让管理办法》规定的采矿权转让行为。

破坏性开采 指采矿权人违反地质矿产主管部门审查批准的矿产资源开发利用方案开采矿产资源的活动。

其他（开采） 指上述各项之外的违法采矿活动。

本年结案 指本年内查处完毕并结案的案件数。

本年未结案件 指报告期内未能结案需要转到下一年度继续处理的案件。

吊销勘查许可证 指依法由原颁发勘查许可证的主管机关吊销勘查许可证的件数。

吊销采矿许可证 指依法由原颁发采矿许可证的主管审批、发证机关吊销采矿许可证的案件数。

罚没款 指各级地质矿产主管部门对矿产资源勘查、开采违法活动立案查处并处以罚款的金额。

Explanatory Notes on Main Statistical Indicators

Case of Violations of Land Law—refers to cases of violations of laws and regulations of land administration for which legal liabilities should be investigated.

Provincial, Municipal, and County Levels—refers to party, government, and army administration agencies and mass organizations at various levels that commit acts in violations of laws and regulations of land administration. The cases concerning illegal acts of land committed by agencies sent to other parts of the country by the central party, government, and army administration agencies and mass organizations are classified according to the levels of these agencies as those at corresponding levels. Enterprises and institutions affiliated to agencies and mass organizations at various levels that violate land administration laws and regulations should be included in the column of "enterprises and institutions".

Land Area Involved—refers to the land area involved by the acts in violation of land administration laws and regulations committed by agencies at various levels, collectives of villages (teams), enterprises and institutions, and individuals.

Cases Unsettled Last Year—refers to cases that were not able to be settled last year and need to be transferred to the current year and continue to be handled.

Violations of Law Discovered in the Current Year—refers to the acts in violation of land laws and regulations discovered during the reporting period.

Cuses Concealed and Not Discovered Over the Years—refers to land violations occurred before the reporting period and discovered during the reporting period.

Filing This Year—refers to all violations approved to be filed and investigated by natural resources authorities during the reporting period.

The Case Filing This Year—refers to all land violations occurred during the reporting period, which are approved to be filed and investigated by the natural resources authorities.

Purchase and Sale or Illegal Transfer—Purchase and sale of land refer to the act through which the land ownership and land-use right are transferred to another person without a definite period of time for the purpose of seeking profits, which is in violation of land administration laws and regulations; illegal transfer of land refers to the act through which the land-use right is transferred to another person within a definite period of time, which is in violation of land administration laws and regulations.

Damage of Cultivated Land—refers to the illegal act through which units or individuals occupy cultivated land to build kilns and graves without approval and build houses, dig sand, quarry stone, mine minerals, and fetch earth thereupon without approval, thus destructing planting conditions of the land.

Unlawful Encroachment of Land—refers to the illegal act through which units or individuals occupy and use land without approval, obtain approval by deceitful means, and occupy and use land exceeding the approved amount.

Unlawful Approval of Land Occupancy—refers to the illegal act through which units or individuals without authority to approve use of land occupation of land or they approve occupation of land by overstepping their authority of approval or in violation of the national overall planning of land utilization and procedures for land approval prescribed by law although they have approval authority.

Granting of Land at a Lower Price—refers to the illegal act through which state-owned land-use rights are granted at a lower price than that prescribed by the State in violation of land administration laws and regulations by abusing their authority, thus resulting in a drain on state-owned land and assets.

Others （The Cases Filling This Year）—refers to all the cases in violation of land laws and regulations except for those concerning land purchase and sale or illegal transfer, damage of cultivated land, occupation of land illegally, unlawful approval of land occupation, and assigning of land at a lower prices.

Filing of Leakage Cases—refers to all land violations approved to be filed and investigated by the natural resources authorities during the reporting period.

Cases Settled This Year—refers to the cases of land violations that have been handled by natural resources authorities during the reporting period.

This Year's Cases Handled—refers to cases in violation of land laws and regulations committed and handled and settled by competent land administration departments during the reporting period.

Others （This Year's Cases Handled）—refers to the cases in violation of land laws and regulations except for land purchase and sale or unlawful transfer of land, damage of cultivated land, occupation of land without approval, unlawful approval of land occupation, and assigning of land at a lower price.

Last Year's Unsettled Cases Handled—refers to last year' s unsettled cases in violation of land laws and regulations handled and settled by competent natural resources administration departments during the reporting period.

Concealed and Not discovered Cases Handced—refers to the land violations hidden and leaked that have been handled and closed by natural resources authorities during the reporting period.

Cases Unsettled This Year—refers to cases that are not able to be settled in the current year and need to be transferred to the next year and continue to be handled.

Demolition of Buildings and Structures—refers to the area of buildings and structures built by illegal land occupants and demolished according to law.

Confiscation of Buildings and Structures—refers to the area of buildings and structures built by illegal land occupants and confiscated according to law.

Land Retrieval—refers to the area of land retrieved and closed by natural resources authorities in accordance with the law during the reporting period.

Fines—refers to the amount of money actually collected by natural resources authorities for economic punishment of the closed cases in the reporting period according to law.

Case Unsettled Last Year—refers to the number of cases that were filed out in the scope of registration of exploration and mining last year but have not been investigated or handled or whose investigation and handling have not been completed and should continue in the current year.

Case Filed This Year—refers to the number of the illegal cases about registration of exploration and mining filed for investigation and handling during the current year. They include two categories, exploration and mining.

Exploration without Any License—refers to exploration operations carried out without obtaining an exploration license according to law.

Cross-Border Exploration—refers to exploration operations carried out by an exploration right holder beyond the approved limits of his exploration block.

Illegal Transfer of Exploration Right—refers to the act through which the exploration right is transferred in violation of the Regulations for Transferring Exploration Rights and Mining Rights.

Illegal Approval—refers to the act through which the state functionaries in charge of mineral resources supervision and management and other state functionaries approve exploration and mining of mineral resources and issue exploration licenses and mining license without authorization in violation of laws and regulations concerning mineral resources.

Others (Exploration)—refers to other illegal exploration operations except the above-mentioned items.

Mining without Any License—refers to mining operations carried out without obtaining a mining license according to law.

Cross-Border Mining—refers to mining operations carried out by a mining right holder beyond the approved limits of his mining area, including cross-bed mining operations.

Illegal Transfer of Mining Right—refers to the act through which the mining right is transferred in violation of the Regulations for Transferring Exploration Rights and Mining Rights.

Destructive Mining—refers to wasteful mining operations by a mining right holder that depart from the rational mining sequence or appropriate mining methods and technologies and are destructive to mineral resources.

Others (Mining)—refers to other illegal mining operations except the above-mentioned items.

Case Settled This Year—refers to the number of cases investigated, handled and settled in the current year.

Case Unsettled This Year—refers to the cases that are not able to be settled in the current year and have to be transferred to the next year and continue to be handled.

Revoked Exploration Licenses—refers to the number of exploration licenses revoked by the original exploration license-issuing administration department according to law.

Revoked Mining Licenses—refers to the number of mining licenses revoked by the original mining license-issuing administration department in charge of examining and approving and issuing licenses according to law.

Fine—refers to the paid-in amount of fines imposed by the geological and mineral resources administration department at various administrative levels for economic punishment of the filed, investigated, and handled illegal mineral exploration and mining operations.

六、自然资源科技人才情况

Chapter 6 Natural Resources Scientific and Technological Talented Personnel

自然资源科技人才情况

Natural Resources Scientific and Technological

单位：人

单位名称	Department			
			国家级人才计划 National Talent Plan	部级人才培养工程（计划） Ministry Level Talent Training Project (Plan)
总　计	**Total**	**352**	**16**	**76**
北京市规划和自然资源委员会	Beijing Municipal Commission of Planning and Natural Resources	3		
天津市规划和自然资源局	Tianjin Municipal Bureau of Planning and Natural Resources	104	3	1
河北省自然资源厅	Department of Natural Resources of Hebei Province	3		
山西省自然资源厅	Department of Natural Resources of Shanxi Province	16		1
内蒙古自治区自然资源厅	Department of Natural Resources of Nei Mongol Autonomous Region	9		1
辽宁省自然资源厅	Department of Natural Resources of Liaoning Province	5		5
吉林省自然资源厅	Department of Natural Resources of Jilin Province	16	4	4
黑龙江省自然资源厅	Department of Natural Resources of Heilongjiang Province	1		
上海市规划和自然资源局	Shanghai Municipal Bureau of Planning and Natural Resources	8		4
江苏省自然资源厅	Department of Natural Resources of Jiangsu Province	3		1
浙江省自然资源厅	Department of Natural Resources of Zhejiang Province	18		4
安徽省自然资源厅	Department of Natural Resources of Anhui Province	2		
福建省自然资源厅	Department of Natural Resources of Fujian Province	3		2
江西省自然资源厅	Department of Natural Resources of Jiangxi Province	3		
山东省自然资源厅	Department of Natural Resources of Shandong Province	6		4
河南省自然资源厅	Department of Natural Resources of Henan Province	4		3
湖北省自然资源厅	Department of Natural Resources of Hubei Province	8		8
湖南省自然资源厅	Department of Natural Resources of Hunan Province	7		5
广东省自然资源厅	Department of Natural Resources of Guangdong Province	7		4
广西壮族自治区自然资源厅	Department of Natural Resources of Guangxi Zhuang Autonomous Region	1		
海南省自然资源和规划厅	Department of Natural Resources and Planning of Hainan Province			
重庆市规划和自然资源局	Chongqing Municipal Bureau of Planning and Natural Resources Administration	31		13
四川省自然资源厅	Department of Natural Resources of Sichuan Province	1		
贵州省自然资源厅	Department of Natural Resources of Guizhou Province	8	2	3
云南省自然资源厅	Department of Natural Resources of Yunnan Province	4	2	
西藏自治区自然资源厅	Department of Natural Resources of Tibet Autonomous Region			
陕西省自然资源厅	Department of Natural Resources of Shaanxi Province	33		
甘肃省自然资源厅	Department of Natural Resources of Gansu Province	14		2
青海省自然资源厅	Department of Natural Resources of Qinghai Province	21	5	6
宁夏回族自治区自然资源厅	Department of Natural Resources of Ningxia Hui Autonomous Region	4		
新疆维吾尔自治区自然资源厅	Department of Natural Resources of Xinjiang Uygur Autonomous Region	9		5

——按单位分列（2018年）

Talented Personnel by Department（2018）

Unit：person

高层次科技人才培养情况 High-Level Scientific and Technological Talented Personnel Training			
省部级以上人才计划（现有人数） Plan of Talent Personnel at and above Provincial and Ministerial Levels(Current Number)		高层次科技人员流动状况 The Flow of High Level Scientific and Technological Personnel	
省级科技人才计划 Provincial-Level Scientific and Technological Talent Plan	青年人才(40岁以下) Young Talents (Under 40 Years Old)	流入 Inflow	流出 Outflow
223	**114**	**96**	**146**
3	1		1
100	57	6	74
3	1		
13	4		
7	1		
	4		1
8	1		1
		71	51
4	3		
2			
14	3		
2	1		
1		6	
2	2	3	5
		2	
	3		2
2	1		
1			
1			1
14	8		1
			7
3	2		
2			2
14	5	1	
12	1		
7	4	2	
4	4	5	
4	8		

自然资源科技人才情况——按部属

Natural Resources Scientific and Technological Talented

单位：人

单位名称	Department		国家级人才计划 National Talents Plan
部属事业单位总计	**Total Institutions**	**434**	**25**
自然资源部信息中心	Information Center of Ministry of Natural Resources	4	
自然资源部国土整治中心（自然资源部土地科技创新中心）	China Land Consolidation and Rehabilitation(Land Science and Technology Innovation Center of Ministry of Natural Resources)	9	
中国自然资源经济研究院	Chinese Academy of Natural Resources Economics	4	
中国国土勘测规划院	China Land Surveying and Planning Institute	8	
中国地质博物馆	The Geological Museums of China	5	
自然资源部油气资源战略研究中心	Strategic Research Center of Oil and Gas Resources,MNR		
自然资源部不动产登记中心（自然资源部法律事务中心）	Real Estate Registration Center,MNR(Law Center, MNR)	1	
自然资源部珠宝玉石首饰管理中心（国家珠宝玉石质量监督检验中心）	National Gems & Jewelry Technology Administrative Center(National Gemstone Testing Center)		
自然资源部第一海洋研究所	First Institute of Oceanography, MNR	18	2
自然资源部第二海洋研究所	Second Institute of Oceanography, MNR	69	8
自然资源部第三海洋研究所	Third Institute of Oceanography, MNR		
自然资源部第四海洋研究所（中国-东盟国家海洋科技联合研发中心）	Fourth Institute of Oceanography, MNR(China ASEAN Joint Research and Development Center of Marine Science and Technology)		
国家海洋技术中心	National Ocean Technology Center	2	
自然资源部天津海水淡化与综合利用研究所	The Institute of Seawater Desalination and Multipurpose Utilization, MNR(Tianjin)	11	
自然资源部海洋发展战略研究所	China Institute for Marine Affairs,MNR	1	
国家海洋标准计量中心	National Center of Ocean Standards and Metrology		
国家海洋环境预报中心（自然资源部海啸预警中心）	National Marine Environment Forecasting Center (Tsunami Warning Center, MNR)	4	1
国家海洋信息中心	National Oceanic Information Center	2	
自然资源部海岛研究中心	Island Research Center,MNR	2	
自然资源部海洋减灾中心	National Marine Hazard Mitigation Center, MNR		
自然资源部海洋咨询中心	Oceanic Consulting Center of Ministry of Natural Resources		
国家海洋局极地考察办公室	Chinese Arctic and Antarctic Administration		
中国极地研究中心	Polar Research Institute of China	3	1
国家卫星海洋应用中心	National Satellite Ocean Application Service		
国家深海基地管理中心	National Deep Sea Center	1	
自然资源部重庆测绘院	Chongqing Institute of Surveying and Mapping,MNR	2	
中国测绘科学研究院	Chinese Academy of Surveying and Mapping	18	2
国家基础地理信息中心	National Geomatics Center of China	14	2
自然资源部国土卫星遥感应用中心	Land Satellite Remote Sensing Application Center ,MNR	6	1
国家测绘产品质量检验测试中心	National Quality Inspection and Testing Center for Surveying and Mapping Products	10	1
中国地质调查局及所属单位	China Geological Survey and Its Subordinate Units	240	7
中国地质调查局自然资源航空物探遥感中心	China Aero Geophysical Survey & Remote Sensing Center for Land Resources	8	1
中国地质环境监测院	China Institute of Geo-Environment Geological Material Center	5	

事业单位和派出机构分列（2018年）

Personnel by Institutions and Agencies to MNR（2018）

Unit：person

高层次科技人才培养情况 High-Level Scientific and Technological Talented Personnel Training and Flow				
省部级以上人才计划（现有人数） Plan of Talent Personnel at and above Provincial and Ministerial Levels(Current Number)			高层次科技人员流动状况 The Flow of High-Level Scientific and Technological Personnel	
部级人才培养工程(计划) Ministry Level Talent Training Project (Plan)	省级科技人才计划 Provincial-Level Scientific And Technological Talent Plan	其中:青年人才(40岁以下) Among Them: Young Talents (Under 40 Years Old)	流入 Inflow	流出 Outflow
227	**150**	**80**	**21**	**16**
4				
9				
4			1	8
8				
1				
1		1		
7	9	5	15	4
3	54	17	1	
2		1		
5	3	3		
		1		
1	2	1		
1				
1	1			
	1	1		
	1			
2		1		
16		1		
	11			1
	5	4		
2		1		
160	63	43	4	3
3	4			
5				

自然资源科技人才情况——按部属

Natural Resources Scientific and Technological Talented Personnel

单位：人

单位名称	Department		国家级人才计划 National Talents Plan
中国地质调查局水文地质环境地质调查中心	Institute of Hydrogeology and Environmental Geology,CGS	2	
中国地质调查局自然资源实物地质资料中心	Geological Survey and Documentation Center of China Geological Survey	1	
中国地质调查局发展研究中心	Development Research Center of China Geological Survey	1	
中国地质调查局天津地质调查中心	Tianjin Institute of Geology and Mineral Resources,CGS	8	
中国地质调查局沈阳地质调查中心	Shenyang Institute of Geology and Mineral Resources,CGS		
中国地质调查局西安地质调查中心	Xi'an Institute of Geology and Mineral Resources,CGS	24	
中国地质调查局南京地质调查中心	Nanjing Institute of Geology and Mineral Resources,CGS	7	
中国地质调查局成都地质调查中心	Chengdu Institute of Geology and Mineral Resources,CGS	45	2
中国地质调查局武汉地质调查中心	Wuhan Institute of Geology and Mineral Resources,CGS		
青岛海洋地质研究所	Qingdao Institute of Marine Geology	7	1
中国地质调查局广州海洋地质调查局	Guangzhou Marine Geological Survey，CGS	69	1
中国地质调查局油气资源调查中心	Chinese Academy of Geological Sciences，CGS	3	
中国地质调查局自然资源综合调查指挥中心	Natural Resources Comprehensive Investigation Command Center，CGS	4	
中国地质调查局中国地质科学院（院部）	Chinese Academy of Geological Sciences，CGS	2	
中国地质科学院地质研究所	Institute of Geology, CAGS		2
中国地质科学院矿产资源研究所	Institute of Mineral Resources, CAGS	5	
中国地质科学院水文地质环境地质研究所	Institute of Hydrogeology and Environmental Geology, CAGS	1	
中国地质科学院地球物理地球化学勘查研究所	Institute of Geophysical and Geochemical Exploration, CAGS	15	
中国地质调查局勘探技术研究所	Institute of Exploration Techniques, CGS	6	
中国地质调查局探矿工艺研究所	Institute of Exploration Technology, CGS	1	
中国地质调查局北京探矿工程研究所	Beijing Institute of Exploration Engineering, CGS	1	
中国地质科学院郑州矿产综合利用研究所	Zhengzhou Institute of Multipurpose Utilization of Mineral Resources, CAGS	11	
中国地质科学院矿产综合利用研究所	Institute of Multipurpose Utilization of Mineral Resources, CAGS		
中国地质科学院岩溶地质研究所	Institute of Karst Geology, CAGS	9	
中国地质科学院地质力学研究所	Institute of Geomechanics, CAGS	5	
中国地质调查局国家地质实验测试中心	National Research Center for Geoanalysis,CGS		
中国地质图书馆（中国地质调查局地学文献中心）	National Geological Library of China（Geoscience Documentation Center, CGS）		
派出机构总计	**Total Agencies**	**62**	
自然资源部北海局	North China Sea Bureau of Ministry of Natural Resources	3	
自然资源部南海局	South China Sea Bureau of Ministry of Natural Resources		
自然资源部东海局	East China Sea Bureau of Ministry of Natural Resources	36	
陕西测绘地理信息局	Shaanxi(Province) Bureau of Surveying and Mapping Geographic Information	6	
黑龙江测绘地理信息局	Heilongjiang(Province) Bureau of Surveying and Mapping Geographic Information	9	
四川测绘地理信息局	Sichuan(Province) Bureau of Surveying and Mapping Geographic Information	7	
海南测绘地理信息局	Hainan(Province) Bureau of Surveying and Mapping Geographic Information	1	

事业单位和派出机构分列（2018年）续表

by Institutions and Agencies to MNR（2018）Continued

Unit：person

高层次科技人才培养情况 High-Level Scientific and Technological Talented Personnel Training and Flow				
省部级以上人才计划（现有人数） Plan of Talent Personnel at and above Provincial and Ministerial Levels(Current Number)			高层次科技人员流动状况 The Flow of High-Level Scientific and Technological Personnel	
部级人才培养工程(计划) Ministry Level Talent Training Project (Plan)	省级科技人才计划 Provincial-Level Scientific And Technological Talent Plan	其中:青年人才(40岁以下) Among Them: Young Talents (Under 40 Years Old)	流入 Inflow	流出 Outflow
2				
1				
1				
	8			
			2	
6	15	10		
2	5	1		
27	16	7		
3	3	4		
68		8		
3		3		1
2				
	2	1	2	
8				
4				
	1	1		
1				
6		2		
	1			
1				
7	4	3		
				2
5	4	1		
5		2		
7	**15**	**7**	**7**	
3		3		
			7	
2	4	1		
1	4	1		
	7	1		
1		1		

自然资源科技研发情况
Natural Resources Scientific

单位名称	Department	科技研发与投入				
		项目总数/项 Total Number of Projects/projects				
			国家级 State Level	部级 Ministerial Level	省级 Provincial Level	已应用成果 Applied Results
总　计	**Total**	**524**	**39**	**57**	**373**	**165**
北京市规划和自然资源委员会	Beijing Municipal Commission of Planning and Natural Resources	8	1	1	6	3
天津市规划和自然资源局	Tianjin Municipal Bureau of Planning and Natural Resources	26	2	3	21	3
河北省自然资源厅	Department of Natural Resources of Hebei Province	5		2	3	
山西省自然资源厅	Department of Natural Resources of Shanxi Province					
内蒙古自治区自然资源厅	Department of Natural Resources of Inner Mongolia Autonomous Region	19	1	2	16	2
辽宁省自然资源厅	Department of Natural Resources of Liaoning Province					
吉林省自然资源厅	Department of Natural Resources of Jilin Province					
黑龙江省自然资源厅	Department of Natural Resources of Heilongjiang Province	24	1		23	
上海市规划和自然资源局	Shanghai Municipal Bureau of Planning and Natural Resources	7	1	1	5	
江苏省自然资源厅	Department of Natural Resources of Jiangsu Province	8	2	2	4	
浙江省自然资源厅	Department of Natural Resources of Zhejiang Province	16		8	8	14
安徽省自然资源厅	Department of Natural Resources of Anhui Province	6	1	1	4	
福建省自然资源厅	Department of Natural Resources of Fujian Province	3	1		2	1
江西省自然资源厅	Department of Natural Resources of Jiangxi Province	9			6	
山东省自然资源厅	Department of Natural Resources of Shandong Province	42	11	2	29	6
河南省自然资源厅	Department of Natural Resources of Henan Province	6	1	2	3	
湖北省自然资源厅	Department of Natural Resources of Hubei Province	12	1		11	2
湖南省自然资源厅	Department of Natural Resources of Hunan Province	7		1	6	1
广东省自然资源厅	Department of Natural Resources of Guangdong Province	7			7	1
广西壮族自治区自然资源厅	Department of Natural Resources of Guangxi Zhuang Autonomous Region	10	2	1	7	
海南省自然资源和规划厅	Department of Natural Resources and Planning of Hainan Province					
重庆市规划和自然资源局	Chongqing Municipal Bureau of Planning and Natural Resources	81	4	5	72	75
四川省自然资源厅	Department of Natural Resources of Sichuan Province	28	1	2	25	8
贵州省自然资源厅	Department of Natural Resources of Guizhou Province	4			3	1
云南省自然资源厅	Department of Natural Resources of Yunnan Province	54	2	8	14	30
西藏自治区自然资源厅	Department of Natural Resources of Tibet Autonomous Region					
陕西省自然资源厅	Department of Natural Resources of Shaanxi Province	41	2	1	17	6
甘肃省自然资源厅	Department of Natural Resources of Gansu Province	39		13	26	4
青海省自然资源厅	Department of Natural Resources of Qinghai Province	60	5	2	53	6
宁夏回族自治区自然资源厅	Department of Natural Resources of Ningxia Hui Autonomous Region					
新疆维吾尔自治区自然资源厅	Department of Natural Resources of Xinjiang Uygur Autonomous Region	2			2	2

——按单位分列（2018年）

Research by Units Affiliated（2018）

Scientific and Technological R & D and Input 科研项目年度经费总数/万元 Scientific and Technological R & D and Input/10^4yuan				省部级科技基础条件平台建设/个 Construction of Provincial and Ministerial Science and Technology Infrastructure Platform/number			
	国家级 State Level	部级 Ministerial Level	省级 Provincial Level	重点实验室 Key Laboratory	工程技术创新中心 Engineering Technology Innovation Center	野外科学研究观测基地 Field Observation and Research Base/base	科普基地 Science Popularization Base/base
54312.84	**3066.44**	**6764.19**	**33489.91**	**33**	**48**	**31**	**67**
503.30	60.00	50.00	393.30	1		2	
7330.67	65.50	1705.87	560.00		2		2
5116.94		48.94	5068.00				
					1		6
1907.25	144.60	338.65	1424.00	1	1	3	5
				1	1	5	5
				4		3	6
3304.17	95.00		3209.17				1
347.00	17.00	30.00	300.00	2	1	1	
1305.46	48.00		1257.46		1		
397.00		302.00	95.00	2		1	1
15.00	15.00						6
64.50	20.00		44.50	1	1	4	4
55.00			55.00		1		2
2835.48	753.48	140.00	1942.00		4	1	
407.20	18.00	55.00	334.20		8	2	1
418.73	25.13		393.60	4	1		9
886.36			335.00	1	1	1	1
316.00			316.00	1	1		
2392.20	1076.30	1050.00	265.90	1			1
							1
2341.10	398.00	55.00	1604.00	2	7	3	1
2199.75	93.00	90.00	1976.75	1	2	1	
92.00			92.00		1	1	
5182.62	20.00	490.00	4671.52	1	1		
5825.47	172.43		814.60	2	5		3
5946.59		2070.73	3875.86	1	3	1	1
5083.05	45.00	338.00	4422.05	6	3	2	5
10.00			10.00	1	1		1
30.00			30.00		1		5

自然资源科技研发情况——按部属

Natural Resources Scientific Research

单位名称	Department	科技研发与投入 项目总数/项 Total Number of Projects/projects				
			国家级 State Level	部级 Ministerial Level	省级 Provincial Level	已应用成果 Applied Results
部属事业单位合计	**Total Institutions**	**1596**	**1031**	**73**	**286**	**154**
自然资源部信息中心	Information Center of Ministry of Natural Resources	2	2			
自然资源部国土整治中心（自然资源部土地科技创新中心）	China Land Consolidation and Rehabilitation(Land Science and Technology Innovation Center of Ministry of Natural Resources)	3	3			
中国自然资源经济研究院	Chinese Academy of Natural Resources Economics	22			22	16
中国国土勘测规划院	China Land Surveying and Planning Institute	6	4			2
中国地质博物馆	The Geological Museums of China	1	1			
自然资源部油气资源战略研究中心	Strategic Research Center of Oil and Gas Resources,MNR					
自然资源部不动产登记中心（自然资源部法律事务中心）	Real Estate Registration Center,MNR(Law Center, MNR)	1		1		
自然资源部珠宝玉石首饰管理中心（国家珠宝玉石质量监督检验中心）	National Gems & Jewelry Technology Administrative Center(National Gemstone Testing Center)	49				
自然资源部第一海洋研究所	First Institute of Oceanography, MNR	134	122	3	9	2
自然资源部第二海洋研究所	Second Institute of Oceanography, MNR	163	135	7	21	
自然资源部第三海洋研究所	Third Institute of Oceanography, MNR	188	56	4	59	1
自然资源部第四海洋研究所（中国-东盟国家海洋科技联合研发中心）	Fourth Institute of Oceanography, MNR(China ASEAN Joint Research and Development Center of Marine Science and Technology)					
国家海洋技术中心	National Ocean Technology Center	16	5	7	4	
自然资源部天津海水淡化与综合利用研究所	The Institute of Seawater Desalination and Multipurpose Utilization, MNR(Tianjin)	33	13	4	16	9
自然资源部海洋发展战略研究所	China Institute for Marine Affairs,MNR					
国家海洋标准计量中心	National Center of Ocean Standards and Metrology	5	5			
国家海洋环境预报中心（自然资源部海啸预警中心）	National Marine Environment Forecasting Center (Tsunami Warning Center, MNR)	29	23	6		29
国家海洋信息中心	National Oceanic Information Center	8	6	2		
自然资源部海岛研究中心	Island Research Center,MNR	7	1	1	5	2
自然资源部海洋减灾中心	National Marine Hazard Mitigation Center, MNR	7	5	2		
自然资源部海洋咨询中心	Oceanic Consulting Center of Ministry of Natural Resources	1	1			
国家海洋局极地考察办公室	Chinese Arctic and Antarctic Administration					
中国极地研究中心	Polar Research Institute of China	36	32		4	
国家卫星海洋应用中心	National Satellite Ocean Application Service	9	7	2		
国家深海基地管理中心	National Deep Sea Center	6	6			
自然资源部重庆测绘院	Chongqing Institute of Surveying and Mapping,MNR					
中国测绘科学研究院	Chinese Academy of Surveying and Mapping	54	11		43	27
国家基础地理信息中心	National Geomatics Center of China	15	5		10	5
自然资源部国土卫星遥感应用中心	Land Satellite Remote Sensing Application Center ,MNR	4	4			
国家测绘产品质量检验测试中心	National Quality Inspection and Testing Center for Surveying and Mapping Products	2	2			
中国地质调查局及所属单位	China Geological Survey and Its Subordinate Units	795	582	34	93	61
中国地质调查局自然资源航空物探遥感中心	China Aero Geophysical Survey & Remote Sensing Center for Land Resources	6	6			4
中国地质环境监测院	China Institute of Geo-Environment Geological Material Center	7	7			
中国地质调查局水文地质环境地质调查中心	Institute of Hydrogeology and Environmental Geology,CGS	5	5			
中国地质调查局自然资源实物地质资料中心	Geological Survey and Documentation Center of China Geological Survey					

事业单位和派出机构分列（2018年）

by Institutions and Agencies to MNR（2018）

Scientific and Technological R & D and Input				省部级科技基础条件平台建设/个 Construction of Provincial and Ministerial Science and Technology Infrastructure Platform/number			
科研项目年度经费总数/万元 Scientific and Technological R & D and Input/10^4yuan							
	国家级 State Level	部级 Ministerial Level	省级 Provincial Level	重点实验室 Key Laboratory	工程技术创新中心 Engineering Technology Innovation Center	野外科学研究观测基地 Field Observation and Research Base/base	科普基地 Science Popularization Base/base
141562.94	**108126.38**	**148.14**	**14158.82**	**43**	**19**	**29**	**23**
131.92	131.92				1		
193.00	193.00			2	1	2	1
989.80			989.80	1			
230.35	230.35			1			
10.96	10.96						
116.14		116.14		1			
490.60	10.00				1		
4829.56	4679.56		150.00	7	1		1
6321.00	6056.00		265.00	3			
8290.00	2972.00		456.00	2	1	1	1
7712.00	7626.00		86.00				1
623.80	382.80		241.00		1		1
253.00	253.00						
1826.20	1826.20			1			
2469.00	2469.00			2			
103.00	11.00	22.00	70.00				1
16.00	16.00						
60.00	60.00						
4459.00	3879.00		580.00	1		2	1
1893.00	1883.00	10.00		1			
616.50	616.50				1		1
6888.00	805.00		6083.00	1	1	1	
912.50	331.08		581.42		2		
272.02	272.02			1			
26.60	26.60						
91829.00	73385.40		4656.60	19	9	23	15
13309.00	13309.00			1	1		
631.60	631.60					2	2
35.79	35.79				1		
						1	1

自然资源科技研发情况——按部属

Natural Resources Scientific Research

单位名称	Department	科技研发与投入 项目总数/项 Total Number of Projects/projects				
			国家级 State Level	部级 Minist-erial Level	省级 Provin-cial Level	已应用成果 Applied Results
中国地质调查局发展研究中心	Development Research Center of China Geological Survey	10	10			
中国地质调查局天津地质调查中心	Tianjin Institute of Geology and Mineral Resources, CGS	14	14			
中国地质调查局沈阳地质调查中心	Shenyang Institute of Geology and Mineral Resources,CGS	7	7			
中国地质调查局西安地质调查中心	Xi'an Institute of Geology and Mineral Resources,CGS	29	22		7	
中国地质调查局南京地质调查中心	Nanjing Institute of Geology and Mineral Resources,CGS	24	12		12	4
中国地质调查局成都地质调查中心	Chengdu Institute of Geology and Mineral Resources,CGS	23	22		1	
中国地质调查局武汉地质调查中心	Wuhan Institute of Geology and Mineral Resources,CGS	11	11			
青岛海洋地质研究所	Qingdao Institute of Marine Geology	42	38		4	
中国地质调查局广州海洋地质调查局	Guangzhou Marine Geological Survey，CGS	30	26		4	30
中国地质调查局油气资源调查中心	Chinese Academy of Geological Sciences，CGS	4	4			
中国地质调查局自然资源综合调查指挥中心	Natural Resources Comprehensive Investigation Command Center，CGS					
中国地质调查局中国地质科学院（院部）	Chinese Academy of Geological Sciences，CGS	45	15	30		
中国地质科学院地质研究所	Institute of Geology, CAGS	157	157			1
中国地质科学院矿产资源研究所	Institute of Mineral Resources, CAGS	71	71			
中国地质科学院水文地质环境地质研究所	Institute of Hydrogeology and Environmental Geology, CAGS	53	40		13	
中国地质科学院地球物理地球化学勘查研究所	Institute of Geophysical and Geochemical Exploration, CAGS	12	9	2	1	2
中国地质调查局勘探技术研究所	Institute of Exploration Techniques, CGS	2	2			2
中国地质调查局探矿工艺研究所	Institute of Exploration Technology, CGS	1	1			
中国地质调查局北京探矿工程研究所	Beijing Institute of Exploration Engineering, CGS	7	7			2
中国地质科学院郑州矿产综合利用研究所	Zhengzhou Institute of Multipurpose Utilization of Mineral Resources, CAGS	7	2	2	3	5
中国地质科学院矿产综合利用研究所	Institute of Multipurpose Utilization of Mineral Resources, CAGS	11	3		8	11
中国地质科学院岩溶地质研究所	Institute of Karst Geology, CAGS	155	29		40	
中国地质科学院地质力学研究所	Institute of Geomechanics, CAGS	41	41			
中国地质调查局国家地质实验测试中心	National Research Center for Geoanalysis,CGS	21	21			
中国地质图书馆（中国地质调查局地学文献中心）	National Geological Library of China（Geoscience Documentation Center, CGS）					
派出机构总计	**Total Agencies**	**53**	**19**	**18**	**15**	**12**
自然资源部北海局	North China Sea Bureau of Ministry of Natural Resources	4	2	2		1
自然资源部南海局	South China Sea Bureau of Ministry of Natural Resources	26	9	13	4	3
自然资源部东海局	East China Sea Bureau of Ministry of Natural Resources	10	5	3	2	
陕西测绘地理信息局	Shaanxi(Province) Bureau of Surveying and Mapping Geographic Information	2	2			2
黑龙江测绘地理信息局	Heilongjiang(Province) Bureau of Surveying and Mapping Geographic Information	2			2	1
四川测绘地理信息局	Sichuan(Province) Bureau of Surveying and Mapping Geographic Information	7			6	5
海南测绘地理信息局	Hainan(Province) Bureau of Surveying and Mapping Geographic Information	2	1		1	

事业单位和派出机构分列（2018年）续表
by Institutions and Agencies to MNR（2018） Continued

Scientific and Technological R & D and Input 科研项目年度经费总数/万元 Scientific and Technological R & D and Input/10^4yuan				省部级科技基础条件平台建设/个 Construction of Provincial and Ministerial Science and Technology Infrastructure Platform/number			
	国家级 State Level	部级 Ministerial Level	省级 Provincial Level	重点实验室 Key Laboratory	工程技术创新中心 Engineering Technology Innovation Center	野外科学研究观测基地 Field Observation and Research Base/base	科普基地 Science Popularization Base/base
2387.00	2387.00			1			
764.43	764.43						
719.70	719.70						
947.00	903.00		44.00	2	1	5	1
2760.70	2525.70		235.00		1		
564.00	554.00		10.00	1		1	
41.40	41.40			1	1	1	1
1870.40	1836.40		34.00		1		3
8804.30	6154.30		2650.00	1	1		
1781.02	1781.02						
398.00	398.00						
23504.00	23504.00			3		2	1
6419.00	6419.00			2		4	2
1954.10	1792.60		161.50				
3209.74	2956.99		252.75	2			
1212.50	1212.50						
16.43	16.43						
99.00	99.00						
37.61	13.26		24.35	1	1	1	1
267.20	65.20		202.00				
15773.00	943.00		1043.00	2	1	4	1
2021.28	2021.28			1		2	1
2300.80	2300.80			1			
							1
3801	**2091**	**94**	**1615**	**6**	**3**		**7**
889	880	9		2			2
1143	191		952	1			1
1437	970	85	382	1			2
40	40			1			1
65			65	1	1		1
160			160		2		
66	10		56				

自然资源科技成果情况

Natural Resources Development and

单位名称	Department	科技成果登记数/项 Number of Scientific and Technological Achievements Registered/project							发表科技论文/篇 Core Journal Papers/paper			
			在国家科技成果管理机构登记		在部科技成果管理机构登记		在地方政府科技成果管理机构登记			国内 Domestic		
			Registration in the State Administration of Scientific and Technological Achievements	应用技术成果 Achievements of Applied Technology	Registration in the Science and Technology Achievements Management Agency Registration of Ministries	应用技术成果 Achievements of Applied Technology	Registration in Local Government Technology Results Management Organization Registration	应用技术成果 Achievements of Applied Technology			被SCI、EI、ISTP收录 Papers Indexed in SCI, EI, and ISTP	
总 计	**Total**	**356**	**23**	**23**	**141**	**65**	**185**	**138**	**4719**	**4498**	**160**	**206**
北京市规划和自然资源委员会	Beijing Municipal Commission of Planning and Natural Resources	4			2	2	2	2	184	180	21	4
天津市规划和自然资源局	Tianjin Municipal Bureau of Planning and Natural Resources	11	8	8	1		2		390	389	7	1
河北省自然资源厅	Department of Natural Resources of Hebei Province								5	3		2
山西省自然资源厅	Department of Natural Resources of Shanxi Province								13	13		
内蒙古自治区自然资源厅	Department of Natural Resources of Inner Mongolia Autonomous Region	11	1	1	3	2	7	4	51	48	1	2
辽宁省自然资源厅	Department of Natural Resources of Liaoning Province	6			3	3	3	3				
吉林省自然资源厅	Department of Natural Resources of Jilin Province											
黑龙江省自然资源厅	Department of Natural Resources of Heilongjiang Province	2					2	2	6	3	3	3
上海市规划和自然资源局	Shanghai Municipal Bureau of Planning and Natural Resources	4			4	1			81	79	1	2
江苏省自然资源厅	Department of Natural Resources of Jiangsu Province	3			3	1			60	53	1	7

——按单位分列（2018年）

Achievements by Department（2018）

国际 International	出版科技著作/部 Publication of Scientific and Technological Works/kind	申请专利/件 Patents Application/pieces						申请软件著作权/项 Apply for Software Copyright/project	科技奖项/项 Scientific and Technological Prizes/project				科学技术普及 Scientific and Technological Popularization	
被SCI、EI、ISTP收录 Papers Indexed in SCI, EI, and ISTP		本年专利申请数 Patent Application/case	发明专利 Invention Patents	本年专利授权数 Number of Patents Granted This Year	发明专利 Invention Patents	国外授权 Abroad Authorization	拥有有效发明专利总数 Have Invention Total Number of Patents			国际 International	国家级 State Level	省部级 Provincial and Ministerial Level	科普作品/部 Popular Science Works/kind	主题科普活动/项 Thematic Science Popularization Activity/time
179	**78**	**575**	**148**	**412**	**77**		**328**	**456**	**302**		**4**	**276**	**230**	**858**
3	3	35	3	26	5		18	16	89			70	4	9
1	7	46	8	51	7		59	65	38			38	5	
2	1												5	179
	2							2						5
1	1	8	6	2	2			6	1			1	4	15
		4		4			4		2			2		2
													1	1
	1	12	3	6				2						
2	2	9	2	8	1		9	16	12			12		3
7	4	3		8					6			6	1	57

自然资源科技成果情况

Natural Resources Development and

单位名称	Department	科技成果登记数/项 Number of Scientific and Technological Achievements Registered/project	在国家科技成果管理机构登记 Registration in the State Adm-inistration of Scientific and Tech-nological Achievem-ents	应用技术成果 Achieve-ments of Applied Techno-logy	在部科技成果管理机构登记 Registration in the Science and Technology Achievem-ents Man-agement Agency Registr-ation of Ministries	应用技术成果 Achieve-ments of Applied Techno-logy	在地方政府科技成果管理机构登记 Registration in Local Government Techno-logy Results Manage-ment Organiz-ation Registr-ation	应用技术成果 Achieve-ments of Applied Techno-logy	发表科技论文/篇 Core Journal Papers/paper	国内 Domestic	被SCI、EI、ISTP收录 Papers Indexed in SCI, EI, and ISTP	
浙江省自然资源厅	Department of Natural Resources of Zhejiang Province	10			2		8	2	96	92	12	4
安徽省自然资源厅	Department of Natural Resources of Anhui Province	18			2	2	16	16	29	27		2
福建省自然资源厅	Department of Natural Resources of Fujian Province	4	2	2	1	1	1	1	93	91	3	2
江西省自然资源厅	Department of Natural Resources of Jiangxi Province	16			16	16			42	34		8
山东省自然资源厅	Department of Natural Resources of Shandong Province	26			10	1	16	12	500	478	49	22
河南省自然资源厅	Department of Natural Resources of Henan Province	5			4		1		45	45	1	
湖北省自然资源厅	Department of Natural Resources of Hubei Province	10			8	3	2		60	59	9	1
湖南省自然资源厅	Department of Natural Resources of Hunan Province	7	1	1			6	5	98	94	1	4
广东省自然资源厅	Department of Natural Resources of Guangdong Province	13	9	9	3		1		83	82		1
广西壮族自治区自然资源厅	Department of Natural Resources of Guangxi Zhuang Autonomous Region	45					38	28	73	69		4
海南省自然资源和规划厅	Department of Natural Resources and Planning of Hainan Province											

——按单位分列（2018年） 续表1

Achievements by Department（2018） Continued 1

国际 Internat-ional	出版科技著作/部 Publication of Scientific and Technological Works/kind	申请专利/件 Patents Application/pieces						申请软件著作权/项 Apply for Software Copyright/project	科技奖项/项 Scientific and Technological Prizes/project				科学技术普及 Scientific and Technological Popularization	
被SCI、EI、ISTP收录 Papers Indexed in SCI, EI, and ISTP		本年专利申请数 Patent Application/case	发明专利 Invention Patents	本年专利授权数 Number of Patents Granted This Year	发明专利 Invention Patents	国外授权 Abroad Authorization	拥有有效发明专利总数 Have Invention Total Number of Patents			国际 International	国家级 State Level	省部级 Provincial and Ministerial Level	科普作品/部 Popular Science Works/kind	主题科普活动/项 Thematic Science Popularization Activity/time
4	3	5	4				6	39	16			16	5	22
2	1						2	30	1			1	1	122
2	5	11	11	2	2		12	28	4			4	2	24
	1	92	10	54	4		7	24					2	48
21	8	74	25	52	9		32	73	9			9	2	17
	3	20		10			2	15	1			1		12
1	1	7	6	5	4		6	1	1			1	1	10
4	8	50	3	51	1		3	13	11		1	7	182	21
1	1							20	2			2	2	
4		9	9	10	9		9	24	4			4		20
														1

自然资源科技成果情况

Natural Resources Development and

单位名称	Department	科技成果登记数/项 Number of Scientific and Technological Achievements Registered/project	在国家科技成果管理机构登记 Registration in the State Adm-inistration of Scientific and Tech-nological Achievem-ents	应用技术成果 Achieve-ments of Applied Techno-logy	在部科技成果管理机构登记 Registration in the Science and Technology Achievem-ents Man-agement Agency Registr-ation of Ministries	应用技术成果 Achieve-ments of Applied Techno-logy	在地方政府科技成果管理机构登记 Registration in Local Government Techno-logy Results Manage-ment Organiz-ation Registr-ation	应用技术成果 Achieve-ments of Applied Techno-logy	发表科技论文/篇 Core Journal Papers/paper	国内 Domestic	被SCI、EI、ISTP收录 Papers Indexed in SCI, EI, and ISTP	
重庆市规划和自然资源局	Chongqing Municipal Bureau of Planning and Natural Resources Administration	113			57	14	56	51	431	407	16	24
四川省自然资源厅	Department of Natural Resources of Sichuan Province	1			1	1			39	26	7	4
贵州省自然资源厅	Department of Natural Resources of Guizhou Province	1			1				26	24	3	
云南省自然资源厅	Department of Natural Resources of Yunnan Province	7	2	2	3	3	2		133	129	1	1
西藏自治区自然资源厅	Department of Natural Resources of Tibet Autonomous Region											
陕西省自然资源厅	Department of Natural Resources of Shaanxi Province	15			2	2	13	5	1493	1389	17	104
甘肃省自然资源厅	Department of Natural Resources of Gansu Province	6			5	5	1	1	235	235	2	
青海省自然资源厅	Department of Natural Resources of Qinghai Province	17			9	7	8	6	412	408	3	4
宁夏回族自治区自然资源厅	Department of Natural Resources of Ningxia Hui Autonomous Region											
新疆维吾尔自治区自然资源厅	Department of Natural Resources of Xinjiang Uygur Autonomous Region	1			1	1			41	41	2	

——按单位分列（2018年） 续表2

Achievements by Department（2018） Continued 2

国际 International 被SCI、EI、ISTP收录 Papers Indexed in SCI, EI, and ISTP	出版科技著作/部 Publication of Scientific and Technological Works/kind	申请专利/件 Patents Application/pieces 本年专利申请数 Patent Application/case	发明专利 Invention Patents	本年专利授权数 Number of Patents Granted This Year	发明专利 Invention Patents	国外授权 Abroad Authorization	拥有有效发明专利总数 Have Invention Total Number of Patents	申请软件著作权/项 Apply for Software Copyright/project	科技奖项/项 Scientific and Technological Prizes/project	国际 International	国家级 State Level	省部级 Provincial and Ministerial Level	科学技术普及 Scientific and Technological Popularization 科普作品/部 Popular Science Works/kind	主题科普活动/项 Thematic Science Popularization Activity/time
12	9	100	34	53	17		90	34	44			44	9	206
4	2							2	5		1	4		21
				1	1		2	16	14			14		3
	3	18	2	16	2		9	7	16		1	15	1	
														1
104	2	47	10	38	6		42	9	6			6		18
	1			4	4		7	9	8		1	7		28
4	6	25	12	11	3		9	2	9			9	1	6
													2	4
	3							3	3			3		3

自然资源科技成果情况——按部属

Natural Resources Development and Achievements

单位名称	Department	科技成果登记数/项 Number of Scientific and Technological Achievements Registered/project							发表科技 Core Journal		
			在国家科技成果管理机构登记 Registration in the State Adm-inistration of Scientific and Tech-nological Achievem-ents	应用技术成果 Achieve-ments of Applied Techno-logy	在部科技成果管理机构登记 Registration in the Science and Technology Achievem-ents Man-agement Agency Registr-ation of Ministries	应用技术成果 Achieve-ments of Applied Techno-logy	在地方政府科技成果管理机构登记 Registration in Local Government Techno-logy Results Manage-ment Organiz-ation Registr-ation	应用技术成果 Achieve-ments of Applied Techno-logy		国内 Domestic	被SCI、EI、ISTP收录 Papers Indexed in SCI, EI, and ISTP
部属事业单位合计	**Total Institutions**	**336**	**15**	**15**	**304**	**31**	**17**	**15**	**4187**	**2923**	**420**
自然资源部信息中心	Information Center of Ministry of Natural Resources	8			8	5			40	40	
自然资源部国土整治中心（自然资源部土地科技创新中心）	China Land Consolidation and Rehabilitation(Land Science and Technology Innovation Center of Ministry of Natural Resources)	2			2	1			29	26	3
中国自然资源经济研究院	Chinese Academy of Natural Resources Economics	77			77				219	218	1
中国国土勘测规划院	China Land Surveying and Planning Institute								37	35	
中国地质博物馆	The Geological Museums of China	1			1	1			33		
自然资源部油气资源战略研究中心	Strategic Research Center of Oil and Gas Resources,MNR								13	13	1
自然资源部不动产登记中心（自然资源部法律事务中心）	Real Estate Registration Center,MNR(Law Center, MNR)								13	13	
自然资源部珠宝玉石首饰管理中心（国家珠宝玉石质量监督检验中心）	National Gems & Jewelry Technology Administrative Center(National Gemstone Testing Center)								22	19	
自然资源部第一海洋研究所	First Institute of Oceanography, MNR	10	5	5			5	5	221	102	25
自然资源部第二海洋研究所	Second Institute of Oceanography, MNR	3					3	3	198	63	19
自然资源部第三海洋研究所	Third Institute of Oceanography, MNR								211		
自然资源部第四海洋研究所（中国-东盟国家海洋科技联合研发中心）	Fourth Institute of Oceanography, MNR (China ASEAN Joint Research and Development Center of Marine Science and Technology)								3	2	

事业单位和派出机构分列（2018年）
by Institutions and Agencies to MNR（2018）

论文/篇 Papers/paper: 国际 International	论文/篇 Papers/paper: 被SCI、EI、ISTP收录 Papers Indexed in SCI, EI, and ISTP	出版科技著作/部 Scientific And Technological Works/kind	专利/件 Patents/pieces: 本年专利申请数 Patent Application/case	专利/件 Patents/pieces: 本年专利申请数: 发明专利 Invention Patents	专利/件 Patents/pieces: 本年专利授权数 Number of Patents Granted This Year	本年专利授权数: 发明专利 Invention Patents	本年专利授权数: 国外授权 Abroad Authorization	拥有有效发明专利总数 Have Invention Total Number of Patents	申请软件著作权/项 Apply for Software Copyright /project	科技奖项/项 Scientific and Technological Prizes/project	科技奖项: 国际 International	科技奖项: 国家级 State Level	科技奖项: 省部级 Provincial and Ministerial Level	科学技术普及 Scientific and Technological Popularization: 科普作品/部 Popular Science Works/kind	科学技术普及: 主题科普活动/项 Thematic Science Popularization Activity/time
1063	**926**	**198**	**606**	**405**	**540**	**327**	**17**	**1476**	**342**	**93**	**1**	**5**	**77**	**266**	**448**
		1								1			1		1
3	3							1							
		10								2			2		1
2	2	5			1	1		4	28	5			5		1
6	6	1												1	77
		4													
		3													
3	1	3	6	2	3			5							41
119	119	10	47	42	59	33		170	5	1			1		8
135	135	10	31	29	58	32		95	10	3			3		2
150	150	9	29	26	35	34	1	232		2			2	4	8
1	1														1

自然资源科技成果情况——按部属

Natural Resources Development and Achievements

单位名称	Department	科技成果登记数/项 Number of Scientific and Technological Achievements Registered/project						发表科技 Core Journal		
		在国家科技成果管理机构登记 Registration in the State Administration of Scientific and Technological Achievements	应用技术成果 Achievements of Applied Technology	在部科技成果管理机构登记 Registration in the Science and Technology Achievements Management Agency Registration of Ministries	应用技术成果 Achievements of Applied Technology	在地方政府科技成果管理机构登记 Registration in Local Government Technology Results Management Organization Registration	应用技术成果 Achievements of Applied Technology		国内 Domestic	被SCI、EI、ISTP收录 Papers Indexed in SCI, EI, and ISTP
国家海洋技术中心	National Ocean Technology Center	2		2				20	12	12
自然资源部天津海水淡化与综合利用研究所	The Institute of Seawater Desalination and Multipurpose Utilization, MNR(Tianjin)							78	57	
自然资源部海洋发展战略研究所	China Institute for Marine Affairs,MNR							41	40	11
国家海洋标准计量中心	National Center of Ocean Standards and Metrology							5	5	
国家海洋环境预报中心（自然资源部海啸预警中心）	National Marine Environment Forecasting Center (Tsunami Warning Center, MNR)							42	37	5
国家海洋信息中心	National Oceanic Information Center							91	72	6
自然资源部海岛研究中心	Island Research Center,MNR							9	9	
自然资源部海洋减灾中心	National Marine Hazard Mitigation Center, MNR							12	10	
自然资源部海洋咨询中心	Oceanic Consulting Center of Ministry of Natural Resources									
国家海洋局极地考察办公室	Chinese Arctic and Antarctic Administration									
中国极地研究中心	Polar Research Institute of China							36	12	
国家卫星海洋应用中心	National Satellite Ocean Application Service							16	11	3
国家深海基地管理中心	National Deep Sea Center							32	21	8
自然资源部重庆测绘院	Chongqing Institute of Surveying and Mapping,MNR							17	17	17
中国测绘科学研究院	Chinese Academy of Surveying and Mapping							75		
国家基础地理信息中心	National Geomatics Center of China							61	37	4

事业单位和派出机构分列（2018年） 续表1

by Institutions and Agencies to MNR（2018） Continued 1

论文/篇 Papers/paper		出版科技著作/部 Scientific And Technological Works/kind	专利/件 Patents/pieces						申请软件著作权/项 Apply for Software Copyright/project	科技奖项/项 Scientific and Technological Prizes/project				科学技术普及 Scientific and Technological Popularization	
国际 International	被SCI、EI、ISTP收录 Papers Indexed in SCI, EI, and ISTP		本年专利申请数 Patent Application/case	发明专利 Invention Patents	本年专利授权数 Number of Patents Granted This Year	发明专利 Invention Patents	国外授权 Abroad Authorization	拥有有效发明专利总数 Have Invention Total Number of Patents			国际 International	国家级 State Level	省部级 Provincial and Ministerial Level	科普作品/部 Popular Science Works/kind	主题科普活动/项 Thematic Science Popularization Activity/time
8	8		18	18	15	15		50	30	5			5		3
21	21		31	31	12	12		90							14
1		8													
					1	1		4		1			1		2
5	5	1	2	2					12	1		1			3
19	17	6			2	2		14	11	4			4	2	6
										1					1
2	2	1													
		1													
24	22		2					5							5
5	3	3	3	3	4	4		6	12	1			1	1	2
11	11		20	14	14	14		14		1			1		2
									3	1			1		
28			22	22	19	19			56	3		1	2	1	
24	19	1	11	11	5	5		10	17	9		1	8		

自然资源科技成果情况——按部属
Natural Resources Development and Achievements

单位名称	Department	科技成果登记数/项 Number of Scientific and Technological Achievements Registered/project							发表科技 Core Journal		
			在国家科技成果管理机构登记		在部科技成果管理机构登记		在地方政府科技成果管理机构登记			国内 Domestic	
			Registration in the State Adm-inistration of Scientific and Tech-nological Achievem-ents	应用技术成果 Achieve-ments of Applied Techno-logy	在部科技成果管理机构登记 Registration in the Science and Technology Achievem-ents Man-agement Agency Registr-ation of Ministries	应用技术成果 Achieve-ments of Applied Techno-logy	在地方政府科技成果管理机构登记 Registration in Local Government Techno-logy Results Manage-ment Organiz-ation Registr-ation	应用技术成果 Achieve-ments of Applied Techno-logy			被SCI、EI、ISTP收录 Papers Indexed in SCI, EI, and ISTP
自然资源部国土卫星遥感应用中心	Land Satellite Remote Sensing Application Center ,MNR								19	12	7
国家测绘产品质量检验测试中心	National Quality Inspection ant Testing Center for Surveying and Mapping Products								20	13	
中国地质调查局及所属单位	China Geological Survey and Its Subordinate Units	233	10	10	214	24	9	7	2574	2027	298
中国地质调查局自然资源航空物探遥感中心	China Aero Geophysical Survey & Remote Sensing Center for Land Resources	3					3	3	132	114	4
中国地质环境监测院	China Institute of Geo-Environment Geological Material Center	4					4	4	39	31	2
中国地质调查局水文地质环境地质调查中心	Institute of Hydrogeology and Environmental Geology, CGS	2			2				45	45	
中国地质调查局自然资源实物地质资料中心	Geological Survey and Documentation Center of China Geological Survey	1			1				24	24	2
中国地质调查局发展研究中心	Development Research Center of China Geological Survey	4			4	1			129	115	6
中国地质调查局天津地质调查中心	Tianjin Institute of Geology and Mineral Resources,CGS								126	116	38
中国地质调查局沈阳地质调查中心	Shenyang Institute of Geology and Mineral Resources,CGS								133	114	15
中国地质调查局西安地质调查中心	Xi'an Institute of Geology and Mineral Resources,CGS	9			7		2		161	142	26
中国地质调查局南京地质调查中心	Nanjing Institute of Geology and Mineral Resources,CGS	4	4	4					88	72	5
中国地质调查局成都地质调查中心	Chengdu Institute of Geology and Mineral Resources,CGS	136			136				150	123	28
中国地质调查局武汉地质调查中心	Wuhan Institute of Geology and Mineral Resources,CGS	35			35				125	115	26

事业单位和派出机构分列（2018年） 续表2

by Institutions and Agencies to MNR（2018） Continued 2

论文/篇 Papers/paper		出版科技著作/部 Scientific And Technological Works/kind	专利/件 Patents/pieces						申请软件著作权/项 Apply for Software Copyright/project	科技奖项/项 Scientific and Technological Prizes/project				科学技术普及 Scientific and Technological Popularization	
国际 International			本年专利申请数 Patent Application/case		本年专利授权数 Number of Patents Granted This Year			拥有有效发明专利总数 Have Invention Total Number of Patents			国际 International	国家级 State Level	省部级 Provincial and Ministerial Level	科普作品/部 Popular Science Works/kind	主题科普活动/项 Thematic Science Popularization Activity/time
	被SCI、EI、ISTP收录 Papers Indexed in SCI, EI, and ISTP			发明专利 Invention Patents		发明专利 Invention Patents	国外授权 Abroad Authorization								
7	7	3			7	7		42	8	2					
7	7	1							3						
482	387	117	384	205	305	148	16	734	147	50	1	2	40	257	270
18	10	4	7	5	4	2		42	15					5	5
8	8	4	9	4	6	3		22	6	4			2	18	1
			3		15	2		53	2	1			1	2	15
		7	2	2	4	4		7	8	1			1	10	4
8	8	30	1		1	1			19	4			4	10	2
10	10	3							3	2			2	17	2
19	19	4							5					16	10
19	12	7	5	2	1	1		10	1	3			3	2	26
16	16	7	15	4	15	4	1	5	31	8		1	5	33	24
27	26	4	6	6	9	9		12		3	1		2	4	2
10	10		3	3	3	3		10	4					5	10

自然资源科技成果情况——按部属

Natural Resources Development and Achievements

单位名称	Department	科技成果登记数/项 Number of Scientific and Technological Achievements Registered/project	在国家科技成果管理机构登记 Registration in the State Adm-inistration of Scientific and Tech-nological Achievem-ents	应用技术成果 Achieve-ments of Applied Techno-logy	在部科技成果管理机构登记 Registration in the Science and Technology Achievem-ents Man-agement Agency Registr-ation of Ministries	应用技术成果 Achieve-ments of Applied Techno-logy	在地方政府科技成果管理机构登记 Registration in Local Government Techno-logy Results Manage-ment Organiz-ation Registr-ation	应用技术成果 Achieve-ments of Applied Techno-logy	发表科技 Core Journal	国内 Domestic	被SCI、EI、ISTP收录 Papers Indexed in SCI, EI, and ISTP
青岛海洋地质研究所	Qingdao Institute of Marine Geology								134	104	21
中国地质调查局广州海洋地质调查局	Guangzhou Marine Geological Survey，CGS								84	74	12
中国地质调查局油气资源调查中心	Chinese Academy of Geological Sciences，CGS	2			2				61	57	7
中国地质调查局自然资源综合调查指挥中心	Natural Resources Comprehensive Investigation Command Center，CGS	6	6	6					48	48	
中国地质调查局中国地质科学院（院部）	Chinese Academy of Geological Sciences，CGS								35	7	7
中国地质科学院地质研究所	Institute of Geology, CAGS	1			1				151	67	
中国地质科学院矿产资源研究所	Institute of Mineral Resources, CAGS								217	148	46
中国地质科学院水文地质环境地质研究所	Institute of Hydrogeology and Environmental Geology, CAGS	2			2				35	10	1
中国地质科学院地球物理地球化学勘查研究所	Institute of Geophysical and Geochemical Exploration, CAGS								105	61	10
中国地质调查局勘探技术研究所	Institute of Exploration Techniques, CGS	13			13	13			20	20	
中国地质调查局探矿工艺研究所	Institute of Exploration Technology, CGS								53	53	2
中国地质调查局北京探矿工程研究所	Beijing Institute of Exploration Engineering, CGS								45	45	2
中国地质科学院郑州矿产综合利用研究所	Zhengzhou Institute of Multipurpose Utilization of Mineral Resources, CAGS	2			2	2			45	42	
中国地质科学院矿产综合利用研究所	Institute of Multipurpose Utilization of Mineral Resources, CAGS	1			1	1			51	44	
中国地质科学院岩溶地质研究所	Institute of Karst Geology, CAGS	4			4	4			96	78	

事业单位和派出机构分列（2018年） 续表3

by Institutions and Agencies to MNR（2018） Continued 3

论文/篇 Papers/paper			专利/件 Patents/pieces							科技奖项/项 Scientific and Technological Prizes/project				科学技术普及 Scientific and Technological Popularization	
国际 International	被SCI、EI、ISTP收录 Papers Indexed in SCI, EI, and ISTP	出版科技著作/部 Scientific And Technological Works/kind	本年专利申请数 Patent Application/case	发明专利 Invention Patents	本年专利授权数 Number of Patents Granted This Year	发明专利 Invention Patents	国外授权 Abroad Authorization	拥有有效发明专利总数 Have Invention Total Number of Patents	申请软件著作权/项 Apply for Software Copyright /project		国际 International	国家级 State Level	省部级 Provincial and Ministerial Level	科普作品/部 Popular Science Works/kind	主题科普活动/项 Thematic Science Popularization Activity/time
30	29	2	35	20	66	30	3	142	9	2			1	23	80
10	10	1	99	50	29	13		50						20	12
4	4	1	14	6	9	4		30	1	1			1	17	10
		1												1	
12	12								12	1			1		11
84	4		1		1				3	3		1	2		
69	69	10	11	11	10	9	1	70	6	3			3	9	2
25	25	3	15	7	17	4		35	1						2
12	11	1	11	5	8	3		40	11					10	2
			28	10	23	6		10							
		1	16	4	4	4		7	3					2	2
			4	4	14	4	10	25						5	4
	3	3	22	12	10	9		48		3			3	7	8
7	7		17	17	17	16	1	64	2	1			1	9	3
18	18	4	6	2	6	2								16	8

自然资源科技成果情况——按部属
Natural Resources Development and Achievements

单位名称	Department	科技成果登记数/项 Number of Scientific and Technological Achievements Registered/project	在国家科技成果管理机构登记 Registration in the State Adm-inistration of Scientific and Tech-nological Achievem-ents	在国家科技成果管理机构登记 应用技术成果 Achieve-ments of Applied Techno-logy	在部科技成果管理机构登记 Registration in the Science and Technology Achievem-ents Man-agement Agency Registr-ation of Ministries	在部科技成果管理机构登记 应用技术成果 Achieve-ments of Applied Techno-logy	在地方政府科技成果管理机构登记 Registration in Local Government Techno-logy Results Manage-ment Organiz-ation Registr-ation	在地方政府科技成果管理机构登记 应用技术成果 Achieve-ments of Applied Techno-logy	发表科技 Core Journal	国内 Domestic	国内 被SCI、EI、ISTP收录 Papers Indexed in SCI, EI, and ISTP
中国地质科学院地质力学研究所	Institute of Geomechanics, CAGS	3			3	3			173	117	29
中国地质调查局国家地质实验测试中心	National Research Center for Geoanalysis,CGS	1			1				40	26	7
中国地质图书馆（中国地质调查局地学文献中心）	National Geological Library of China（Geoscience Documentation Center, CGS）								29	15	2
派出机构总计	**Total Agencies**	**25**	**3**	**2**	**2**	**2**	**20**	**16**	**471**	**445**	**12**
自然资源部北海局	North China Sea Bureau of Ministry of Natural Resources								54	52	
自然资源部南海局	South China Sea Bureau of Ministry of Natural Resources	1	1						66	57	3
自然资源部东海局	East China Sea Bureau of Ministry of Natural Resources	2			1	1	1	1	49	41	2
陕西测绘地理信息局	Shaanxi(Province) Bureau of Surveying and Mapping Geographic Information	15			1	1	14	10	150	145	5
黑龙江测绘地理信息局	Heilongjiang(Province) Bureau of Surveying and Mapping Geographic Information	1					1	1	80	80	1
四川测绘地理信息局	Sichuan(Province) Bureau of Surveying and Mapping Geographic Information	4					4	4	72	70	1
海南测绘地理信息局	Hainan(Province) Bureau of Surveying and Mapping Geographic Information	2	2	2							

事业单位和派出机构分列（2018年） 续表4

by Institutions and Agencies to MNR（2018） Continued 4

论文/篇 Papers/paper		出版科技著作/部 Scientific And Technological Works/kind	专利/件 Patents/pieces						申请软件著作权/项 Apply for Software Copyright /project	科技奖项/项 Scientific and Technological Prizes/project				科学技术普及 Scientific and Technological Popularization	
国际 International	被SCI、EI、ISTP收录 Papers Indexed in SCI, EI, and ISTP		本年专利申请数 Patent Application/case	发明专利 Invention Patents	本年专利授权数 Number of Patents Granted This Year	发明专利 Invention Patents	国外授权 Abroad Authorization	拥有有效发明专利总数 Have Invention Total Number of Patents			国际 International	国家级 State Level	省部级 Provincial and Ministerial Level	科普作品/部 Popular Science Works/kind	主题科普活动/项 Thematic Science Popularization Activity/time
56	56	13	17	10	17	10		37	2	2			2	5	4
14	14		36	21	16	5		15	2					2	2
6	6	7	1						1	8			6	9	19
22	**19**	**11**	**42**	**16**	**24**	**9**		**95**	**122**	**68**	**10**		**2**	**8**	**9**
2	2	1	19	5	11	7		73	9	3					1
9	9	6	2		2			11	5	8	4		2	2	
4	3	3	7	4	2				3	20	4			4	2
5	3		3	2	2	2		3	29		1			1	
			1	1				3	26	37					6
2	2	1	10	4	7			5	48		1			1	
									2						

自然资源标准化和计量监督管理

Standardization and Measurement Supervision and

单位名称	Department	标准化工作		
		标准制修订/项 Standard Formulation and		
		国家标准 State Standard	行业标准 Industrial Standard	地方标准 Local Standard
总　计	**Total**	**6**	**8**	**87**
北京市规划和自然资源委员会	Beijing Municipal Commission of Planning and Natural Resources			4
天津市规划和自然资源局	Tianjin Municipal Bureau of Planning and Natural Resources	2	1	12
河北省自然资源厅	Department of Natural Resources of Hebei Province			
山西省自然资源厅	Department of Natural Resources of Shanxi Province			
内蒙古自治区自然资源厅	Department of Natural Resources of Inner Mongolia Autonomous Region			10
辽宁省自然资源厅	Department of Natural Resources of Liaoning Province			
吉林省自然资源厅	Department of Natural Resources of Jilin Province			2
黑龙江省自然资源厅	Department of Natural Resources of Heilongjiang Province			
上海市规划和自然资源局	Shanghai Municipal Bureau of Planning and Natural Resources			
江苏省自然资源厅	Department of Natural Resources of Jiangsu Province			1
浙江省自然资源厅	Department of Natural Resources of Zhejiang Province			5
安徽省自然资源厅	Department of Natural Resources of Anhui Province			4
福建省自然资源厅	Department of Natural Resources of Fujian Province			2
江西省自然资源厅	Department of Natural Resources of Jiangxi Province			
山东省自然资源厅	Department of Natural Resources of Shandong Province			
河南省自然资源厅	Department of Natural Resources of Henan Province		2	7
湖北省自然资源厅	Department of Natural Resources of Hubei Province			2
湖南省自然资源厅	Department of Natural Resources of Hunan Province			10
广东省自然资源厅	Department of Natural Resources of Guangdong Province		1	
广西壮族自治区自然资源厅	Department of Natural Resources of Guangxi Zhuang Autonomous Region			
海南省自然资源和规划厅	Department of Natural Resources and Planning of Hainan Province		2	
重庆市规划和自然资源局	Chongqing Municipal Bureau of Planning and Natural Resources Administration	2		8
四川省自然资源厅	Department of Natural Resources of Sichuan Province		1	3
贵州省自然资源厅	Department of Natural Resources of Guizhou Province			1
云南省自然资源厅	Department of Natural Resources of Yunnan Province	1		
西藏自治区自然资源厅	Department of Natural Resources of Tibet Autonomous Region			
陕西省自然资源厅	Department of Natural Resources of Shaanxi Province		1	1
甘肃省自然资源厅	Department of Natural Resources of Gansu Province	1		
青海省自然资源厅	Department of Natural Resources of Qinghai Province			2
宁夏回族自治区自然资源厅	Department of Natural Resources of Ningxia Hui Autonomous Region			13
新疆维吾尔自治区自然资源厅	Department of Natural Resources of Xinjiang Uygur Autonomous Region			

情况——按单位分列（2018年）

Management of Natural Resources by Department（2018）

Standardization Work		计量工作 Measurement Work		
Revision/item				
团体标准 Groups Standard	标准宣贯培训/人次 Standard Publicity Continuous Training/person time	计量器具检定/校准/检测(台/件) Verification / Calibration/ Testing of Measuring Instruments(set/piece)	新建计量标准器具/项 New Measurement Standard Apparatus/item	新建计量标准物质/种 New Measurement Reference Materials/species
6	**6782**	**20582**	**22**	**73**
	1391			
	90	434		
		2427		
2		676	2	
	1683	4052	5	
		2626		
	1	23		
	105	3576	2	
2	712	40		10
	2	73		
	15	169		
	90	1083		
	1825	307		
	172			
	142	14		
	136	570		
	72	105		55
	2	1242		
2	58	884	13	8
	100	2281		
	186			

自然资源标准化和计量监督管理情况
Standardization and Measurement Supervision and Management

单位名称	Department	标准化工作		
		标准制修订/项 Standard Formulation and		
		国家标准 State Standard	行业标准 Industrial Standard	地方标准 Local Standard
总 计	**Total Institutions**	**14**	**63**	**1**
自然资源部信息中心	Information Center of Ministry of Natural Resources			
自然资源部国土整治中心（自然资源部土地科技创新中心）	China Land Consolidation and Rehabilitation (Land Science and Technology Innovation Center of Ministry of Natural Resources)		1	
中国自然资源经济研究院	Chinese Academy of Natural Resources Economics			
中国国土勘测规划院	China Land Surveying and Planning Institute			
中国地质博物馆	The Geological Museums of China			
自然资源部油气资源战略研究中心	Strategic Research Center of Oil and Gas Resources,MNR			
自然资源部不动产登记中心（自然资源部法律事务中心）	Real Estate Registration Center,MNR(Law Center, MNR)			
自然资源部珠宝玉石首饰管理中心（国家珠宝玉石质量监督检验中心）	National Gems & Jewelry Technology Administrative Center(National Gemstone Testing Center)	2		
自然资源部第一海洋研究所	First Institute of Oceanography, MNR	2	3	
自然资源部第二海洋研究所	Second Institute of Oceanography, MNR		2	1
自然资源部第三海洋研究所	Third Institute of Oceanography, MNR		2	
自然资源部第四海洋研究所（中国-东盟国家海洋科技联合研发中心）	Fourth Institute of Oceanography, MNR(China ASEAN Joint Research and Development Center of Marine Science and Technology)			
国家海洋技术中心	National Ocean Technology Center	2	1	
自然资源部天津海水淡化与综合利用研究所	The Institute of Seawater Desalination and Multipurpose Utilization, MNR(Tianjin)		11	
自然资源部海洋发展战略研究所	China Institute for Marine Affairs,MNR			
国家海洋标准计量中心	National Center of Ocean Standards and Metrology		7	
国家海洋环境预报中心（自然资源部海啸预警中心）	National Marine Environment Forecasting Center (Tsunami Warning Center, MNR)			
国家海洋信息中心	National Oceanic Information Center		6	
自然资源部海岛研究中心	Island Research Center,MNR		2	
自然资源部海洋减灾中心	National Marine Hazard Mitigation Center, MNR			
自然资源部海洋咨询中心	Oceanic Consulting Center of Ministry of Natural Resources			
国家海洋局极地考察办公室	Chinese Arctic and Antarctic Administration			
中国极地研究中心	Polar Research Institute of China			

——按部属事业单位和派出机构分列（2018年）

of Natural Resources by Institutions and Agencies to MNR（2018）

Standardization Work		计量工作 Measurement Work		
Revision/item				
团体标准 Groups Standard	标准宣贯培训/人次 Standard Publicity Continuous Training/ person time	计量器具检定/校准/检测(台/件) Verification / Calibration/ Testing of Measuring Instruments(set/piece)	新建计量标准器具/项 New Measurement Standard Apparatus/item	新建计量标准物质/种 New Measurement Reference Materials/species
17	**1533**	**1464**	**3**	**6**
	160			
5				
	3	241		
	80		3	
		85		
	500	1035		
11				
	20	4		

自然资源标准化和计量监督管理情况

Standardization and Measurement Supervision and Management of Natural

单位名称	Department	标准化工作		
		标准制修订/项 Standard Formulation and		
		国家标准 State Standard	行业标准 Industrial Standard	地方标准 Local Standard
国家卫星海洋应用中心	National Satellite Ocean Application Service			
国家深海基地管理中心	National Deep Sea Center		2	
自然资源部重庆测绘院	Chongqing Institute of Surveying and Mapping,MNR			
中国测绘科学研究院	Chinese Academy of Surveying and Mapping	4	4	
国家基础地理信息中心	National Geomatics Center of China	1	1	
自然资源部国土卫星遥感应用中心	Land Satellite Remote Sensing Application Center ,MNR	2	1	
国家测绘产品质量检验测试中心	National Quality Inspection and Testing Center for Surveying and Mapping Products		2	
中国地质调查局及所属单位	China Geological Survey and Its Subordinate Units	1	18	
中国地质调查局自然资源航空物探遥感中心	China Aero Geophysical Survey & Remote Sensing Center for Land Resources			
中国地质环境监测院	China Institute of Geo-Environment Geological Material Center	1	1	
中国地质调查局水文地质环境地质调查中心	Institute of Hydrogeology and Environmental Geology,CGS			
中国地质调查局自然资源实物地质资料中心	Geological Survey and Documentation Center of China Geological Survey			
中国地质调查局发展研究中心	Development Research Center of China Geological Survey		14	
中国地质调查局天津地质调查中心	Tianjin Institute of Geology and Mineral Resources,CGS			
中国地质调查局沈阳地质调查中心	Shenyang Institute of Geology and Mineral Resources,CGS			
中国地质调查局西安地质调查中心	Xi'an Institute of Geology and Mineral Resources,CGS			
中国地质调查局南京地质调查中心	Nanjing Institute of Geology and Mineral Resources,CGS			
中国地质调查局成都地质调查中心	Chengdu Institute of Geology and Mineral Resources,CGS			
中国地质调查局武汉地质调查中心	Wuhan Institute of Geology and Mineral Resources,CGS			
青岛海洋地质研究所	Qingdao Institute of Marine Geology			
中国地质调查局广州海洋地质调查局	Guangzhou Marine Geological Survey，CGS		1	
中国地质调查局油气资源调查中心	Chinese Academy of Geological Sciences，CGS			
中国地质调查局自然资源综合调查指挥中心	Natural Resources Comprehensive Investigation Command Center，CGS			
中国地质调查局中国地质科学院（院部）	Chinese Academy of Geological Sciences，CGS		1	
中国地质科学院地质研究所	Institute of Geology, CAGS			

——按部属事业单位和派出机构分列（2018年） 续表1

Resources by Institutions and Agencies to MNR（2018） Continued 1

Standardization Work		计量工作 Measurement Work		
Revision/item	标准宣贯培训/人次 Standard Publicity Continuous Training/ person time	计量器具检定/校准/检测(台/件) Verification / Calibration/ Testing of Measuring Instruments(set/piece)	新建计量标准器具/项 New Measurement Standard Apparatus/item	新建计量标准物质/种 New Measurement Reference Materials/species
团体标准 Groups Standard				
	8			
	125	1		
1	637	98		6
1				
	2			
	120			
		25		
		11		
	120			
	10			

自然资源标准化和计量监督管理情况

Standardization and Measurement Supervision and Management of Natural

单位名称	Department	标准化工作		
		标准制修订/项 Standard Formulation and		
		国家标准 State Standard	行业标准 Industrial Standard	地方标准 Local Standard
中国地质科学院矿产资源研究所	Institute of Mineral Resources, CAGS			
中国地质科学院水文地质环境地质研究所	Institute of Hydrogeology and Environmental Geology, CAGS			
中国地质科学院地球物理地球化学勘查研究所	Institute of Geophysical and Geochemical Exploration, CAGS			
中国地质调查局勘探技术研究所	Institute of Exploration Techniques, CGS			
中国地质调查局探矿工艺研究所	Institute of Exploration Technology, CGS		1	
中国地质调查局北京探矿工程研究所	Beijing Institute of Exploration Engineering, CGS			
中国地质科学院郑州矿产综合利用研究所	Zhengzhou Institute of Multipurpose Utilization of Mineral Resources, CAGS			
中国地质科学院矿产综合利用研究所	Institute of Multipurpose Utilization of Mineral Resources, CAGS			
中国地质科学院岩溶地质研究所	Institute of Karst Geology, CAGS			
中国地质科学院地质力学研究所	Institute of Geomechanics, CAGS			
中国地质调查局国家地质实验测试中心	National Research Center for Geoanalysis,CGS			
中国地质图书馆（中国地质调查局地学文献中心）	National Geological Library of China（Geoscience Documentation Center, CGS）			
派出机构总计	**Total Agencies**	**4**	**18**	**7**
自然资源部北海局	North China Sea Bureau of Ministry of Natural Resources	1	1	
自然资源部南海局	South China Sea Bureau of Ministry of Natural Resources	1	4	
自然资源部东海局	East China Sea Bureau of Ministry of Natural Resources		7	1
陕西测绘地理信息局	Shaanxi(Province) Bureau of Surveying and Mapping Geographic Information	2	2	1
黑龙江测绘地理信息局	Heilongjiang(Province) Bureau of Surveying and Mapping Geographic Information			3
四川测绘地理信息局	Sichuan(Province) Bureau of Surveying and Mapping Geographic Information		4	2
海南测绘地理信息局	Hainan(Province) Bureau of Surveying and Mapping Geographic Information			

——按部属事业单位和派出机构分列（2018年） 续表2

Resources by Institutions and Agencies to MNR（2018） Continued 2

Standardization Work		计量工作 Measurement Work		
Revision/item				
团体标准 Groups Standard	标准宣贯培训/人次 Standard Publicity Continuous Training/ person time	计量器具检定/校准/检测（台/件） Verification / Calibration/ Testing of Measuring Instruments(set/piece)	新建计量标准器具/项 New Measurement Standard Apparatus/item	新建计量标准物质/种 New Measurement Reference Materials/species
	100			
	140	25		2
		37		
	145			4
	807	**21636**	**20**	**116**
	150	2747		
	20	723		5
	165	1808	20	111
	11	62		
	120	6154		
	186	8952		
	155	1190		

全国省、市、县级自然资源
Number of Provincial, Municipal and County-Level Natural

地 区	Region	合计 / 个 Total/number
总 计	**Total**	**3382**
北 京	Beijing	17
天 津	Tianjin	21
河 北	Hebei	214
山 西	Shanxi	135
内蒙古	Inner Mongolia	130
辽 宁	Liaoning	113
吉 林	Jilin	59
黑龙江	Heilongjiang	148
上 海	Shanghai	19
江 苏	Jiangsu	137
浙 江	Zhejiang	109
安 徽	Anhui	141
福 建	Fujian	97
江 西	Jiangxi	110
山 东	Shandong	157
河 南	Henan	178
湖 北	Hubei	135
湖 南	Hunan	157
广 东	Guangdong	144
广 西	Guangxi	105
海 南	Hainan	20
重 庆	Chongqing	41
四 川	Sichuan	207
贵 州	Guizhou	114
云 南	Yunnan	155
西 藏	Tibet	82
陕 西	Shaanxi	139
甘 肃	Gansu	103
青 海	Qinghai	54
宁 夏	Ningxia	27
新 疆	Xinjiang	114

注：新疆兵团师级代报团级的数据。

Note: the division level of Xinjiang corps reports the data of the regiment level on behalf of the division level.

管理机构数（2018年）

Resources Management Institutions Nationwide（2018）

省级机构数量 / 个 Number of Provincial Institutions/number	市（地）级机构数量 / 个 Number of Municipal （Prefecture） Level Institutions /number	县（区）级机构数量 / 个 Number of County （District） Level Institutions /number
32	**368**	**2982**
1	0	16
1	0	20
1	12	201
1	11	123
1	14	115
1	14	98
1	10	48
1	16	131
1	0	18
1	13	123
1	11	97
1	16	124
1	10	86
1	11	98
1	23	133
1	18	159
1	18	116
1	14	142
1	21	122
1	14	90
1	2	17
1	0	40
1	21	185
1	9	104
1	16	138
1	7	74
1	11	127
1	15	87
1	8	45
1	5	21
2	28	84

主要统计指标解释

高层次科技人员 科技人员是指本单位固定人员中从事各类科技活动的人员。高层次科技人员是指副高级以上专业技术职称人员或博士。

项目总数 指报告期内在研的各类科研项目数，包括报告期内新立项目、已立项正在研究的项目、报告期内结题项目。国家级是指国家科技计划项目，包括国家自然科学基金、973计划、科技支撑计划、863计划、科技基础条件平台计划、国家科技重大专项、国际科技合作计划等；部级是指自然资源部科技计划及自然资源领域重大专项科研项目，包括部门科技计划项目、自然资源大调查、金土工程、海洋保障工程、危机矿山接替资源找矿、油气战略选区、第二次全国土地调查、地质矿产保障工程、矿产资源节约与综合利用、部公益性行业科研专项等。省级是指省级科技计划及省级自然资源专项科研项目，包括各省（自治区、直辖市）科技厅、自然资源厅立项的科技计划项目、自然资源专项安排的科技项目。本单位是指各单位用科研业务事业费、自有资金开展的科研项目。为避免重复填报，均由项目承担单位中排名最靠前的部系统内单位填写，自然资源部系统内单位共同承担的项目不重复填报。

重点实验室 指报告期内新命名或批准建设的国家级、省部级重点实验室，包括自然资源部与教育部共建、与各省共建的实验室。

野外科学研究观测基地 指报告期内，通过自然资源部评审命名的自然资源部野外科学研究观测基地。

科普基地 指报告期内，通过自然资源部评审命名的自然资源部科普基地。

科技著作 指经过正式出版部门编印出版的科技专著、大专院校教科书、科普著作。为避免重复统计，只统计以本机构科技人员为第一作者的论文和著作。同一书名为一部，与书的发行量无关。

申请专利 指报告期内，向国内外知识产权行政部门提出专利申请并被受理的件数。已授权专利是指报告期内，由国内外知识产权行政部门向本单位授予专利权的件数。专利包括发明专利、实用新型专利和外观设计专利三类。

申请软件著作权 指软件的开发者或者其他权利人依据有关著作权法律的规定，对于软件作品所享有的各项专有权利。

科技奖项 指报告期内获得李四光奖（包括李四光地质科学荣誉奖、李四光野外地质工作者奖、李四光地质科技研究者奖、李四光地质教师奖）、黄汲清奖（黄汲清野外地质工作者奖、黄汲清地质科技研究者奖、黄汲清地质教师奖）的地质科技工作者。

自然资源标准 指报告期内发布的制订、修订的自然资源标准数目，由制订、修订单位中排名最靠前的系统内单位填写，多个部系统内单位共同编制的不重复填报。

科普作品 指报告期内出版的图书、期刊、音像制品等科普作品。只统计第一作者为本单位科技人员。

主题科普活动 指报告期内，本单位作为活动第一承担单位开展的自然资源领域科普活动。

Explanatory Notes on Main Statistical Indicators

High-Level Scientific and Technological Talented Personnel—scientific and technological personnel refer to persons who conduct various kinds of scientific and technological activities in the fixed staff and workers in the current units. High–level scientific and technological personnel refer to persons with a professional technical title at and above the associate senior level or doctors.

Total Number of Projects—refers to the number of various kinds of ongoing scientific research projects, including those filed newly during the reporting year, those that have been filed and are under research, and those whose research has been finished. The state–level projects refer to the projects in state scientific and technological plans, including the National Natural Science Foundation of China, National Key Basic Research Development Plan (973 Plan), State Science and Technology Support Program, State High–Tech Research and Development Program (863 Program), National Program for Sci–Tech Basic Conditions Platform Construction, major state special projects of science and technology, and plan for international scientific and technological cooperation. The ministerial–level projects refer to the scientific and technological plans of MNR and major special scientific and technological projects in areas of Natural and resources, including projects of scientific and technological plans of various sectors, Natural and resources survey, Golden Land Project, Marine Guarantee Project, succession and substitute resource exploration in crisis mines, oil and gas strategic candidate areas, second national land survey, geological and mineral resources guarantee project, saving and total utilization of mineral resources, and special scientific research project of MNR public–welfare industries. The provincial–level projects refer to provincial–level scientific and technological plans and provincial–level special scientific research projects of Natural and resources, including projects of scientific and technological plans filed by scientific and technological departments of various provinces (autonomous regions and municipalities under the Central Government) and departments of Natural and resources and scientific and technological projects arranged by special Natural and resources projects. The current unit refers to scientific research projects carried out by various units using operating expenses of scientific research and free funds. In order to avoid filling out repeatedly, this item should be filled out by the unit within the MNR system which ranks first among the units undertaking the projects, while the project undertaken jointly by the units within the MNR system must not be filled out repeatedly.

Key Laboratory—refers to the state and provincial level key laboratories newly named or established after approval during the reporting period, including those established jointly by MNR and the Ministry of Education and by MNR and provinces.

Field Observation and Research Base—refers to the bases of field observation and research of MNR examined, evaluated, and named by MNR during the reporting period.

Science Popularization Base—refers to the science popularization base of MNR examined, evaluated and named by MNR during the reporting period.

Scientific and Technological Works—refers to scientific and technological monographs, text-books of universities and colleges, and popular science books compiled, printed, and published by formal publishing establishments. In order to evade repetition in statistical survey, only the papers and works whose first authors are scientific and technological persons of the current organization are included in the statistics. The books with the same title are considered to be one entry, which is unrelated to the quantity of distribution of the books.

Patents Application—refers to the number of patent applications submitted to foreign or domestic administrative departments in charge of intellectual property rights and accepted by them during the reporting period. The authorized patents refer to the number of patent rights granted to the current units by foreign and domestic administrative departments in charge of intellectual property rights. Patents include invention patent, practical new patent and design patent.

Apply for Software Copyright—refers to all the proprietary rights enjoyed by the software developers or other right holders in accordance with the provisions of the law about copyright.

Scientific and Technological Prizes—refers to geological scientific and technological workers winning the J.S. Lee Prize (including J.S. Lee Special (Honorary) Prize for Geological Sciences, J.S. Lee Prize for Field Geological Workers, J.S. Lee Prize for Geological Scientific and Technological Researchers, and J.S. Lee Prize for Geological Teachers), and Huang Jiqing (T.K. Huang) Prize (including Huang Jiqing Prize for Field Geological Workers, Huang Jiqing Prize for Geological Scientific and Technological Researchers, and Huang Jiqing Prize for Geological Teachers).

Natural Resources Standards—refers to the number of formulated and revised natural resources standards issued during the reporting period, which shall be filled in by the top ranking unit in the system among the formulation and revision units, and those jointly compiled by units in multiple ministries shall not be filled in repeatedly.

Popular Science Works—refers to popular science works such as books, periodicals and audio-video products. Only the scientific and technological personnel in the first author's unit are calculated in the statistics.

Thematic Science Popularization Activity—refers to the science popularization activity in the Natural and resource areas carried out by the current unit as the first unit undertaking the activity during the reporting period.